随机分布控制系统的故障诊断与容错控制

姚利娜　王　宏◎著

電子工業出版社
Publishing House of Electronics Industry
北京•BEIJING

内 容 简 介

为了提高实际随机分布控制系统的可靠性,关于随机动态系统的故障诊断与容错控制的研究一直是控制理论和应用的重要领域之一,非高斯随机分布控制系统的故障诊断与容错控制问题是一个长期存在的理论难题。

本书系统、全面总结了非高斯随机分布控制系统的故障诊断与容错控制方面的理论研究成果,主要内容包括:随机分布控制系统故障诊断与容错控制的研究进展,有理平方根逼近的非高斯线性随机分布控制系统的故障诊断与容错控制,非高斯非线性随机分布控制系统的集成故障诊断与容错控制,非高斯奇异随机分布控制系统的故障诊断与容错控制设计新方法,考虑 PDF 逼近误差的非高斯线性奇异时滞随机分布控制系统的故障诊断与容错控制,考虑 PDF 逼近误差的非高斯不确定随机分布控制系统的故障诊断与滑模容错控制,非高斯非线性随机分布控制系统的统计信息跟踪容错控制、基于模糊建模的非高斯非线性奇异随机分布控制系统的故障诊断与容错控制,非高斯奇异随机分布控制系统的最小熵容错控制,基于 T-S 模糊模型的非高斯奇异随机分布控制系统的最小有理熵容错控制。

本书可作为控制理论与控制工程专业及系统工程、运筹学与控制论、机械工程与自动化、计算机科学、信号处理、智能科学等相关专业的研究生教材和教学参考书,也可供从事相关专业教学和科研工作的高校教师、科技工作者和工程技术人员参考。

未经许可,不得以任何方式复制或抄袭本书之部分或全部内容。
版权所有,侵权必究。

图书在版编目(CIP)数据

随机分布控制系统的故障诊断与容错控制 / 姚利娜,王宏著. —北京:电子工业出版社,2020.6
ISBN 978-7-121-36279-8

Ⅰ. ①随… Ⅱ. ①姚…②王… Ⅲ. ①随机分布—分布控制—控制系统—故障诊断②随机分布—分布控制—控制系统—容错系统 Ⅳ. ①TP277

中国版本图书馆 CIP 数据核字(2019)第 064964 号

责任编辑:李 敏　　　特约编辑:武瑞敏
印　　刷:北京捷迅佳彩印刷有限公司
装　　订:北京捷迅佳彩印刷有限公司
出版发行:电子工业出版社
　　　　　北京市海淀区万寿路 173 信箱　　邮编 100036
开　　本:720×1 000　1/16　印张:13　字数:220 千字
版　　次:2020 年 6 月第 1 版
印　　次:2024 年 1 月第 3 次印刷
定　　价:79.00 元

凡所购买电子工业出版社图书有缺损问题,请向购买书店调换。若书店售缺,请与本社发行部联系,联系及邮购电话:(010) 88254888,88258888。
质量投诉请发邮件至 zlts@phei.com.cn,盗版侵权举报请发邮件至 dbqq@phei.com.cn。
本书咨询联系方式:(010) 88254753,limin@phei.com.cn。

前　言

故障诊断与容错控制是工业过程控制中不可分割的重要组成部分。关于这方面的研究已进行了近30年，其中主要研究是针对确定性系统来进行的。然而，在实际系统中存在各种各样的随机干扰（如传感器噪声、随机扰动或系统参数的随机变化），而系统的描述也应该以采用各种随机模型作为故障诊断与容错控制的出发点。为了提高实际随机控制系统的可靠性，长期以来，关于随机动态系统的故障诊断与容错控制的研究一直是控制理论和应用的重要领域之一。现有随机系统的故障诊断与容错控制大都针对服从高斯分布的随机过程，假设系统故障、随机输入或扰动信号服从高斯分布，然而这一假设并不完全符合一些实际应用过程，而且在许多实际系统中要求控制过程变量的概率密度函数（Probability Density Function，PDF）的形状，传统的基于高斯分布假设的随机系统故障诊断与容错控制方法已经无法满足要求。非高斯随机系统的故障诊断与容错控制是一个长期存在的理论难题。在非高斯随机分布控制系统的框架下，研究用于造纸工业控制系统等实际工业系统中对产品质量或间接指标分布的形状进行控制的故障诊断与容错控制技术，具有重要的理论意义，对复杂工业过程的发展具有良好的应用前景。

非高斯随机分布控制系统的故障诊断与容错控制问题涉及有限变量对正积分约束泛函的控制和优化问题，传统的随机系统故障诊断与容错控制工具和模型（方法）难以应用。作者及其团队经过近10年的努力，对非高斯随机分布控制系统的故障诊断与容错控制问题进行了深入探讨，系统地提出了一套工程上实用的非高斯随机分布控制系统故障诊断与容错控制理论的研究框架。主要内容如下。

（1）目标概率密度函数已知的非高斯随机分布控制系统的故障诊断与容错控制。

考虑了线性动态、非线性动态、奇异动态系统、时滞因素，对故障诊断与容错控制进行了深入的讨论，分别应用了自适应观测器、迭代学习观测器、未知输入观测器等进行故障诊断，基于故障估计信息及其他可测量信息进行了容错控制设计，使发生故障后系统输出的概率密度函数仍能跟踪给定的分布或统计信息量，并给出了非高斯非线性随机分布控制系统的新的基于模糊建模的方法。同时，进行了基于模糊建模的非高斯非线性随机分布控制系统的故障诊断与容错控制研究。

（2）目标概率密度函数未知的非高斯随机分布控制系统的故障诊断与容错控制。

有时跟踪目标概率密度函数并不能事先确定，此时容错控制目标就可以转化为使发生故障后的系统输出仍具有最小的不确定性。在高斯系统中，最小不确定性可以通过方差来体现；在一般的非高斯系统中，最小的不确定性采用熵来体现。这两者在高斯系统中具有完全的等价性。对于一般的非高斯随机系统，最小熵准则可以作为最小方差准则的推广来设计容错控制器。本书对离散线性随机分布控制系统，以及基于模糊建模的非高斯非线性随机分布控制系统的最小熵容错控制进行了讨论。

本书系统总结了作者近10年来在非高斯随机分布控制系统故障诊断与容错控制方面的原创性研究。本书的主要内容可分为两部分：第一部分为目标概率密度函数已知的非高斯随机分布控制系统的故障诊断与容错控制（第2~8章）；第二部分为目标概率密度函数未知的非高斯随机分布控制系统的最小熵容错控制（第9章、第10章）。姚利娜和王宏教授负责全书的组织、统筹和审核。

本书在完成过程中，先后得到了国家自然科学基金（61374128、61104022）和教育部博士点基金（20104101120007）等项目的资助。在此对国家自然科学基金委员会和教育部博士点基金的支持深表谢意！

由于水平有限，书中的缺点和疏漏在所难免，欢迎广大读者批评指正。

目 录

第 1 章

01 随机分布控制系统故障诊断与容错控制的研究进展

在过去的几十年中，随机系统的控制是控制理论与应用最重要的分支之一。这主要是因为绝大多数工业过程都受到随机信号的干扰。针对这些实际问题，形成了系统的随机控制理论。随机控制理论处理的对象是各种用差分或微分方程描述的动态系统，该理论早期的主要目的在于解答分析与综合的问题。早期随机系统控制的研究成果集中于对系统变量本身统计特性，这些成果最典型的例子有最小方差控制、线性高斯二次型、马尔可夫阶跃参数系统等。控制的目标是系统输出的一阶和二阶统计特性，即均值和方差。当系统受到高斯噪声影响时，其均值和方差可以决定输出概率密度函数的形状。但对于不满足高斯输入假设条件的系统，这些方法不能控制输出概率密度函数的形状。因此，王宏教授提出了直接设计控制器以使系统输出概率密度函数形状跟踪给定概率密度函数形状的思想[1]，并系统地建立了多种建模及控制方法。这一研究框架称为随机分布控制（Stochastic Distribution Control，SDC）理论及应用，由于控制的目标在于整个输出概率密度函数（Probability Density Function，PDF）的形状，这类控制从某种意义上说，概括了常规随机系统中关于输出的均值和方差的控制。这一理论的提出促进了对非高斯随机分布控制系统的建模和控制算法的研究。有了这些理论做基础，把这些思想和控制算法运用到随机系统的故障诊断和容错控制上，不仅可以提高工业生产过程的可靠性和安全性，而且可以避免因系统发生故障造成的产品质量下降和生产效率下降，也可以避免造成人员伤亡、经济损失和对环境造成的重大破坏。因此，非高斯随机分布控制系统的故障诊断和容错控制是现在很多研究者研究的热点问题。

由于现代化的工程技术系统正朝着大规模、复杂化方向发展，因此系统在运行过程中会经常发生故障，为了不影响正常的工作和生产，就要求对系统中发生的故障进行诊断和容错控制。为了实时监控系统中发生的故障，就需要该领域的理论支持。该领域研究的另一个目的就是使得非高斯随机分布控制系统的故障诊断和容错控制类似于其他系统，进行故障诊断、设计容错控制器、系统动态分析及相应的品质评价等，这是该领域的一个难点，也是研究的实际意义之一。因此，无论是从实际生产角度出发还是从理论的角度出发，该领域的研究都有很大的实际意义。

为了提高实际随机分布控制系统的可靠性，长期以来，关于随机动态系统故障诊断和容错控制的研究一直是控制理论和应用的重要领域之一[3-9]。随机系统的故障诊断与容错控制包括随机系统的故障检测、估计。在过去的研究中，已经产生了许多有效的故障诊断。就随机系统而言，故障检测与诊断方法大致分为以下 3 类。

（1）基于参数辨识的故障诊断，这类方法主要针对模型未知的随机输入输出动态系统[5]来设计故障诊断方法。

（2）基于各种滤波器的故障诊断方法[10]。

（3）随机系统和信号的异常变化检测[11,12]。

第一类方法用 ARMAX 模型[5]表示系统，使用在线参数辨识的方法（如最小二乘法或随机梯度法）估计整个闭环系统可能出现的故障。当系统的模型由随机状态方程表示时，可以采用滤波器的方法（第二类方法）来实现故障诊断（卡尔曼滤波等）。第三类故障诊断方法是直接针对系统中相关的随机信号统计特性的非正常变化来进行的。这些方法都集中于检测随机信号的均值和方差的非期望变化[11,12]，或者检测随机信号的静态概率密度函数的非期望参数变化，并通过极大似然等方法来估计系统的故障。通过对动态系统故障的检测及估计可以及时地对故障进行报警，给出故障发生的位置及大小。而容错控制则可以使系统在执行器、传感器或元部件发生故障时，闭环控制系统仍然是稳定的，并且具有较理想的特性[13-19]。一般来说，容错控制可以通过两种方式实现：被动的，利用反馈控制律使得系统对可能出现的故障具有鲁棒性，即被动容错控制；主动的，使用故障检测、估计及容错技术，即主动容错控制。由于被动容错控制在故障发生前后使用的控制器是同一个而不进行重组或重构，虽然控制器、执行器正常或部分失效时闭环系统是稳定的，但是导致系统无故障时不能达到较高的性能指标，故障发生后更无法保证良好的性能，因此它只适用于故障较小或初始故障情况。主动容错控制需要故障检测子系统来判断故障是否发生。当判断出有故障发生后，利用剩余的正常系统补偿故障所带来的影响，即系统重构；或者在系统中加入故障估计/辨识子系统，分离出故障的位置、大小及类型，通过修正故障系统补偿故障所带来的影响并使系统保持稳定。

故障诊断与容错控制的实质是增强控制机构的安全性，减少系统的损失。现有随机系统的故障诊断大都针对服从高斯分布的随机过程，假设系统故障、随机输入或扰动信号服从高斯分布，然而这一假设并不完全符合一些实际应用过程，而且许多实际系统中要求控制过程变量的概率密度函数的形状。例如，在造纸生产过程的纸张形成过程中的纸张均匀度控制[2]、化工的高分子聚合过程、食品加工过程的粒子均匀度控制、火焰燃烧分布控制等。这类系统方程描述了系统输入与输出概率密度函数之间的关系，而并非传统的系统输入与输出之间的关系。此类随机系统在形式描述上比常规随机系统更一般化，即既可以表述高斯系统，又可以描述非高斯系统，使输出概率密度函数包含的信息更全面（不仅是均值和方差的信息），能够表示任意随机系统输入的情况。现有随机系统故障诊断方法难以用于具有任意有界随机变量的系统中，这就使得传统的基于高斯假设的故障诊断方法已经无法满足要求。因此，在非高斯随机分布控制系统的框架下，研究故障诊断与容错控制技术具有非常重要的理论意义，对复杂工业过程发展具有良好的应用前景。动态随机系统的一般结构如图 1.1 所示。

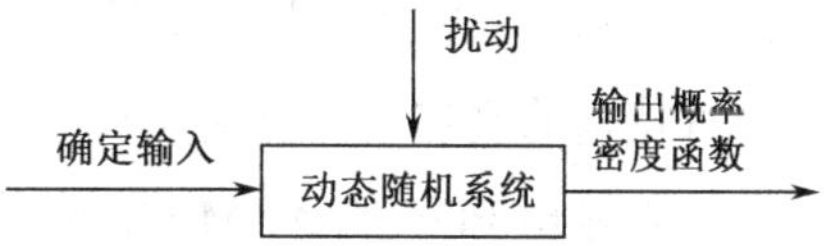

图 1.1　动态随机系统的一般结构

1.1 非高斯随机分布控制系统建模方法现状

1.1.1 B 样条模型

由于随机分布控制系统输出的是 PDF 函数，因此在建模方法上与传统系统有所区别。输出 PDF 模型就是采用基函数逼近法，用基函数及其权值表示输出 PDF。大多数模型都是把输出 PDF 的控制和基函数权值控制统一起来，把权值作为中间控制变量，然后建立权值的动态模型。目前，输出 PDF 采用最多的建模方法就是基于样条的函数逼近方法[1, 20, 21]。它们分别为线性 B 样条模型、平方根 B 样条模型、有理 B 样条模型及有理平方根 B 样条模型。显然，采用 B 样条逼近方法时，系统建模准确度和系统控制的效果与 B 样条模型的参数的选取有着直接的关系。B 样条模型具有很多优点，实现了输出 PDF 的近似权值与控制输入之间的解耦，然而在 ARMAX 模型中，输出 PDF 可以直接用解析表达式表示，可见这样的 PDF 描述精度更高。

1.1.2 输入输出 ARMAX 模型

模型同输入序列相关，输出序列和噪声项通过 ARMAX 模型传递，其中的噪声项为已知 PDF 的有界随机分布，这样系统的输出 PDF 由输入控制并与噪声项相关。与 B 样条模型不同的是，这类模型的动态关系是由 ARMAX 模型描述的[22-23]。但是，与传统的 ARMAX 不同，这类模型的噪声项没有特别的假定。而且这类模型可以通过物理性质和输入输出数据建模。

输入输出 PDF 的 ARMAX 模型可以是线性，也可以是非线性，甚至是随机参数的 ARMAX 模型。对于线性 ARMAX 模型，PDF 的形状不能任意控制而只能是噪声项的 PDF 在空间上的平移。这类模型的控制设计主要原理是利用概率的相关理论来获得输出 PDF 的参数形式及设定预期的 PDF 的表达式来获得。如果 ARMAX 模型的参数也具有随机特性，则可以采用拉普拉斯变换来简化输出 PDF 的获取。如果这些随机参数的特性事先并不知道，则首先需要采用在线辨识的方法来获得模型。

1.1.3　RBF 样条建模和神经网络 PDF 建模

对随机分布系统的建模而言，还有 RBF（Radial Basis Function，径向基函数）样条建模方法和神经网络 PDF 建模方法。对于 RBF 样条逼近法，通常选高斯形式的 RBF，每个基函数都可以用中心和宽度来决定形状[24, 25]。与 B 样条基函数相比，RBF 基函数的调整比较灵活，可以通过参数的调节实现基函数的优化，使得对输出 PDF 的逼近精度得到提高。对于多输出系统，采用 B 样条神经网络建模并不方便。为了克服这个缺陷，可以采用神经网络建模方法[26, 69]，如采用多层感知（Multi-Layer Perception，MLP）神经网络[69]来获得相应的模型。这类模型与 B 样条模型不同的是神经网络是用来建立系统的动态关系，而不是直接逼近输出 PDF。目前建立的模型固定 MLP 网络为两层 MLP，输出 PDF 也采用平方根来描述，则控制输出 PDF 的形状就可以通过控制 MLP 的权值来实现。上述 B 样条基函数和 RBF 基函数方法都是首先建立权值和输出 PDF 的关系，然后再考虑权值和系统输入的动态关系。而神经网络方法直接建立了输出 PDF 和系统输入的动态关系。这一方法适用于多输出的 SDC 系统。

1.2　非高斯随机分布控制系统的控制研究现状

对于非高斯随机分布控制系统的控制方法的研究近年来有了很大的发

展，主要有神经网络控制[26, 29, 69]、利用系统输入与输出模型控制[22-23]、迭代学习控制[28]、最小熵控制[27, 67-68]和最优控制[30-31]等控制方法。

文献［28］针对一类随机分布系统给出了一种有效的控制方法，基于RBF基函数建模方法，提出了定周期调整RBF的中心和宽度的迭代学习方法，以此来达到跟踪给定的PDF的目的。文献［29］对于非高斯非线性随机分布控制系统，基于两个神经网络逼近器和一个动态神经网络辨识器，利用PI控制器来实现跟踪给定PDF的目标。文献［30］利用最优控制策略来控制系统输出PDF来跟踪给定的PDF，并在此基础上进行了改进，设计了一种具有局部稳定性的次最优控制器，同时指出这两种控制策略可以应用到最小熵控制中。针对一类非高斯随机分布控制系统，采用线性B样条模型和利用PID控制策略来控制系统输出PDF跟踪给定的PDF。在此基础上，利用凸优化方法改进了PID控制策略，使得控制系统具有很强的鲁棒性。文献［31］针对具有时滞项的非高斯非线性随机系统，提出了一种基于滤波器的容错控制算法，具体的思想为：首先利用平方根B样条模型，把问题转化到权值动态系统，而该动态权值系统具有非线性、非确定性和时滞的特性，利用鲁棒性强的最优控制技术设计容错控制器，利用线性矩阵不等式技术使容错控制器消除故障对系统的影响。文献［23］提出了一种鲁棒的迭代学习控制策略来实现对输出PDF的跟踪。

文献［65］分析了非高斯随机分布控制系统输出概率密度函数与系统输入之间存在的动态关系，利用子空间辨识方法建立了系统输入与逼近权值之间的状态空间模型，并利用RBFNN逼近随机分布系统输出概率密度函数，利用RBFNN逼近输出概率密度函数所得的权值作为输出。将迭代学习控制的思想引入到输出随机分布系统的建模过程，通过对RBFNN的迭代优化，使系统的模型更准确。同时，将迭代建模与迭代控制相结合，设计出双闭环迭代学习建模控制结构。该结构内环为输出随机分布控制系统的迭代学习控制，而外环为基于RBFNN的迭代学习建模。通过引进自适应学习律和迭代终止条件等参数，改进了输出随机分布控制系统的迭代学习控制算法。文献［66］提出了一种新的用于多变量动态随机系统的跟踪滤波算法。该系统由非高斯随机输入和非线性输出的一组时变离散系统表示。引入“混合特征函数”的概念，描述了动态条件估计误差的随机性质，其中关键思想是确保条件估计误差的分布跟随目标分布，为此建立了多变量随机输入和输出的混合特征函数之间的关系及混合特征函数的性质。然后基于条件估计误差的混合特征函数的形式构建了跟踪滤波器的新性能指标，获得了一种保证滤波器增益矩阵为最优解的解决方案。

事实上，SDC 的研究意义主要包含 3 个方面。

（1）理论意义：拓宽随机控制研究的领域。以往随机控制系统的研究对象比较单一，大多数是针对随机变量的统计特性来控制，SDC 系统从随机变量的 PDF 入手，将以往的随机变量统计特性直接包含于其中。

（2）实际意义：提升生产产品的质量，同时降低能量的消耗。SDC 系统直接针对随机变量的 PDF 来设计控制算法，能提高许多实际的非高斯分布的工业过程的控制精度要求。

（3）自身意义：SDC 的本身的完善和进一步发展。SDC 系统发展至今，已经形成了一个系统的理论框架。在这个框架中，还有许多问题有待解决。

1.3　非高斯随机分布控制系统的故障诊断与容错控制现状

不同于已有的处理动态系统故障诊断的手段，如利用输出信息及其他可测量的信息来产生残差，进而进行故障诊断。随机分布控制系统故障诊断的任务是利用系统输出概率密度函数信息及其他可测量的信息来产生残差，通过对残差的分析与处理来估计出故障的变化。随机分布控制系统所产生的残差在形式上与高斯随机系统和一般确定性系统的残差形式并不相同，是以概率密度函数跟踪误差的积分形式表示出来的[46-48]。随机分布控制系统的容错控制可分为目标概率密度函数已知时的容错控制和目标概率密度函数未知时的容错控制。当目标 PDF 已知时，基于故障诊断的信息和其他可测量的信息进行容错控制设计，使发生故障后随机分布控制系统的输出概率密度函数仍能跟踪给定的概率密度函数，实现随机分布系统的主动容错控制，如图 1.2 所示。当目标 PDF 未知时，将熵的概念引入随机分布控制系统的容错控制中，基于故障估计信息和其他可测量的信息，将关于熵的性能指标极小化，使发生故障后系统输出的不确定性仍能极小化，如图 1.3 所示。

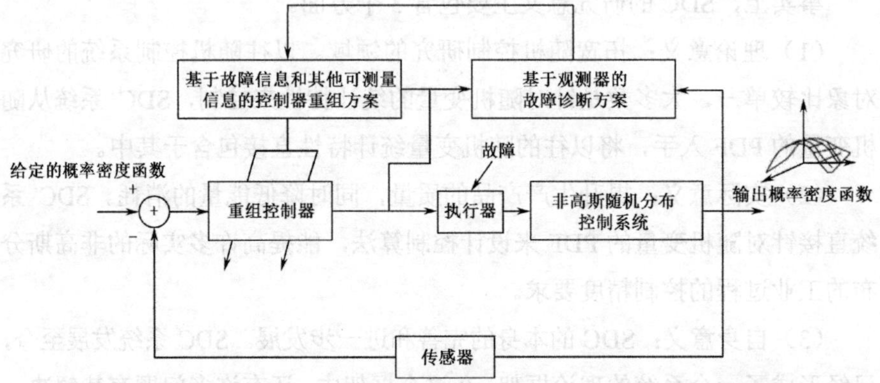

图 1.2　目标 PDF 已知的非高斯随机分布控制系统的故障诊断与容错控制

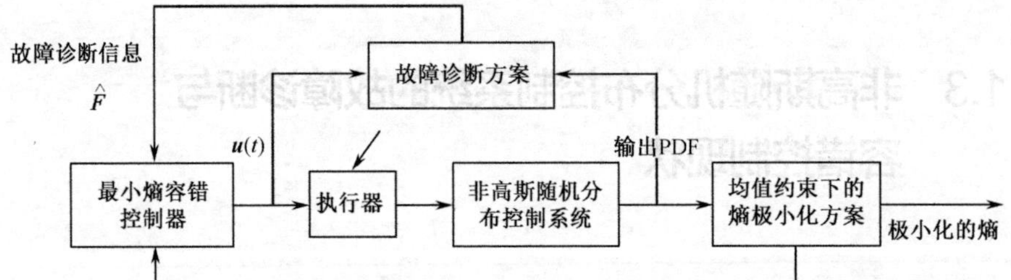

图 1.3　目标 PDF 未知的随机分布控制系统的故障诊断与最小熵容错控制

文献［32］设计了一种非线性观测器对系统进行故障检测，并没有考虑故障诊断算法和系统的不确定性因素的影响。文献［33］运用的是一种基于滤波器的故障检测和故障诊断算法，通过得到的故障检测的门限值对不等式的解进行优化，通过自适应诊断算法估计故障。文献［34］提出了一种新的非线性自适应观测器故障诊断算法，并且是利用有理平方根模型对非高斯随机分布控制系统进行逼近。

文献[35]对非高斯非线性随机分布控制系统，提出了高增益非线性观测器的诊断方法。为了保证误差系统的有界性，通过求解 LMI 确定参数。有一部分文献考虑随机分布控制系统故障诊断中时滞对系统造成的影响。文献[36]是在连续的随机动态分布时滞系统中，提出了一种新的故障诊断算法，所考虑的故障诊断问题可以转换成一种新的鲁棒故障诊断算法。为了使故障诊断效果得到改善，文献[37]提供了一种最优控制器的设计，其中也考虑到了时滞的影响。在文献[38]中，运用迭代学习的方法将故障检测与容错控制结合起来，利用批次方式来监控系统的所有不正常行为。在文献[39]中，为了调节故障，运用了一种多模型的方法进行设计。在文献[40]中，通过有理平方根逼近非高斯随机分布控制系统，运用自适应观测器进行故障检测与故障诊断，最后运用故障诊断的信息进行容错控制器设计，从而实现了主动容错控制。在文献[41]中，运用自适应观测器进行故障诊断，该系统是线性奇异非高斯随机分布控制系统，并根据诊断信息进行主动容错控制。文献［42, 43］研究了考虑时滞项影响的容错控制，文献[42]是针对异步切换的时滞非线性系统，进行一类不确定切换容错控制问题研究。文献[43]是一种基于状态反馈控制策略和李雅普诺夫函数方法，对其进行鲁棒容错控制器设计。文献[44]是将问题集中在具有时滞项的不确定性系统的容错控制器设计上，基于李雅普诺夫稳定性定理和线性矩阵不等式的求解来描述系统的稳定性和鲁棒性能指标。文献[45]研究了非高斯随机分布采样数据模糊系统的跟踪控制问题。通过构建增广系统，设计异步比例积分（PI）控制器，使得系统输出的概率密度函数可以跟踪目标 PDF。且通过引入两个集合（扩展可达集和椭球集），在给定的局部区域中限制具有持续激励参考输入信号的增广系统的状态轨迹，解决了状态约束问题。文献[46]研究了非高斯随机分布模糊系统的事件触发故障检测问题。与其他系统不同，随机分布控制系统的可用信息是可测量的输出概率密度函数而不是输出本身。这增加了基于事件触发的观测器的难度。为此提出了一种基于输出 PDF 信息的新的事件触发观测器方法。给出一种新的事件触发方案（Event Triggered Scheme，ETS）旨在保存有限的通信源，构造有限频率故障检测观测器，减少 PDF 逼近误差对残差信号的影响，并且可以提高故障检测性能。

文献[47]基于一类工业过程，提出了一种新的分布式故障诊断方法和协作运行容错控制律，用于具有边界条件的不可逆互联随机分布控制系统。该控制方法不同于现有的协作容错控制器，其使得输出概率密度函数尽可能接近地跟踪期望的 PDF。当故障发生时，采用设定点重新设计的容错方法来适应故障而不是重构控制器。增强 PID 标称控制器和具有线性结构的设定点补偿项用于通过线性矩阵不等式求解来获得协作容错控制器。文献[48]提出了一种新的容错控制方法，用于一类离散时间和非高斯随机分布控制系统，其中两个子系统串联连接，以协作方式运行。对于这样的系统，第二子系统的输出概率密度函数被视为整个系统的输出。所提出的方法包括为第一子系统设计的故障诊断（Fault Diagnosis，FD）算法及为第二子系统建立的容错控制算法。线性矩阵不等式技术用于构造第一子系统的 FD 算法。一旦诊断出故障，就使用众所周知的基于最优范数的迭代学习控制方法设计容错控制算法。与现有的容错控制器方法不同，所提出的容错控制不是针对故障子系统而是针对无故障子系统设计的。当在第一子系统中发生故障时，用无故障的第二子系统重构的控制器可以重组故障并且保证整个系统仍将表现出良好的工作性能。文献[49]提出了一种新的容错控制器设计方法，用于一类具有边界条件的级联非高斯随机分布控制系统。为了获得故障估计值，首先提出了基于观测器的故障检测和故障诊断算法，然后基于自适应控制策略设计了协作容错控制器。与大多数现有的容错控制器不同，当发生故障时，需要重构的控制器是对无故障子系统。也就是说，故障不是由故障子系统本身补偿，而是由无故障子系统补偿。文献[50]提出了一种协作容错控制方法，用于具有未知耦合的不可逆级联输出随机分布控制系统。采用神经网络来逼近未知耦合的上界和故障函数，通过严格的 Lyapunov 分析确定整个级联系统的稳定性。文献[51]研究了同时受执行器和传感器故障影响的粒度分布（Particle Size Distribution，PSD）过程的容错形状控制问题。传感器和执行器故障在统一框架中被考虑，并通过使用自适应观测器技术进行估计。对于 PSD 过程，采用输出分布而不是系统输出信号本身来进行形状控制。平方根有理 B 样条近似用于逼近分布形状。针对同步执行器和传感器故障估计，提出了一种创新的在线故障估计方案。

基于虚拟执行器和虚拟传感器技术的增强控制器被设计用于补偿故障并实现 PSD 形状跟踪。

文献[52]解决了一类受时变控制有效性损失故障的非线性非高斯随机系统的自适应故障估计和容错控制问题。在统一的框架中考虑了时变故障，Lipschitz 非线性特性和一般随机特性。不使用系统输出信号，采用输出分布进行形状控制。在自适应观测器中同时估计状态和故障。然后，设计容错形状控制器来补偿故障并实现随机输出分布跟踪。文献[53]研究了随机分布系统的容错形状控制（Fault Tolerant Shape Control，FTSC）问题。对于该问题，除可测量的输入信号之外，还假设可以评估系统输出的分布函数以使其可用，并假设系统受到执行器故障的影响。在这种情况下，主要控制目标是即使在存在执行器故障的情况下，随机分布控制系统的输出也跟踪给定的目标分布。通过估计这些执行器故障，提出了一种有效的 FTSC 策略，该策略由正常控制律和自适应补偿控制律组成。前者可以在无故障情况下通过优化的性能指标跟踪给定的输出分布，而后者可以自动减少（甚至消除）由执行器故障引起的不利影响。该方法可以应用于输出概率密度函数的跟踪控制。文献[54]针对一类同时具有时变执行器和传感器故障的非高斯随机系统，解决了故障估计和容错控制问题。在该文献中，传感器故障、执行器故障和一般随机特性在统一框架中得到考虑。对于这样的系统，在设计控制器时采用平方根有理 B 样条逼近输出分布用于对分布形状进行控制，提出了一种在线故障估计方案，用于同步执行器和传感器故障估计。然后，设计了一个增广自适应容错控制器来补偿故障并实现随机输出分布跟踪。文献[55]针对具有加性故障和时滞的随机分布系统，提出了一种新的鲁棒故障重构方法，可以有效地实现状态和扰动的同时估计，以及故障重构。在该框架中，通过使用坐标变换并形成具有系统状态和干扰的增广状态来首先构造增广系统，其次设计鲁棒的描述符观测器以同时估计状态和干扰，最后为设计的观测器使用滑模方案，以便可以重建附加故障。文献[56]研究了一种新的故障检测和诊断（Fault Detection and Diagnosis，FDD）方案，用于延迟相关的随机系统。利用平方根 B 样条近似技术，建立了输出 PDF 的动态权重模型，并将所考虑的问题转化为具有时滞的随机系统的非线性 FDD 问题。其主要目的是构建一个基于滤波器的残差发生器，以便检测和估计故障。文献[57]针对粒度分布过程提出了一种创新的故障估计方法，用于粒度分布过程的故障估计。平方根有理 B 样条用于逼近分布形状而不是系统输出信号本身，在系统方程中考虑了李普希茨（Lipschitz）非线性和表示建模不确定性的未知输入。所提出的故障估计算法保证在同时估计状态和故障的同时实现未知输入解耦。

当系统目标概率密度函数未知时，对非高斯随机分布控制系统进行了最小熵故障诊断和容错控制研究[61]。对离散非高斯奇异随机分布控制系统，给出了新的故障诊断与最小熵容错控制算法，设计了自适应观测器来诊断奇异随机分布控制系统中发生的故障。进一步地，观测器增益和自适应调节律的增益可通过求解相应的线性矩阵不等式获得。基于估计的故障信息，通过极小化均值约束下的熵性能指标进行控制器重组。重组控制器使得故障发生后的奇异随机分布控制系统的输出仍有最小的不确定性，实现了非高斯奇异随机分布控制系统的最小熵容错控制[62]。对非高斯非线性随机分布控制系统，也进行了目标概率密度函数未知时的最小熵容错控制研究[63]。对一类非高斯随机分布协作系统的主动容错控制进行研究，该协作系统由 3 个子系统序列连接，最后一个子系统的输出作为整个协作随机分布控制系统的输出。基于 RBF 神经网络来逼近第三个子系统的输出概率密度函数。当第一个子系统发生故障时，该子系统不能自行修复故障，对后面两个子系统设计了最小熵容错控制器，补偿故障的影响，极小化整个系统输出的不确定性，实现了非高斯协作随机分布控制系统的最小熵容错控制[64]。

1.4 研究现状分析及本书主要内容

目前就对随机分布控制系统的故障诊断与容错控制的研究大部分是分开进行的，并没有进行集成故障诊断与容错控制研究。所谓集成故障诊断与容错控制，就是在系统中加入故障估计/辨识子系统，分离出故障的位置、大小及类型，通过修正故障系统补偿故障所带来的影响并使系统保持稳定。

在集成故障诊断与容错控制中，控制律被重构以通过修正故障系统使被控系统达到一定的性能指标。而在主动容错控制中，只使用无故障的那部分系统。可见，集成故障诊断与容错控制方案不仅需要故障检测子系统，而且需要故障估计/辨识子系统。为此，本书对非高斯随机分布控制系统的集成故障诊断与容错控制进行深入研究。

不同于已有的处理动态系统故障诊断的手段，如利用输出信息及其他可测量的信息来产生残差，进而进行故障诊断。随机分布控制系统的故障诊断任务是利用系统输出概率密度函数信息及其他可测量的信息来产生残差，通过对残差的分析与处理来估计出故障的变化。随机分布控制系统所产生的残差在形式上与高斯随机系统和一般确定性系统的残差形式并不相同，是以概率密度函数跟踪误差的积分形式表示出来的。基于故障诊断的信息和其他可测量的信息进行容错控制设计，使发生故障后随机分布控制系统的输出概率密度函数仍能跟踪给定的概率密度函数，实现随机分布控制系统的容错控制。然而以上研究中面向的系统模型仍主要是常规系统，当系统动态模型是奇异系统，即非高斯奇异随机分布控制系统时，有关这类系统的故障诊断与容错控制的研究结果还不多。奇异动态模型的存在，使得容错控制器的设计变得更加困难。对奇异随机分布控制系统而言，在系统无故障时的控制器设计、容错控制策略及容错控制后闭环系统的稳定性分析都是需要深入研究和探索的问题。本书将做出这方面的探索性研究，目标是针对非高斯奇异随机分布控制系统，开发一系列故障诊断方法，并对系统输出的分布形状进行主动容错控制。

事实上，目前对非高斯随机分布控制系统的故障诊断与容错控制的研究，研究结果大都集中在线性权值动态系统，非高斯非线性随机分布控制系统故障诊断与容错控制的研究结果还很少。仅有的故障诊断研究结果也多集中在满足李普希茨（Lipschitz ）条件的非线性动态系统，非线性程度不高，然而实际系统大都为非线性系统，且非高斯非线性随机分布控制系统的一些控制问题尚未解决，因此对非线性随机分布控制系统的故障诊断与容错控制的研究是很有必要的。对实际的非高斯非线性随机分布控制系统，如果系统静态和动态建模不合适，则难以得到理想的容错控制效果。

因此，需要对非高斯非线性随机分布控制系统的建模、故障诊断与容错控制进行深入的研究。

有时跟踪目标概率密度函数并不能事先确定，这时容错控制要求就可以转化为控制输出变量具有最小的不确定性。在高斯系统中，最小不确定性可以通过方差来体现；在一般的非高斯系统中，最小的不确定性采用熵来体现。这两者在高斯系统中具有完全的等价性。对于一般的非高斯随机系统，最小熵准则可以作为最小方差准则的推广来设计容错控制器。目前非高斯随机分布控制系统目标概率密度函数未知的最小熵容错控制结果还不多。本书对非高斯随机分布控制系统的最小熵容错控制也进行了探索性研究。

针对非高斯随机分布控制系统的故障诊断与容错控制方面存在的问题，在本书中作者总结了近些年来研究团队在非高斯随机分布控制系统相关研究方面的一些成果，主要包括非高斯随机分布控制系统的集成故障诊断与容错控制（包括线性与非线性动态系统）、非高斯奇异随机分布控制系统的故障诊断与容错控制、非高斯随机分布控制系统的最小熵容错控制方面的内容。

第 2 章为非高斯线性随机分布控制系统的故障检测、故障诊断与容错控制，本章基于有理平方根线性 B 样条模型，进行了基于自适应观测器的故障检测、故障诊断，并进行了最优主动容错控制设计。

第 3 章考虑了非高斯非线性随机分布控制系统的集成故障诊断与容错控制问题。对满足李普希茨（Lipschitz）条件的非线性随机分布控制系统，用 RBF 神经网络对渐变非线性故障进行逼近，设计了神经网络观测器，基于故障估计信息，进行了基于比例积分的容错控制设计。

第 4 章为非高斯奇异随机分布控制系统的故障诊断与容错控制设计新方法。本章对非高斯线性奇异动态系统进行了基于迭代学习观测器的故障诊断，该故障诊断算法不仅对突变故障有效，对渐变故障（慢变和快变故障）同样有效，并给出了新的最优容错控制算法。

第 5 章考虑了时滞因素和概率密度函数逼近误差，对非高斯时滞随机分布控制系统的故障诊断与容错控制进行了深入探讨。

第 6 章考虑了模型不确定性因素和概率密度函数逼近误差，进行了基于未知输入观测器的鲁棒故障诊断，并给出了滑模容错控制策略。

第 7 章对非高斯非线性随机分布控制系统进行了统计信息容错控制研究，使故障发生后的统计信息仍能跟踪目标统计信息函数。

第 8 章考虑了一般非线性动态，给出了基于模糊建模的非高斯非线性奇异随机分布控制系统的故障诊断与容错控制算法。第 2～8 章是目标概率密度函数已知的非高斯随机分布控制系统的故障诊断与容错控制，考虑了线性动态、非线性动态、奇异动态系统、时滞因素，对非高斯随机分布控制系统的故障诊断与容错控制进行了深入的讨论。

第 9 章对离散非高斯奇异线性随机分布控制系统进行了最小熵控制研究，给出了均值约束下的最小熵性能指标，使发生故障后的系统输出的不确定性仍极小化。

第 10 章对非高斯随机分布控制系统，考虑了一般非线性动态，进行了基于模糊建模的非高斯非线性随机分布控制系统的最小有理熵容错控制研究。第 9 章和第 10 章是目标概率密度函数未知的非高斯随机分布控制系统的最小熵容错控制，对离散线性随机分布控制系统、基于模糊建模的非高斯非线性随机分布控制系统的最小熵容错控制进行了讨论。

参考文献

[1] Zhang Y M, Guo L, Yu H S. Fault tolerant control based on stochastic distributions via MLP neural networks [J]. Neurocomputing, 2007, 70(4-6): 867-874.

[2] Wang H. Bounded Dynamic Stochastic Systems: Modeling and Control [M]. Springer-Verlag, London, 2000.

[3] Frank P M. Deterministic nonlinear observer-based approaches to fault diagnosis: a survey [J]. Control Engineering Practice, 1997, 5(5): 663-670.

[4] Chen J, Patton R J. Robust model-based fault diagnosis for dynamic systems [M]. Kluwer Academic Publishers, Boston, MA, USA, 1999.

[5] Isermann R. Model-based fault detection and diagnosis status and applications [J]. Annual Review in Control, 2005, 29 (1): 71-85.

[6] Grimble M J. Discrete-time polynomial systems approach to combined fault monitoring and control [J]. Optimal Control Applications and Methods, 2003, 24 (33): 121-138.

[7] 周东华，叶银忠. 现代故障诊断与容错控制 [M]. 北京：清华大学出版社，2000.

[8] Wang Y Q, Zhou D H, Gao F R. Robust fault-tolerant control for a class of non-minimum phase nonlinear processes [J]. Journal of Process Control, 2007, 17(6): 523-537.

[9] Martin E, Morris J, Lane S. Monitoring process manufacturing performance [J]. IEEE Control Systems Magazine, 2002, 22 (5): 26 -39.

[10] Li P, Kadirkamanathan V. Fault detection and isolation in non-linear stochastic systems——A combined adaptive Monte Carlo filtering and likelihood ratio approach [J]. International Journal of Control, 2004, 77 (12): 1101-1114.

[11] Basseville M, Nikiforov I. Fault isolation for diagnosis nuisance rejection and multiple hypotheses testing [C]. Proc. of the 15 th IFAC World Congress, 2002, 179-190.

[12] Juricic D, Zele M. Robust detection of sensor faults by means of a statistical test [J]. Automatica, 2002, 38 (4): 737-742.

[13] Zhang Y M, Jiang J. Bibliographical review on reconfigurable fault-tolerant control systems [J]. Annual Reviews in Control, 2008, 32(2): 229-252.

[14] 李庆国，冯玉珠，佟绍成，等. 基于神经网络的非线性系统故障检测及容错制方法 [J]. 信息与控制，1998, 27(6): 440-445.

[15] 张颖伟，王福利，于戈. 基于一个学习逼近的非线性系统的故障调节 [J]. 自动化学报，2004, 30(5): 757-762.

[16] 孔德明，方华京. 一类网络化控制系统的稳定容错控制 [J]. 自动化学报，2005, 31(2): 267-273.

[17] 陶洪峰，胡寿松. 执行器饱和 T-S 模糊系统的鲁棒耗散容错控制 [J]. 控制理论与应用，2010, 27(2): 205-210.

[18] 郭玉英，姜斌，张友民，等. 基于多模型的飞控系统执行器故障调节 [J]. 宇航学报，2009, 30(2): 795-800.

[19]陈莉，钟麦英. 不确定奇异时滞系统的鲁棒 H_∞ 故障诊断滤波器设计 [J]. 自动化学报，2008, 34(8): 943-949.

[20] 周靖林. PDF 控制及其在滤波中的应用 [D]. 北京：中国科学院自动化研究所，2005.

[21]张金芳. 输出概率密度函数建模、控制及在分子量分布控制中的应用 [D]. 北京：中科院自动化所，2005.

[22] Guo L, Wang H. Optimal output probability density function control for nonlinear ARMAX stochastic systems [C]. Proceedings of the 42th IEEE Conference on Decision and Control, Maui, Hawaii, USA, 2003, 4254-4259.

[23] Wang H, Zhang J H. Bounded stochastic distributions control for pseudo-ARMAX stochastic systems [J]. IEEE Transactions on Automatic Control, 2001, 46(3): 486-490.

[24] Wang H, Afshar P, Yue H. ILC-based Generalised PI control for output PDF of stochastic systems using LMI and RBF neural networks [C]. Proceeding of the 45th IEEE Conference on Decision and Control. San Diego, CA, USA, 2006, 5048-5053.

[25] Yao L N, Jiang B, Qin J F, et al. Integrated fault diagnosis and fault tolerant control for stochastic distribution system using dynamic modeling [C]. Proceedings of the 32th Chinese Control Conference, Xian, China, 2013, 6313-6318.

[26] Wang H, Sun X. Neural network based probability density function shape control for unknown stochastic systems [C]. The 19th IEEE International Symposium on Intelligent Control. Taipei, Taiwan, 2004, 120-125.

[27] Wang A P, Guo L, Wang H. Advances in stochastic distribution control [C]. The 10th International Conference on Control, Automation, Robotics and Vision, 2008, 1479-1483.

[28] Wang H. Complex Stochastic systems modeling and control via iterative machine learning [J]. Neurocomputing, 2008, 71(13): 13-15.

[29] Yi Y, Guo L, Wang H. Constrained PI tracking control for output probability distributions based on two-Step neural networks [J]. IEEE Transactions on Circuits and Systems I: Regular Papers, 2009, 56(7): 1416-1426.

[30] Guo L, Wang H. PID controller design for output PDFs of stochastic systems using linear matrix inequalities [J]. IEEE Systems，Man and Cybernetics Society, 2005, 35(1): 65-71.

[31] Zhang Y M, Guo L, Wang H. Robust filtering for fault tolerant control using output PDFs of non-Gaussian systems [J]. IET Control Theory and Application, 2007, 1(3): 636-645.

[32] Wang H, Lin W. Applying observer based FDI techniques to detect faults in dynamic and bounded stochastic distributions [J]. International Journal of Control, 2000, 73(15): 1424-1436.

[33] Guo L, Wang H. Fault detection and diagnosis for general stochastic systems using B-spline expansions and nonlinear filters [J]. IEEE Transactions on Circuits and Systems I: Regular Papers, 2005, 52(8): 1644-1652.

[34] Yao L N, Wang A P, Wang H. Fault detection, diagnosis and tolerant control for non-Gaussian stochastic distribution systems using a rational square-root approximation model [J]. International Journal of Modeling, Identification and Control, 2008, 3(2): 162-172.

[35] Feng Y F , Ma H J. Fault detection and diagnosis for a class of nonlinear MIMO uncertain stochastic systems with output PDFs [C]. Control and Decision Conference (CCDC), 2010, 3836-3841.

[36] Li T, Yi Y, Guo L, et al. Delay-dependent fault detection and diagnosis using B- spline neural networks and nonlinear filters for time-delay stochastic systems [C]. 4th International Symposium on Neural Networks, Nanjing China, 2008, 17(4): 405-411.

[37] Guo L, Zhang Y M, Wang H, et al. Observer-based optimal fault detection and diagnosis using conditional probability distributions [J]. IEEE Transactions on Signal Processing, 2006, 54(10): 3712-3719.

[38] Wang Y Q, Shi J, Zhou D H. Iterative learning Fault-tolerant control for batch processes [J]. Industrial & Engineering Chemistry Research, 2006, 45(26): 9050-9060.

[39] Boskovic J D, Mehra R K. Stable multiple model adaptive flight control for accommodation of a large class of control effector failures [C]. Proc. of American Control Conference, 1999, 1920-1924.

[40] Yao L N, Wang A P, Wang H. Fault detection, diagnosis and tolerant control for non-Gaussian stochastic distribution systems using a rational square-root approximation model [J]. International Journal of Modeling, Identification and Control, 2008, 3(2): 162-172.

[41] Yao L N, Cocquempot V, Wang H. Fault Diagnosis and tolerant control for singular stochastic distribution system [C]. 8th IEEE International Conference on Control & Automation (ICCA2010), Xiamen, China, 2010, 1949-1954.

[42] Xiang Z R, Wang R H, Chen Q W. Fault tolerant control of switched nonlinear systems with time delay under asynchronous switching [J] International Journal of Applied Mathematics and Computer Science, 2010, 20(3): 497-506.

[43] Li W, Cao H C, Li E. Robust guaranteed cost fault-tolerant control for uncertain NCS with fast interval time-varying delay [C], IEEE International Conference on Mechatronics and Automation, 2010, 22-28.

[44] Wu B, Wang L, Shi H B. Guaranteed cost fault-tolerant control of uncertain dynamic systems with time-varying delayed states and controls [C]. IEEE International Conference on Control and Automation, 2008, 544-548.

[45] Wu Y, Dong J. Tracking control for non-Gaussian stochastic distribution sampled-data fuzzy systems [J]. Fuzzy Sets & Systems, 2019, 356: 1-27.

[46] Wu Y, Dong J. Fault detection for non-Gaussian stochastic distribution fuzzy systems by an event-triggered mechanism [J]. ISA Transactions, 2019.

[47] Ren Y, Fang Y, Wang A, et al. Collaborative operational fault tolerant control for stochastic distribution control system [J]. Automatica, 2018, 9(8):141-149.

[48] Ren Y, Wang A, Wang H. Fault diagnosis and tolerant control for discrete stochastic distribution collaborative control systems [J]. IEEE Transactions on Systems, Man, and Cybernetics: Systems, 2015, 45(3): 462-471.

[49] Ren Y, Fang Y, Yao L, et al. Collaborative fault tolerant control for non-Gaussian stochastic distribution systems based on adaptive control strategy [J]. Asian Journal of Control, 2018, 21(1): 533-544.

[50] Ren Y, Fang Y, Meng L. Distributed fault tolerant control for interconnected stochastic distribution control system with unknown couplings [C]. Jinan, China, Chinese Automation Congress (CAC), 2017, 1798-1802.

[51] Li G, Li T, Zhao Q. Fault tolerant shape control for particulate process systems under simultaneous actuator and sensor faults [J]. IET Control Theory and Applications, 2017, 11(15): 2448-2457.

[52] Li G, Zhao Q. Adaptive fault-tolerant shape control for nonlinear Lipschitz stochastic distribution systems [J]. Journal of the Franklin Institute, 2017, 354(10): 4013-4033.

[53] Li T, Li G, Zhao Q. Adaptive fault-tolerant stochastic shape control with application to particle distribution control [J]. IEEE Transactions on Systems, Man, and Cybernetics: Systems, 2015, 45(12): 1592-1604.

[54] Li G, Zhao Q. Simultaneous actuator and sensor fault estimation for adaptive stochastic shape control [C]. American Control Conference (ACC), Boston, MA, USA, 2016, 3868-3873.

[55] Cheng Y, Chen L, Li T. Fault reconstruction for stochastic distribution system with time-delay [C]. Shenyang, China, 2018 Chinese Control and Decision Conference (CCDC), 2018, 2826-2831.

[56] Yin L, Zhu P, Li T. Fault detection and diagnosis for delay-range-dependent stochastic systems using output PDFs [J]. International Journal of Control Automation & Systems, 2017, 15(4): 1701-1709.

[57] Li G, Zhao Q. Robust adaptive fault estimation for nonlinear particulate process systems [C]. IEEE Canadian Conference on Electrical and Computer Engineering (CCECE), Vancouver, Canada, 2016.

[58] Yao L N, Qin J F, Wang A P, et al. Fault diagnosis and fault-tolerant control for non-Gaussian non-linear stochastic systems using a rational square-root approximation model [J]. IET Control Theory and Applications, 2013, 7(1): 116-124.

[59] Hu Z H, Han Z Zh, Tian Z H. Fault detection and diagnosis for singular stochastic systems via B-spline expansions [J]. ISA Transactions, 2009, 48(4): 519-524.

[60] Qu Y, Li Z M, Li E C. Fault detection and diagnosis for non-Gaussian stochastic distribution systems with time delays via RBF neural networks [J]. ISA Transactions, 2012, 51(6): 786-791.

[61] Yao L N, Guan Y C. Minimum entropy fault diagnosis and fault tolerant control for the non-Gaussian stochastic system [C]. 2016 American Control Conference, Boston, MA, USA, 2016, 6863-6868.

[62] Yao L N, Lei C H, Guan Y C, et al. Minimum entropy fault-tolerant control for non-Gaussian singular stochastic distribution systems [J]. IET Control Theory and Application, 2016, 10(10): 1194-1201.

[63] Li L F, Yao L N. Minimum rational entropy fault tolerant control for non-Gaussian singular stochastic distribution control systems using T-S fuzzy modelling [J]. International Journal of Systems Science, 2018, 49(14): 2900-2911.

[64] Yao L N, Wu W, Kang Y F. Fault diagnosis and minimum rational entropy fault tolerant control of stochastic distribution collaborative systems [J]. Entropy, 2018, 20(11): 1-14.

[65] Zhou J L, Yue H, Zhang J. Iterative learning double closed-loop structure for modelling and controller design of output stochastic distribution control systems [J]. IEEE Transactions on Control Systems Technology, 2014, 22(6): 2261-2276.

[66] Zhou J L, Zhou D H, Wang H, et al. Distribution function tracking filter design using hybrid characteristic functions [J] Automatica, 2010, 46(1): 101-109.

[67] Yue H, Wang H. Minimum entropy control of closed-loop tracking errors for dynamic stochastic systems [J]. IEEE Transactions on Automatic Control, 2003, 48(1): 118-122.

[68] Wang H, Wang Y J. Estimating unknown probability density functions for random parameters of stochastic ARMAX systems [J]. IFAC proceedings volumes, 2003, 36(16): 1131-1136.

[69] Wang H. Multi-variable output probability density function control for non-Gaussian stochastic systems using simple MLP neural networks [C]. The IFAC International Conference on Intelligent Control Systems and Signal Processing, 2003, 84-89.

第 2 章

02

有理平方根逼近的非高斯线性随机分布控制系统的故障诊断与容错控制

本章对采用有理平方根 B 样条逼近的非高斯动态随机系统，提出了一种基于非线性自适应观测器的故障诊断方法。快速有效地诊断非高斯随机系统的非期望故障变化。通过对系统故障重组，使故障发生后系统的输出概率密度函数仍能跟踪给定的分布，提高该随机系统的可靠性。

2.1 引言

为了提高实际随机系统的可靠性和安全性，随机系统的故障诊断和容错控制是控制工程研究领域的重要组成部分。当故障和其他扰动输入是随机变量时，主要有两种方法处理这类故障诊断问题：一种方法是源于统计理论，用似然比或贝叶斯方法结合一些数值计算方法如蒙特卡罗法或粒子滤波（见参考文献[1-4]）来估计状态或参数的突然变化；另一种方法是用基于状态观测器或滤波器设计的方法[5-8]来诊断随机系统的故障变化，在基于滤波器设计的方法中，极小化极大算法可用于估计误差系统以保证各种性能的实现。随机系统的故障诊断与容错控制结果，大多数针对（故障）服从高斯分布的系统，然而大多数随机系统，其故障、输入或输出并不一定服从高斯分布，因此研究服从非高斯随机系统的故障诊断与容错控制是必要的。王宏博士于 1996 年提出了随机分布控制的概念，并指出控制的目标是整个系统输出概率密度函数的形状；设计了控制器使系统输出概率密度函数形状跟踪给定概率密度函数，并建立多种控制方法[9]，克服一般随机系统控制方法对不满足高斯分布输入假设的随机系统不能控制输出概率密度函数形状的缺点。

应用 B 样条逼近理论，随机系统输出概率密度函数的逼近模型有 4 种，分别是线性 B 样条模型、有理 B 样条模型、平方根 B 样条模型和有理平方根 B 样条模型，有理平方根 B 样条模型综合了有理 B 样条模型和平方根 B 样条模型的特点，其权值都是相互独立的，权值的可行域几乎是整个区域。

本章对用有理平方根 B 样条逼近的非高斯随机系统提出了一种基于非线性自适应观测器的故障诊断方法，该诊断方法能快速诊断系统出现的故障，并具有一定的鲁棒性。为使故障发生后系统的输出概率密度函数仍能跟踪给定的分布，本书进行了故障重组。在设计全局最优跟踪控制律的时候考虑到故障的影响，在重组控制律的作用下，系统的输出概率密度函数仍能跟踪给定的分布，达到容错控制的目的。

2.2 系统模型描述

为控制输出概率密度函数的形状，对输出概率密度函数用 B 样条逼近。由于有理平方根 B 样条模型综合了平方根 B 样条模型和有理 B 样条模型的优点，因此这里用有理平方根 B 样条[10]来逼近输出概率密度函数。

记 $\eta(t)\in[a,b]$ 为一致有界随机过程并假定其为随机系统在 t 时刻的输出，并记 $\boldsymbol{u}(t)$ 为具有合适维数的控制 $\eta(t)$ 分布的输入向量。在任意时刻，$\eta(t)$

的分布可以用它的条件 PDF $\gamma(y,\boldsymbol{u}(t))$ 来表述，其定义式如下。

$$P(a \leqslant \eta(t) < \xi \mid \boldsymbol{u}(t)) = \int_a^{\xi} \gamma(y,\boldsymbol{u}(t))\mathrm{d}y$$

其中，$P(a \leqslant \eta(t) < \xi \mid \boldsymbol{u}(t))$ 表示系统在 $\boldsymbol{u}(t)$ 作用下输出 $y(t)$ 落在区间 $[a,\xi)$ 内的概率，即 $\eta(t)$ 的 PDF $\gamma(y,\boldsymbol{u}(t))$ 的形状可由 $\boldsymbol{u}(t)$ 控制。假设区间 $[a,b]$ 已知，输出 PDF $\gamma(y,\boldsymbol{u}(t))$ 连续且有界，由 B 样条函数逼近原理可知[11]，可用以下有理平方根 B 样条模型来逼近 PDF $\gamma(y,\boldsymbol{u}(t))$。

$$\sqrt{\gamma(y,\boldsymbol{u}(t))} = \sum_{i=1}^{n} \omega_i B_i(y) \Big/ \sqrt{\sum_{i,j=1}^{n} \omega_i \omega_j \int_a^b B_i(y) B_j(y)\mathrm{d}y} = \frac{\boldsymbol{C}(y)\boldsymbol{V}}{\sqrt{\boldsymbol{V}^{\mathrm{T}}\boldsymbol{E}\boldsymbol{V}}}, \ \forall y \in [a,b] \tag{2.1}$$

其中，$B_i(y) \geqslant 0$ 是预先指定的基函数；ω_i 是仅和控制输入 $\boldsymbol{u}(t)$ 相关的逼近权值；n 是基函数的个数；$\boldsymbol{C}(y) = [B_1(y), B_2(y), \cdots, B_n(y)]$，$\boldsymbol{E} = \int_a^b \boldsymbol{C}^{\mathrm{T}}(y)\boldsymbol{C}(y)\mathrm{d}y$，$\boldsymbol{V} = [\omega_1, \omega_2, \cdots, \omega_n]^{\mathrm{T}}$ 且 $\boldsymbol{V} \neq 0$。

从式（2.1）可以看出，如果等式的右边没有分母，这个模型就是平方根 B 样条模型；同时可以看出，式（2.1）在表达形式上十分类似于有理 B 样条模型，故称为有理平方根 B 样条模型。需要指出的是：这里的 n 个权值 $\omega_i(i=1,2,\cdots,n)$ 是相互独立的。因此，在这个表达式中不需要进一步的约束条件。

式（2.1）中的权值 $\omega_i(i=1,2,\cdots,n)$ 的意义与有理 B 样条模型的权值相同，在这两种情形中，当逼近 PDF 或 PDF 的平方根时，它们只是一个中间变量，且权值不唯一。这不同于线性和平方根 B 样条模型的权值，线性和平方根 B 样条模型的权值是真正的权值。对有理 B 样条和有理平方根 B 样条模型来说，它们真正的权值分别为 $\omega_i \Big/ \sum_{j=1}^{n} \omega_j \int_a^b B_j(y)\mathrm{d}y$ 和 $\omega_i \Big/ \sqrt{\sum_{i,j=1}^{n} \omega_i \omega_j \int_a^b B_i(y) B_j(y)\mathrm{d}y}$。然而，由 B 样条神经网络逼近原理[11]不难得出，真正的权值必须唯一，式中的 $\omega_i(i=1,2,\cdots,n)$ 为伪权值。伪权值是否唯一并不重要，重要的是目标函数能用这样的 B 样条函数来逼近，且在给定精度下逼近的真正的权值唯一。有理平方根 B 样条模型综合了平方根 B 样条模型和有理 B 样条模型的优点，其权值的可行域几乎是整个区域。

假设由 B 样条权值描述的系统动态部分能够表示为线性连续定常系统，则这里所考虑的动态系统可表示为

$$\begin{cases}\dot{\boldsymbol{V}}(t)=\boldsymbol{A}\boldsymbol{V}(t)+\boldsymbol{B}\boldsymbol{u}(t)+\boldsymbol{G}\boldsymbol{F}\\ \sqrt{\gamma(y,\boldsymbol{u}(t))}=\boldsymbol{C}(y)\boldsymbol{V}(t)\Big/\sqrt{\boldsymbol{V}^{\mathrm{T}}(t)\boldsymbol{E}\boldsymbol{V}(t)}\end{cases}\tag{2.2}$$

其中，$\boldsymbol{u}(t)$ 为已知有合适维数的参数矩阵；$\boldsymbol{F}$ 是一附加项，代表系统的故障。对该模型来说，第一个方程是关于 $\boldsymbol{V}(t)$、$\boldsymbol{A}$、$\boldsymbol{B}$、$\boldsymbol{G}$、$\boldsymbol{u}(t)$ 和 $\boldsymbol{F}$ 的一般线性动态关系式；第二个方程代表系统输出概率密度函数的 B 样条表达式。

2.3 故障检测和故障诊断

2.3.1 故障检测

用基于观测器的故障检测方法来检测系统式（2.2）的故障，该故障代表状态方程式（2.2）附加项的非期望变化。

构造如下故障检测观测器

$$\begin{gathered}\dot{\hat{\boldsymbol{V}}}(t)=\boldsymbol{A}\hat{\boldsymbol{V}}(t)+\boldsymbol{B}\boldsymbol{u}(t)+\boldsymbol{K}(t)\varepsilon(t)\\ \varepsilon(t)=\int_a^b\left(\sqrt{\hat{\gamma}(y,\boldsymbol{u}(t))}-\sqrt{\gamma(y,\boldsymbol{u}(t))}\right)\mathrm{d}y\\ \sqrt{\hat{\gamma}(y,\boldsymbol{u}(t))}=\frac{\boldsymbol{C}(y)\hat{\boldsymbol{V}}(t)}{\sqrt{\boldsymbol{V}^{\mathrm{T}}(t)\boldsymbol{E}\boldsymbol{V}(t)}}\end{gathered}\tag{2.3}$$

其中，$\boldsymbol{K}(t)$ 是观测器的待定的自适应增益。

令

$$\boldsymbol{e}(t)=\hat{\boldsymbol{V}}(t)-\boldsymbol{V}(t)\tag{2.4}$$

则由式（2.2）～式（2.4）可得

$$\begin{gathered}\dot{\boldsymbol{e}}(t)=\boldsymbol{A}\hat{\boldsymbol{V}}(t)+\boldsymbol{B}\boldsymbol{u}(t)+\boldsymbol{K}(t)\varepsilon(t)-\boldsymbol{A}\boldsymbol{V}(t)-\boldsymbol{B}\boldsymbol{u}(t)-\boldsymbol{G}\boldsymbol{F}\\ \varepsilon(t)=\int_a^b\boldsymbol{C}(y)\left(\frac{\hat{\boldsymbol{V}}(t)}{\sqrt{\hat{\boldsymbol{V}}^{\mathrm{T}}(t)\boldsymbol{E}\hat{\boldsymbol{V}}(t)}}-\frac{\boldsymbol{V}(t)}{\sqrt{\boldsymbol{V}^{\mathrm{T}}(t)\boldsymbol{E}\boldsymbol{V}(t)}}\right)\mathrm{d}y\end{gathered}\tag{2.5}$$

令

$$\boldsymbol{\Sigma}=\int_a^b\boldsymbol{C}(y)\mathrm{d}y$$

则

$$\varepsilon(t)=\frac{\boldsymbol{\Sigma e}}{\sqrt{\hat{\boldsymbol{V}}^{\mathrm{T}}\boldsymbol{E}\hat{\boldsymbol{V}}}}+\frac{\boldsymbol{\Sigma V}}{\sqrt{\hat{\boldsymbol{V}}^{\mathrm{T}}\boldsymbol{E}\hat{\boldsymbol{V}}}}-\frac{\boldsymbol{\Sigma V}}{\sqrt{\boldsymbol{V}^{\mathrm{T}}\boldsymbol{E}\boldsymbol{V}}} \tag{2.6}$$

首先给出如下定理。

定理 2.1　对于 $(\sqrt{\boldsymbol{V}^{\mathrm{T}}\boldsymbol{E}\boldsymbol{V}}-\sqrt{\hat{\boldsymbol{V}}^{\mathrm{T}}\boldsymbol{E}\hat{\boldsymbol{V}}})$ 存在 $|\lambda|\leqslant T$ （$T=\dfrac{\lambda_{\max}(\boldsymbol{E})}{\lambda_{\min}(\boldsymbol{E})}$）使得

$$\sqrt{\boldsymbol{V}^{\mathrm{T}}\boldsymbol{E}\boldsymbol{V}}-\sqrt{\hat{\boldsymbol{V}}^{\mathrm{T}}\boldsymbol{E}\hat{\boldsymbol{V}}}=\lambda(\sqrt{\boldsymbol{V}^{\mathrm{T}}\boldsymbol{V}}-\sqrt{\hat{\boldsymbol{V}}^{\mathrm{T}}\hat{\boldsymbol{V}}})=\lambda(\|\boldsymbol{V}\|-\|\hat{\boldsymbol{V}}\|) \tag{2.7}$$

证明：

$$\begin{aligned}\left|\sqrt{\boldsymbol{V}^{\mathrm{T}}\boldsymbol{E}\boldsymbol{V}}-\sqrt{\hat{\boldsymbol{V}}^{\mathrm{T}}\boldsymbol{E}\hat{\boldsymbol{V}}}\right|&=\frac{\left|\boldsymbol{V}^{\mathrm{T}}\boldsymbol{E}\boldsymbol{V}-\hat{\boldsymbol{V}}^{\mathrm{T}}\boldsymbol{E}\hat{\boldsymbol{V}}\right|}{\sqrt{\boldsymbol{V}^{\mathrm{T}}\boldsymbol{E}\boldsymbol{V}}+\sqrt{\hat{\boldsymbol{V}}^{\mathrm{T}}\boldsymbol{E}\hat{\boldsymbol{V}}}}\\&\leqslant\frac{\lambda_{\max}(\boldsymbol{E})\left|(\boldsymbol{V}^{\mathrm{T}}\boldsymbol{V}-\hat{\boldsymbol{V}}^{\mathrm{T}}\hat{\boldsymbol{V}})\right|}{\sqrt{\lambda_{\min}(\boldsymbol{E})}(\sqrt{\boldsymbol{V}^{\mathrm{T}}\boldsymbol{V}}+\sqrt{\hat{\boldsymbol{V}}^{\mathrm{T}}\hat{\boldsymbol{V}}})} &(2.8)\\&\leqslant\frac{\lambda_{\max}(\boldsymbol{E})}{\sqrt{\lambda_{\min}(\boldsymbol{E})}}\left(\frac{\left|\boldsymbol{V}^{\mathrm{T}}\boldsymbol{V}-\hat{\boldsymbol{V}}^{\mathrm{T}}\hat{\boldsymbol{V}}\right|}{\sqrt{\boldsymbol{V}^{\mathrm{T}}\boldsymbol{V}}+\sqrt{\hat{\boldsymbol{V}}^{\mathrm{T}}\hat{\boldsymbol{V}}}}\right) &(2.9)\\&=\frac{\lambda_{\max}(\boldsymbol{E})}{\lambda_{\min}(\boldsymbol{E})}\left|\sqrt{\boldsymbol{V}^{\mathrm{T}}\boldsymbol{V}}-\sqrt{\hat{\boldsymbol{V}}^{\mathrm{T}}\hat{\boldsymbol{V}}}\right|=T\left|\sqrt{\boldsymbol{V}^{\mathrm{T}}\boldsymbol{V}}-\sqrt{\hat{\boldsymbol{V}}^{\mathrm{T}}\hat{\boldsymbol{V}}}\right|\end{aligned}$$

式中，$\dfrac{\lambda_{\max}(\boldsymbol{E})}{\lambda_{\min}(\boldsymbol{E})}=T$。

因此，存在一常数 $\lambda(|\lambda|\leqslant T)$ 使得

$$\sqrt{\boldsymbol{V}^{\mathrm{T}}\boldsymbol{E}\boldsymbol{V}}-\sqrt{\hat{\boldsymbol{V}}^{\mathrm{T}}\boldsymbol{E}\hat{\boldsymbol{V}}}=\lambda(\sqrt{\boldsymbol{V}^{\mathrm{T}}\boldsymbol{V}}-\sqrt{\hat{\boldsymbol{V}}^{\mathrm{T}}\hat{\boldsymbol{V}}})=\lambda(\|\boldsymbol{V}\|-\|\hat{\boldsymbol{V}}\|)$$

则误差系统

$$\dot{\boldsymbol{e}}(t)=\boldsymbol{A}\boldsymbol{e}(t)+\boldsymbol{K}(t)\frac{\boldsymbol{\Sigma e}}{\sqrt{\hat{\boldsymbol{V}}^{\mathrm{T}}\boldsymbol{E}\hat{\boldsymbol{V}}}}+\boldsymbol{K}(t)\boldsymbol{\Sigma}\left(\frac{\boldsymbol{V}}{\sqrt{\hat{\boldsymbol{V}}^{\mathrm{T}}\boldsymbol{E}\hat{\boldsymbol{V}}}}-\frac{\boldsymbol{V}}{\sqrt{\boldsymbol{V}^{\mathrm{T}}\boldsymbol{E}\boldsymbol{V}}}\right)-\boldsymbol{G}\boldsymbol{F} \tag{2.10}$$

选择观测器增益

$$\boldsymbol{K}=\boldsymbol{L}\sqrt{\hat{\boldsymbol{V}}^{\mathrm{T}}\boldsymbol{E}\hat{\boldsymbol{V}}} \tag{2.11}$$

令 $\boldsymbol{H}=\boldsymbol{A}+\boldsymbol{L\Sigma}$，设存在矩阵 $\boldsymbol{L}$ 使得 $\boldsymbol{H}$ 为 Hurwitz 矩阵，即

$$\boldsymbol{H}^{\mathrm{T}}\boldsymbol{P}+\boldsymbol{P}\boldsymbol{H}=-\boldsymbol{Q} \tag{2.12}$$

则

$$\dot{e}=(A+L\Sigma)e+L\Sigma V\frac{\lambda(\|V\|-\|\hat{V}\|)}{\sqrt{V^{\mathrm{T}}EV}} \tag{2.13}$$

取 Lyapunov 函数

$$\pi=\frac{1}{2}e^{\mathrm{T}}Pe \tag{2.14}$$

则

$$\dot{\pi}=-\frac{1}{2}e^{\mathrm{T}}Qe-e^{\mathrm{T}}PL\Sigma V\frac{\lambda(\|\hat{V}-e\|-\|\hat{V}\|)}{\sqrt{V^{\mathrm{T}}EV}} \tag{2.15}$$

$$\leqslant-\frac{1}{2}\lambda_{Q}\|e\|^{2}+\frac{\|e\|\cdot\|PL\Sigma\|\cdot\|V\|\cdot\|e\|\cdot T}{\|V\|\cdot\sqrt{\|E\|}}$$

$$=-(\lambda_{Q}-\frac{T\|PL\Sigma\|}{\sqrt{\|E\|}})\|e\|^{2} \tag{2.16}$$

当$\lambda_{Q}>\dfrac{T\|PL\Sigma\|}{\sqrt{\|E\|}}$满足时，$F=0$，则$\lim\limits_{t\to\infty}e(t)=0$。

$\|\varepsilon(t)\|>\lambda$表明故障已经发生。

2.3.2 故障诊断

一旦故障被检测出来，需要进行故障诊断以估计故障的大小。构造如下诊断观测器。

$$\dot{V}_{m}(t)=AV_{m}(t)+Bu(t)+K(t)\varepsilon(t)+G\hat{F} \tag{2.17}$$

$$\varepsilon(t)=\int_{a}^{b}(\sqrt{\hat{\gamma}}-\sqrt{\gamma})\mathrm{d}y \tag{2.18}$$

$$\sqrt{\hat{\gamma}}=\frac{C(y)V_{m}(t)}{\sqrt{V_{m}}} \tag{2.19}$$

设$e=V_{m}-V$，$\tilde{F}=\widehat{F}-F$，则可得到诊断误差系统

$$\dot{e}=He+L\Sigma V\frac{\lambda(\|V\|-\|V_{m}\|)}{\sqrt{V^{\mathrm{T}}EV}}+G(\widehat{F}-F) \tag{2.20}$$

选择如下 Lyapunov 函数

$$\pi = \frac{1}{2}\boldsymbol{e}^{\mathrm{T}}\boldsymbol{P}\boldsymbol{e} + \frac{1}{2}\tilde{\boldsymbol{F}}^{\mathrm{T}}\tilde{\boldsymbol{F}} \tag{2.21}$$

对 Lyapunov 函数求一阶倒数

$$\dot{\pi} = -\frac{1}{2}\boldsymbol{e}^{\mathrm{T}}\boldsymbol{Q}\boldsymbol{e} - \boldsymbol{e}^{\mathrm{T}}\boldsymbol{PL\Sigma V}\frac{\lambda(\|\boldsymbol{V}\|-\|\boldsymbol{V}_m\|)}{\sqrt{\boldsymbol{V}^{\mathrm{T}}\boldsymbol{E}\boldsymbol{V}}} + \boldsymbol{e}^{\mathrm{T}}\boldsymbol{PG}\tilde{\boldsymbol{F}} + \tilde{\boldsymbol{F}}^{\mathrm{T}}\dot{\hat{\boldsymbol{F}}} \tag{2.22}$$

选择如下自适应调节律

$$\frac{\mathrm{d}\hat{\boldsymbol{F}}}{\mathrm{d}t} = -\boldsymbol{\Gamma}\sqrt{\boldsymbol{V}_m\boldsymbol{E}\boldsymbol{V}_m}\varepsilon(t) \tag{2.23}$$

其中，$\boldsymbol{\Gamma} > 0$ 是预先指定的学习向量。令 $\bar{\boldsymbol{P}} = \boldsymbol{G}^{\mathrm{T}}\boldsymbol{P} - \boldsymbol{\Gamma\Sigma}$，则

$$\begin{aligned}\dot{\pi} = &-\frac{1}{2}\boldsymbol{e}^{\mathrm{T}}\boldsymbol{Q}\boldsymbol{e} - \boldsymbol{e}^{\mathrm{T}}\boldsymbol{PL\Sigma V}\frac{\lambda(\|\boldsymbol{V}\|-\|\boldsymbol{V}_m\|)}{\sqrt{\boldsymbol{V}^{\mathrm{T}}\boldsymbol{E}\boldsymbol{V}}} + \boldsymbol{e}^{\mathrm{T}}\boldsymbol{PG}\tilde{\boldsymbol{F}} - \\ &\tilde{\boldsymbol{F}}^{\mathrm{T}}\boldsymbol{\Gamma}\sqrt{\boldsymbol{V}_m^{\mathrm{T}}\boldsymbol{E}\boldsymbol{V}_m}\left(\frac{\boldsymbol{\Sigma V}_m}{\sqrt{\boldsymbol{V}_m^{\mathrm{T}}\boldsymbol{E}\boldsymbol{V}_m}} - \frac{\boldsymbol{\Sigma V}}{\sqrt{\boldsymbol{V}^{\mathrm{T}}\boldsymbol{E}\boldsymbol{V}}}\right)\end{aligned} \tag{2.24}$$

$$\begin{aligned}&= -\frac{1}{2}\boldsymbol{e}^{\mathrm{T}}\boldsymbol{Q}\boldsymbol{e} - \boldsymbol{e}^{\mathrm{T}}\boldsymbol{PL\Sigma V}\frac{\lambda(\|\boldsymbol{V}\|-\|\boldsymbol{V}_m\|)}{\sqrt{\boldsymbol{V}^{\mathrm{T}}\boldsymbol{E}\boldsymbol{V}}} + \tilde{\boldsymbol{F}}^{\mathrm{T}}\bar{\boldsymbol{P}}\boldsymbol{e} - \tilde{\boldsymbol{F}}^{\mathrm{T}}\boldsymbol{\Gamma}\left(\frac{\sqrt{\boldsymbol{V}^{\mathrm{T}}\boldsymbol{E}\boldsymbol{V}} - \sqrt{\boldsymbol{V}_m^{\mathrm{T}}\boldsymbol{E}\boldsymbol{V}_m}}{\sqrt{\boldsymbol{V}^{\mathrm{T}}\boldsymbol{E}\boldsymbol{V}}}\right)\boldsymbol{\Sigma V} \\ &\leqslant -\left(\lambda_Q - \frac{\|\boldsymbol{PL\Sigma}\|\boldsymbol{T}}{\sqrt{\|\boldsymbol{E}\|}}\right)\|\boldsymbol{e}\|^2 + \|\tilde{\boldsymbol{F}}\|\left(\|\bar{\boldsymbol{P}}\| + \frac{\boldsymbol{T}\|\boldsymbol{\Gamma}\|.\|\boldsymbol{\Sigma}\|}{\sqrt{\|\boldsymbol{E}\|}}\right)\|\boldsymbol{e}\| = -\delta_1\|\boldsymbol{e}\|^2 + \delta_2\|\tilde{\boldsymbol{F}}\|\cdot\|\boldsymbol{e}\|\end{aligned} \tag{2.25}$$

$$\delta_1 = \lambda_Q - \frac{\|\boldsymbol{PL\Sigma}\|\boldsymbol{T}}{\sqrt{\|\boldsymbol{E}\|}},\quad \delta_2 = \|\bar{\boldsymbol{P}}\| + \frac{\boldsymbol{T}\|\boldsymbol{\Gamma}\|\boldsymbol{\Sigma}}{\sqrt{\|\boldsymbol{E}\|}}$$

设故障的上界为 M（$\|\tilde{\boldsymbol{F}}\| \leqslant \frac{M}{2}$），通过式（2.23）使得 $\|\hat{\boldsymbol{F}}\| \leqslant \frac{M}{2}$，于是

$$\dot{\pi} \leqslant -\delta_1\left(\|\boldsymbol{e}\| - \frac{M\delta_2}{2\delta_1}\right)^2 + \frac{M^2\delta_2^2}{4\delta_1} < 0 \tag{2.26}$$

当 $\|\boldsymbol{e}\| \geqslant \frac{M\delta_2(\delta_1 + \sqrt{\delta_1})}{2\delta_1}$ 时，有如下定理。

定理 2.2（收敛性定理）　假设 $\|\tilde{\boldsymbol{F}}\| \leqslant \frac{M}{2}$ 和 $\|\hat{\boldsymbol{F}}\| \leqslant \frac{M}{2}$，通过式（2.23）能保证观测误差满足下式。

$$\lim_{t\to\infty}\|\boldsymbol{e}\| \leqslant \frac{M\delta_2(\delta_1 + \sqrt{\delta_1})}{2\delta_1} \tag{2.27}$$

2.4 容错控制过程

2.4.1 无故障时系统 PDF 最优跟踪控制律的设计

PDF 跟踪控制算法的目标是选择一个控制输入使系统的实际输出 PDF 尽可能跟踪一个事先给定的连续 PDF $g(y)$，$g(y)$ 也是定义在 $[a,b]$ 上的函数，且与控制输入 $\boldsymbol{u}_1(t)$ 无关。类似于对 $\gamma(y,\boldsymbol{u}(t))$ 的逼近，目标 PDF 也可以用有理平方根 B 样条模型描述如下。

$$g(y)=\boldsymbol{C}(y)\boldsymbol{V}_g\Big/\sqrt{\boldsymbol{V}_g^{\mathrm{T}}\boldsymbol{E}\boldsymbol{V}_g} \tag{2.28}$$

为实现跟踪，当系统无故障时，采用如下的二次型性能指标。

$$J_1=\frac{1}{2}\int_0^{\infty}\left(\int_a^b\left(\sqrt{\gamma(y,\boldsymbol{u}_1(t))}-\sqrt{g(y)}\right)^2\mathrm{d}y+\boldsymbol{\zeta}_1^{\mathrm{T}}(t)\boldsymbol{R}\boldsymbol{\zeta}_1(t)\right)\mathrm{d}t \tag{2.29}$$

其中，$\boldsymbol{R}=\boldsymbol{R}^{\mathrm{T}}>0$，$\boldsymbol{B}\boldsymbol{\zeta}_1(t)=\boldsymbol{B}\boldsymbol{u}_1(t)+\boldsymbol{A}\boldsymbol{V}_g$，$\boldsymbol{V}_g$ 是期望目标的一个伪权值向量。当系统正常工作时，$\boldsymbol{F}=0$，将式（2.2）和式（2.28）代入式（2.29），显然不能直接应用线性二次型准则求解。为此，我们转换控制策略，采用次优控制思想，并构造如下的线性二次型性能指标代替式。

$$J_1=\frac{1}{2}\int_0^{\infty}\boldsymbol{e}_1^{\mathrm{T}}(t)\boldsymbol{E}\boldsymbol{e}_1(t)+\boldsymbol{\zeta}_1^{\mathrm{T}}(t)\boldsymbol{R}\boldsymbol{\zeta}_1(t)\mathrm{d}t \tag{2.30}$$

式中，$\boldsymbol{e}_1(t)=\boldsymbol{V}(t)-\boldsymbol{V}_g$ 为输出伪权值向量和目标伪权值向量的跟踪误差，误差模型为

$$\dot{\boldsymbol{e}}_1(t)=\boldsymbol{A}\boldsymbol{e}_1(t)+\boldsymbol{B}\boldsymbol{\zeta}_1(t) \tag{2.31}$$

不难发现，式（2.30）和式（2.31）是一个典型的二次型最优调节问题。虽然这是一个次优控制，但是只要式（2.31）达到最小值，则原目标函数式（2.29）也达到了最小值，这样处理可简化控制算法。应用经典的控制理论不难求出反馈增益矩阵 $\boldsymbol{K}$，当 $\boldsymbol{B}$ 为非奇异时，可得到控制量为

$$\boldsymbol{u}_1(t)=\boldsymbol{\zeta}_1(t)-\boldsymbol{B}^{-1}\boldsymbol{A}\boldsymbol{V}_g=-\boldsymbol{K}\boldsymbol{e}_1(t)-\boldsymbol{B}^{-1}\boldsymbol{A}\boldsymbol{V}_g \tag{2.32}$$

因为伪权值未知，所以要使用控制器 $\boldsymbol{u}_1(t)$ 还须估计出状态变量（伪权值）。对于 B 样条函数逼近方法，通常有两种方法获得权值向量，一种是参数估计法，另一种是状态观测器法。参数估计法主要是利用最小二乘原理[8, 12]，但这个方法只适用于线性和平方根 B 样条模型，因为它们的权值是唯一的。对于有理或有理平方根 B 样条模型来说，用这个方法得到的真正权值来获得伪权值时就会出现问题，因为伪权值不唯一，所以参数估计法不能用来获得伪权值。

因此，设计如下非线性观测器。

$$\begin{aligned}
\dot{\hat{\boldsymbol{V}}}(t) &= \boldsymbol{A}\hat{\boldsymbol{V}}(t) + \boldsymbol{B}\boldsymbol{u}(t) + \boldsymbol{H}\varsigma(t) \\
\varsigma(t) &= \int_a^b \left(\sqrt{\gamma(y,\boldsymbol{u}(t))} - \sqrt{\hat{\gamma}(y,\boldsymbol{u}(t))}\right)^2 \mathrm{d}y \\
\sqrt{\hat{\gamma}(y,\boldsymbol{u}(t))} &= \boldsymbol{C}(y)\hat{\boldsymbol{V}}(t) / \sqrt{\hat{\boldsymbol{V}}^{\mathrm{T}}(t)\boldsymbol{E}\hat{\boldsymbol{V}}(t)}
\end{aligned} \tag{2.33}$$

其中，$\hat{\boldsymbol{V}}(t) = [\hat{\omega}_1, \hat{\omega}_2, \cdots, \hat{\omega}_n]^{\mathrm{T}}$ 是观测器的状态变量；$\boldsymbol{H}$ 是具有合适维数的观测器增益矩阵；$\varsigma(t)$ 是残差。

将 $\hat{\boldsymbol{V}}$ 代替 $\boldsymbol{V}$ 则得到实际控制器为

$$\boldsymbol{u}_1(t) = -\boldsymbol{K}_1(\hat{\boldsymbol{V}}(t) - \boldsymbol{V}_g) - \boldsymbol{B}^{-1}\boldsymbol{A}\boldsymbol{V}_g \tag{2.34}$$

在控制律[见式（2.34）]的作用下，动态系统式（2.2）在正常工作时，其输出概率密度函数跟踪了给定的分布。

当 $t > t_f$ 时，系统出现故障，$\boldsymbol{F} \neq 0$。为了使系统输出的概率密度函数仍能跟踪给定的分布，可利用诊断出的故障信息进行故障重组。

2.4.2　故障重组

故障重组的任务是使出现故障后系统的输出概率密度函数仍能跟踪给定的分布。故障估计出后，$\hat{\boldsymbol{F}} \approx \boldsymbol{F}$。为求出故障重组后的控制器 $\boldsymbol{u}_2(t)$ 重新定义性能指标如下。

$$J_2 = \frac{1}{2}\left[\int_a^b \left(\sqrt{\gamma(y,\boldsymbol{u}_2(t))} - \sqrt{g(y)}\right)^2 \mathrm{d}y + \boldsymbol{\zeta}_2^{\mathrm{T}}(t)\boldsymbol{R}\boldsymbol{\zeta}_2(t)\right] \tag{2.35}$$

同样构造如下线性二次型性能指标。

$$J_2 = \frac{1}{2}\left[\boldsymbol{e}_2^{\mathrm{T}}(t)\boldsymbol{E}\boldsymbol{e}_2(t) + \boldsymbol{\zeta}_2^{\mathrm{T}}(t)\boldsymbol{R}\boldsymbol{\zeta}_2(t)\right] \tag{2.36}$$

其中，$\boldsymbol{e}_2(t) = \boldsymbol{V}(t) - \boldsymbol{V}_g$。

注释 2.1 容错控制时定义的性能指标是瞬时性能指标，因为当系统发生故障时，随机系统的输出不会再完全跟踪给定的概率密度函数。

让$\boldsymbol{\zeta}_2(t)$考虑故障的影响，令$\boldsymbol{B}\boldsymbol{\zeta}_2(t) = \boldsymbol{B}\boldsymbol{u}_2(t) + \boldsymbol{A}\boldsymbol{V}_g + \boldsymbol{G}\hat{\boldsymbol{F}}$。$\boldsymbol{u}_2(t)$为要重新设计的控制器，仍对误差模型进行二次型最优调节，则可得到

$$\boldsymbol{u}_2(t) = \boldsymbol{\zeta}_2(t) - \boldsymbol{B}^{-1}\boldsymbol{A}\boldsymbol{V}_g - \boldsymbol{B}^{-1}\boldsymbol{E}\hat{\boldsymbol{F}} = -\boldsymbol{K}_2\boldsymbol{e}(t) - \boldsymbol{B}^{-1}\boldsymbol{A}\boldsymbol{V}_g - \boldsymbol{B}^{-1}\boldsymbol{G}\hat{\boldsymbol{F}} \tag{2.37}$$

在控制律$\boldsymbol{u}_2(t)$的作用下使得性能指标式（2.36）达到最小，从而使目标函数式（2.35）也达到最小。在实际应用中，系统状态一般不能直接得到，仍用式（2.33）的状态观测器来估计故障发生后动态系统的状态，用观测状态代替系统的状态，得到实际的重组控制器为

$$\boldsymbol{u}_2(t) = -\boldsymbol{K}_2(\hat{\boldsymbol{V}}(t) - \boldsymbol{V}_g) - \boldsymbol{B}^{-1}\boldsymbol{A}\boldsymbol{V}_g - \boldsymbol{B}^{-1}\boldsymbol{G}\hat{\boldsymbol{F}} \tag{2.38}$$

通过对控制律$\boldsymbol{u}_1(t)$重新设计，得到控制律$\boldsymbol{u}_2(t)$可使得故障发生后系统输出概率密度函数仍能跟踪给定分布。

2.5 计算机模拟

考虑一个随机系统，其输出 PDF 可以由如下的 B 样条函数$B_i(y)(i=1,2,3)$来逼近。

$$\begin{cases} B_1(y) = 0.5(y-1)^2 I_1 + (-y^2+5y-5.5)I_2 + 0.5(y-4)^2 I_3 \\ B_2(y) = 0.5(y-2)^2 I_2 + (-y^2+7y-11.5)I_3 + 0.5(y-5)^2 I_4 \\ B_3(y) = 0.5(y-3)^2 I_3 + (-y^2+9y-19.5)I_4 + 0.5(y-6)^2 I_5 \end{cases} \tag{2.39}$$

其中，$I_i = \begin{cases} 1 & y \in [i, i+1] \\ 0 & \text{其他} \end{cases}$ $(i=1,2,3,4,5)$。假定系统动态方程可以表示为

$$\dot{\hat{V}}(t)=\begin{bmatrix}-5 & 2 & 0\\ 0.8 & -4 & 0\\ 0 & 2 & -3\end{bmatrix}\boldsymbol{V}(t)+\begin{bmatrix}0.5 & 0.3 & 0\\ 0 & 0.9 & 0.1\\ -0.5 & -0.2 & 0.1\end{bmatrix}\boldsymbol{u}(t)+\begin{bmatrix}3\\ -1\\ -1.5\end{bmatrix}\boldsymbol{F} \quad (2.40)$$

其中，$\boldsymbol{F}$ 代表动态系统式（2.39）的非期望变化。当 $\boldsymbol{F}=0$ 时，系统正常工作，当 $t \geqslant 5s$ 后 $\boldsymbol{F}$ 趋于 10。采样步长选择为 0.01s，系统的残差随时间的变化情况如图 2.1 所示，故障诊断结果如图 2.2 所示。

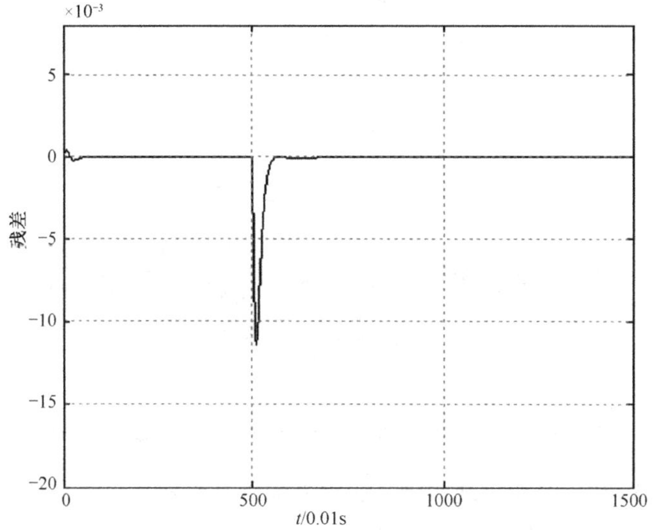

图 2.1　残差随时间的变化情况

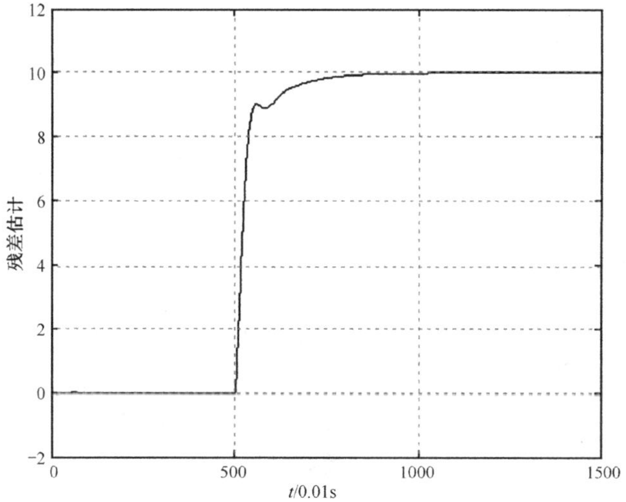

图 2.2　故障诊断结果

当系统式（2.39）无故障时，在控制器式（2.34）的作用下，初始条件分别为$[0.2, 0.3, -0.4]^T$，目标为$[10, 17, 10]^T$，观测器的初值为$[0.1, 0, 0.05]^T$，增益矩阵 $\boldsymbol{H}$ 为$[0.01, -0.01, 0.01]^T$，系统输出的概率密度函数 3D 图像对给定 PDF 的跟踪结果如图 2.3 所示。

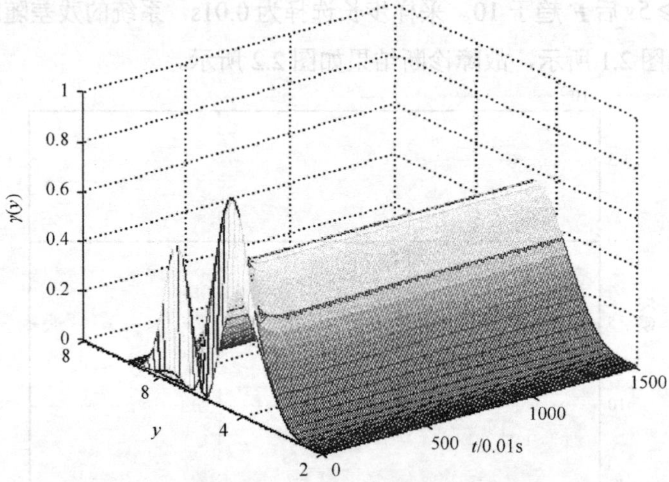

图 2.3　当系统无故障时系统输出概率密度函数 3D 图像

在$t > 5\,\mathrm{s}$后，系统出现故障，在对故障进行诊断后，对系统进行控制器重组，仍使在出现故障后系统的输出概率密度函数跟踪给定 PDF，仿真结果如图 2.4 所示。

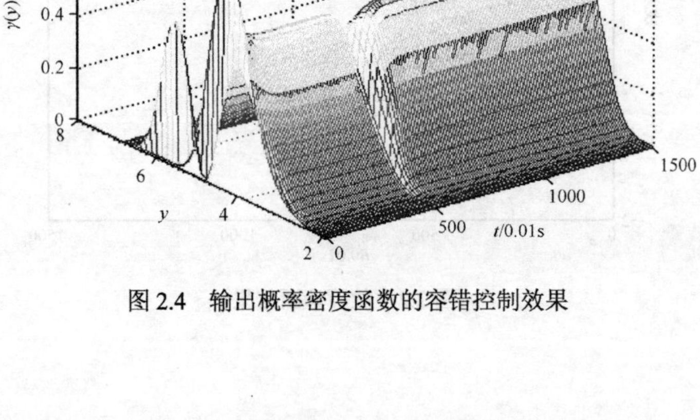

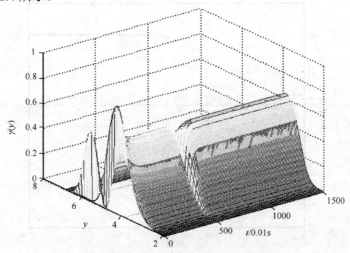

图 2.4　输出概率密度函数的容错控制效果

2.6 结论

对采用有理平方根 B 样条逼近的非高斯动态随机系统，采用基于非线性自适应观测器的故障诊断方法，快速、有效地诊断出该随机系统的非期望故障变化。当系统故障发生后，对控制器进行重新设计，在设计全局最优跟踪控制律时考虑到故障的影响，使得故障重组后系统的输出概率密度函数仍能跟踪给定的分布，实现了该非高斯随机系统的容错控制。计算机模拟结果显示容错控制效果良好。

参考文献

[1] Basseville M. On-board component fault detection and isolation using the stastistical local approach [J]. Automatica, 1998, 34 (11): 1391-1415.

[2] Charalambous C D, Logothetis A. Maximum likehood parameter estimation from incomplete data via the sensitivity equations: The continuous-time case [J]. IEEE Transactions on Automatic Control, 2000, 45(5): 928-934.

[3] Li P, Kadirkamanathan V. Particle filtering based likehood ratio approach to fault diagnosis in nonlinear stochastic systems [J]. IEEE Transactions on Systems, Man and Cybernetics-Part C, 2001, 31(3): 337-343.

[4] Hibcy J L, Charalambous C D. Conditional densities for continuous time nonlinear hybrid systems with applications to fault detection [J]. IEEE Transactions on Automatic Control, 1999, 44(11): 2164-2170.

[5] Patton R J, Frank P, Clark R. Fault diagnosis in Dynamic systems: Theory and Application [M]. Englewood Cliff, NJ, Prentice-Hall, 1989.

[6] Chen R H, Mingori D L, Speyer J L. Optimal stochastic fault detection filter [J]. Automatica, 2003, 39(3): 337-390.

[7] Chen R H, Speyer J L. A generalized least-squares fault detection filter [J]. International Journal of Adaptive Control and Signal Process, 2000, 14(7): 747-757.

[8] Wang H, Lin W. Applying observer based FDI techniques to detect faults in dynamic and bounded stochastic distributions [J]. International Journal of Systems Science, 2000, 73(15): 1424-1436.

[9] Wang H. Bounded Dynamic Stochastic Systems: Modeling and Control [M]. London: Springer-Verlag, 2000.

[10] 周靖林，岳红，王宏. 基于有理平方根 B 样条模型的概率密度函数形状控制 [J]. 自动化学报，2005, 31(3): 343-351.

[11] Girosi F, Poggio T. Networks and the best approximation property [J]. Biological Cybernetics, 1990, 63(1): 169-176.

[12] Wang X, Han C Z, Wan B W. Two new effective bidiagonalization least squares algorithms for nonlinear system identification [J]. ACTA Automatica Sinica, 1998, 24(1): 95-101.

第 3 章

03

非高斯非线性随机分布控制系统的集成故障诊断与容错控制

本章针对一类非高斯非线性随机分布控制系统提出了集成故障诊断与容错控制算法，也提出了基于 RBF 神经网络观测器的渐变故障诊断算法。当系统发生故障后，通过 PI（Proportional Integral）控制并增加基于故障诊断信息的故障补偿项，使得系统输出 PDF 仍能跟踪给定的分布，实现了非高斯非线性随机分布控制系统的集成故障诊断与容错控制。

3.1 引言

对很多实际系统来说，可以用系统输入和输出的概率密度函数的广义动态数学模型来描述，而并非用系统输出本身[1]。这类随机系统既可以描述高斯系统，又可以描述非高斯动态系统。如果系统参数发生了非期望的改变，可以认定系统发生了故障。因此，故障检测与诊断的任务就是根据系统可测的输出概率密度函数和输入的信息检测与诊断故障。文献[2]基于线性 B 样条逼近模型描述的非高斯随机分布控制系统首次提出了基于观测器的故障检测算法，进行检测的信号是输入和系统输出的概率密度函数。但是，线性 B 样条逼近模型具有一定的缺点，如当基函数数目不够大时，逼近的输出概率密度函数将出现负值。因此，文献[3-5]对非高斯随机分布控制系统用其他逼近模型描述，如有理 B 样条逼近模型，平方根 B 样条逼近模型和有理平方根 B 样条逼近模型，提出了故障检测和诊断算法。有理平方根B样条逼近模型[6]综合了有理B样条逼近模型和平方根B样条逼近模型的优势，使权值可取除原点之外的整个平面。结合有理平方根B样条逼近模型研究非高斯随机分布控制系统的故障诊断和容错控制是比较合适的思路，具有很大的优势。

目前，由于人工智能技术的发展，现代故障诊断技术也朝着智能化方向迈进。同时，人工智能在故障诊断方面的应用，神经网络有着显著的优越性，并且也是人们研究的热门领域。由于神经网络的学习和适应能力，能够逼近任何复杂的非线性函数，因此神经网络已经广泛应用到非线性系统。目前非高斯随机分布控制系统的故障诊断大都针对突变故障，很少有学者针对非高斯非线性随机分布控制系统给出渐变故障的诊断算法。本章在 RBF 神经网络故障诊断信息的基础上，结合传统 PID 控制算法，提出了一种改进型 PI 跟踪加故障补偿项的容错控制器，使发生故障后的系统输出概率密度函数仍能很好地跟踪给定的分布。

3.2 模型描述

记 $y(t)\in[a,b]$ 为一致有界随机过程并假定其为随机系统在任意时刻的输出，记 $\boldsymbol{u}(t)\in\mathbf{R}^{m\times 1}$ 为控制输出的概率密度函数形状的控制输入向量，则非线性随机分布控制系统如下。

$$\begin{cases}\dot{\boldsymbol{x}}=\boldsymbol{A}\boldsymbol{x}(t)+\boldsymbol{G}g(\boldsymbol{x}(t))+\boldsymbol{H}\boldsymbol{u}(t)+\boldsymbol{\rho}(\boldsymbol{x},\boldsymbol{u})\\ \boldsymbol{V}(t)=\boldsymbol{D}\boldsymbol{x}(t)\end{cases}\tag{3.1}$$

$$\sqrt{\gamma(y,\boldsymbol{u}(t))}=\frac{\boldsymbol{C}(y)\boldsymbol{V}(t)}{\sqrt{\boldsymbol{V}(t)^{\mathrm{T}}\boldsymbol{E}\boldsymbol{V}(t)}},\ \forall y\in[a,b]\tag{3.2}$$

其中，$\boldsymbol{x}\in\mathbf{R}^{n}$ 是状态向量；$\boldsymbol{V}(t)\in\mathbf{R}^{q}$ 是系统输出的权值向量；$\boldsymbol{u}(t)\in\mathbf{R}^{m}$ 是控制输入向量；$\boldsymbol{\rho}(\boldsymbol{x},\boldsymbol{u})\in\mathbf{R}^{n}$ 是故障向量；$\boldsymbol{A}\in\mathbf{R}^{n\times n}$，$\boldsymbol{G}\in\mathbf{R}^{n\times n}$，$\boldsymbol{D}\in\mathbf{R}^{q\times n}$ 及

$\boldsymbol{H} \in \mathbf{R}^{n \times m}$ 是系统参数矩阵。式（3.1）是权值向量的动态模型，式（3.2）是有理平方根逼近的静态输出概率密度函数模型。式（3.2）有理平方根逼近形式如下。

$$\sqrt{\gamma(y, \boldsymbol{u}(t))} = \frac{\sum_{i=1}^{n} \omega_i B_i(y)}{\sqrt{\sum_{i,j=1}^{n} \omega_i \omega_j \int_a^b B_i(y) B_j(y) \mathrm{d}y}} \tag{3.3}$$

其中，$B_i(y)(i=1,\cdots,q)$ 是定义在区间 $[a,b]$ 上预先指定的基函数，$\omega_i(i=1,\cdots q)$ 是相应的权值。在式（3.2）中，$\boldsymbol{C}(y)$、$\boldsymbol{E}$、$\boldsymbol{V}$ 可用式（3.3）的变量表示如下。

$$\begin{aligned} \boldsymbol{C}(y) &= [B_1(y), B_2(y), \cdots, B_q(y)] \\ \boldsymbol{E} &= \int_a^b \boldsymbol{C}^{\mathrm{T}}(y) \boldsymbol{C}(y) \mathrm{d}y \\ \boldsymbol{V} &= [\omega_1, \omega_2, \cdots, \omega_q]^{\mathrm{T}} (\boldsymbol{V} \neq 0) \end{aligned} \tag{3.4}$$

从式（3.4）中可以看出，有理平方根 B 样条逼近模型的所有权值是相互独立的，这也是有理平方根 B 样条逼近模型的优势所在。

对于非线性项，有如下假设条件。

假设 3.1　非线性函数 $g(\boldsymbol{x}(t))$ 关于状态向量 $\boldsymbol{x}$ 满足 Lipshitz 条件，即

$$\left\| g(\boldsymbol{x}_i(t)) - g(\boldsymbol{x}_j(t)) \right\| \leqslant m_x \left\| (\boldsymbol{x}_i(t) - \boldsymbol{x}_j(t)) \right\| \tag{3.5}$$

其中，m_x 是 Lipshitz 常数。

对于式（3.1）～式（3.3）描述的系统模型，式（3.1）和式（3.2）是关于 $\boldsymbol{V}(t)$、$\boldsymbol{u}(t)$ 和 $\boldsymbol{\rho}(\boldsymbol{x}, \boldsymbol{u})$ 的一般非线性关系，式（3.3）代表系统输出概率密度函数的有理平方根表达式。

3.3　故障检测

故障检测的目的就是利用系统输入、可测的状态和系统输出 PDF 的信息，检测出系统发生的故障。为此构造检测观测器如下。

$$
\begin{aligned}
&\dot{\boldsymbol{x}}_m(t)=\boldsymbol{A}\boldsymbol{x}_m(t)+\boldsymbol{G}g(\boldsymbol{x}_m(t))+\boldsymbol{H}\boldsymbol{u}(t)+\boldsymbol{K}_d\varepsilon_d(t)\\
&\boldsymbol{V}_m(t)=\boldsymbol{D}\boldsymbol{x}_m(t)\\
&\varepsilon_d(t)=\int_a^b(\sqrt{\gamma_m(y,\boldsymbol{u}(t))}-\sqrt{\gamma(y,\boldsymbol{u}(t))})\mathrm{d}y\\
&\sqrt{\gamma_m(y,\boldsymbol{u}(t))}=\frac{\boldsymbol{C}(y)\boldsymbol{V}_m(t)}{\sqrt{\boldsymbol{V}_m^{\mathrm{T}}(t)\boldsymbol{E}\boldsymbol{V}_m(t)}}
\end{aligned} \tag{3.6}
$$

其中，$\boldsymbol{x}_m(t)$ 是检测观测器的状态；$\boldsymbol{V}_m(t)$ 是权值向量的估计；$\gamma_m(y,\boldsymbol{u}(t))$ 是 PDF 的估计；$\boldsymbol{K}_d$ 是观测器的增益矩阵。$\varepsilon_d(t)$ 可表示为

$$
\varepsilon_d(t)=\int_a^b\boldsymbol{C}(y)(\frac{\boldsymbol{V}_m(t)}{\sqrt{\boldsymbol{V}_m^{\mathrm{T}}(t)\boldsymbol{E}\boldsymbol{V}_m(t)}}-\frac{\boldsymbol{V}(t)}{\sqrt{\boldsymbol{V}^{\mathrm{T}}(t)\boldsymbol{E}\boldsymbol{V}(t)}})\mathrm{d}y \tag{3.7}
$$

其中，$\boldsymbol{\Sigma}=\int_a^b\boldsymbol{C}(y)\mathrm{d}y$。

因此，进一步得到

$$
\varepsilon_d(t)=\boldsymbol{\Sigma}(\frac{\boldsymbol{D}\boldsymbol{e}_d(t)}{\sqrt{\boldsymbol{V}_m^{\mathrm{T}}(t)\boldsymbol{E}\boldsymbol{V}_m(t)}}+\frac{\boldsymbol{V}(t)}{\sqrt{\boldsymbol{V}_m^{\mathrm{T}}(t)\boldsymbol{E}\boldsymbol{V}_m(t)}}-\frac{\boldsymbol{V}(t)}{\sqrt{\boldsymbol{V}^{\mathrm{T}}(t)\boldsymbol{E}\boldsymbol{V}(t)}}) \tag{3.8}
$$

其中，$\boldsymbol{e}_d=\boldsymbol{x}_m(t)-\boldsymbol{x}(t)$ 为状态估计误差。

引理 3.1[6] 对于 $(\sqrt{\boldsymbol{V}^{\mathrm{T}}\boldsymbol{E}\boldsymbol{V}}-\sqrt{\boldsymbol{V}_m^{\mathrm{T}}\boldsymbol{E}\boldsymbol{V}_m})$，存在一个 $\lambda(T_1\leqslant|\lambda|\leqslant T_2)$ 使式（3.9）成立。

$$
\begin{aligned}
\sqrt{\boldsymbol{V}^{\mathrm{T}}\boldsymbol{E}\boldsymbol{V}}-\sqrt{\boldsymbol{V}_m^{\mathrm{T}}\boldsymbol{E}\boldsymbol{V}_m}&=\lambda(\sqrt{\boldsymbol{V}^{\mathrm{T}}\boldsymbol{V}}-\sqrt{\boldsymbol{V}_m^{\mathrm{T}}\boldsymbol{V}_m})\\
&=\lambda(\|\boldsymbol{V}\|-\|\boldsymbol{V}_m\|)
\end{aligned} \tag{3.9}
$$

其中，$T_1=\lambda_{\min}(\boldsymbol{E})/\lambda_{\max}(\boldsymbol{E})$，$T_2=\lambda_{\max}(\boldsymbol{E})/\lambda_{\min}(\boldsymbol{E})$，根据式（3.1）、式（3.2）和式（3.6），可以得到误差系统

$$
\dot{\boldsymbol{e}}_d(t)=\boldsymbol{A}\boldsymbol{e}_d(t)+\boldsymbol{G}\big(g(\boldsymbol{x}_m(t))-g(\boldsymbol{x}(t))\big)+\boldsymbol{K}_d\varepsilon_d-\boldsymbol{\rho}(\boldsymbol{x},\boldsymbol{u}) \tag{3.10}
$$

其中，$\boldsymbol{K}_d=\boldsymbol{L}\sqrt{\boldsymbol{V}_m^{\mathrm{T}}\boldsymbol{E}\boldsymbol{V}_m}$，在无故障的情况下，结合引理 3.1，由式（3.10）可进一步得到

$$
\begin{aligned}
\dot{\boldsymbol{e}}_d(t)&=\boldsymbol{A}\boldsymbol{e}_d(t)+\boldsymbol{G}(g(\boldsymbol{x}_m(t))-g(\boldsymbol{x}(t)))+\boldsymbol{K}_d\varepsilon_d\\
&=(\boldsymbol{A}+\boldsymbol{L}\boldsymbol{\Sigma}\boldsymbol{D})\boldsymbol{e}_d(t)+\boldsymbol{G}(g(\boldsymbol{x}_m(t))-g(\boldsymbol{x}(t)))+\boldsymbol{L}\boldsymbol{\Sigma}\boldsymbol{V}\frac{\lambda(\|\boldsymbol{V}\|-\|\boldsymbol{V}_m\|)}{\sqrt{\boldsymbol{V}^{\mathrm{T}}\boldsymbol{E}\boldsymbol{V}}}
\end{aligned} \tag{3.11}
$$

其中，$(\boldsymbol{A},\boldsymbol{\Sigma})$ 是可观测的，选取 $\boldsymbol{L}$ 使 $\boldsymbol{A}+\boldsymbol{L}\boldsymbol{\Sigma}\boldsymbol{D}$ 为 Hurwitz 矩阵。

定理 3.1 在假设 3.1 的条件下，对于式（3.1）、式（3.2）和式（3.6），如果存在正定对称矩阵 $\boldsymbol{P}$、$\boldsymbol{Q}$ 满足下列等式。

$$(\boldsymbol{A}+\boldsymbol{L}\boldsymbol{\Sigma}\boldsymbol{D})^{\mathrm{T}}\boldsymbol{P}+\boldsymbol{P}(\boldsymbol{A}+\boldsymbol{L}\boldsymbol{\Sigma}\boldsymbol{D})=-\boldsymbol{Q} \tag{3.12}$$

则状态估计误差 $\boldsymbol{e}_d$ 是有界的。

证明　对于如式（3.11）所示的非线性误差系统，可取二次型 Lyapunov 函数如下。

$$\pi=\frac{1}{2}\boldsymbol{e}_d^{\mathrm{T}}\boldsymbol{P}\boldsymbol{e}_d \tag{3.13}$$

基于式（3.11），可以得到 Lyapunov 函数式（3.13）的一阶导数为

$$\begin{aligned}\dot{\pi}&=\frac{1}{2}\dot{\boldsymbol{e}}_d^{\mathrm{T}}\boldsymbol{P}\boldsymbol{e}_d+\frac{1}{2}\boldsymbol{e}_d^{\mathrm{T}}\boldsymbol{P}\dot{\boldsymbol{e}}_d\\&=\frac{1}{2}\boldsymbol{e}_d^{\mathrm{T}}((\boldsymbol{A}+\boldsymbol{L}\boldsymbol{\Sigma}\boldsymbol{D})^{\mathrm{T}}\boldsymbol{P}+\boldsymbol{P}(\boldsymbol{A}+\boldsymbol{L}\boldsymbol{\Sigma}\boldsymbol{D}))\boldsymbol{e}_d+\\&\quad\boldsymbol{e}_d^{\mathrm{T}}\boldsymbol{P}\boldsymbol{G}(g(\boldsymbol{x}_m(t))-g(\boldsymbol{x}(t)))+\boldsymbol{e}_d^{\mathrm{T}}\boldsymbol{P}\boldsymbol{\Sigma}\boldsymbol{V}\frac{\lambda(\|\boldsymbol{V}\|-\|\boldsymbol{V}_m\|)}{\sqrt{\boldsymbol{V}^{\mathrm{T}}\boldsymbol{E}\boldsymbol{V}}}\\&=-\frac{1}{2}\boldsymbol{e}_d^{\mathrm{T}}\boldsymbol{Q}\boldsymbol{e}+\boldsymbol{e}_d^{\mathrm{T}}\boldsymbol{P}\boldsymbol{G}\tilde{g}+\boldsymbol{e}_d^{\mathrm{T}}\boldsymbol{P}\boldsymbol{\Sigma}\boldsymbol{V}\frac{\lambda(\|\boldsymbol{V}\|-\|\boldsymbol{V}_m\|)}{\sqrt{\boldsymbol{V}^{\mathrm{T}}\boldsymbol{E}\boldsymbol{V}}}\end{aligned} \tag{3.14}$$

其中，$\tilde{g}=g(\boldsymbol{x}_m(t))-g(\boldsymbol{x}(t))$ 为非线性部分估计误差。

根据假设 3.1 和式（3.12），式（3.14）进一步得到

$$\begin{aligned}\dot{\pi}&\leqslant-\frac{1}{2}\lambda_{\boldsymbol{Q}}\|\boldsymbol{e}_d\|^2+\|\boldsymbol{P}\boldsymbol{G}\|\|m_x\|\|\boldsymbol{e}_d\|^2+\frac{T_2\|\boldsymbol{P}\boldsymbol{L}\boldsymbol{\Sigma}\|\|\boldsymbol{D}\|}{\sqrt{\|\boldsymbol{E}\|}}\|\boldsymbol{e}_d\|^2\\&=-\frac{1}{2}(\lambda_{\boldsymbol{Q}}-2m_x\|\boldsymbol{P}\boldsymbol{G}\|-\frac{2T_2\|\boldsymbol{P}\boldsymbol{L}\boldsymbol{\Sigma}\|\|\boldsymbol{D}\|}{\sqrt{\|\boldsymbol{E}\|}})\|\boldsymbol{e}_d\|^2\end{aligned} \tag{3.15}$$

其中，$\lambda_{\boldsymbol{Q}}$ 是正定对称矩阵 $\boldsymbol{Q}$ 的最小特征值。

若满足下列条件

$$\lambda_{\boldsymbol{Q}}>2m_x\|\boldsymbol{P}\boldsymbol{G}\|+\frac{2T_2\|\boldsymbol{P}\boldsymbol{L}\boldsymbol{\Sigma}\|\|\boldsymbol{D}\|}{\sqrt{\|\boldsymbol{E}\|}} \tag{3.16}$$

当系统无故障时，$\dot{\pi}<0$，则 $\lim\limits_{t\to\infty}\boldsymbol{e}_d=0$。这表明在系统无故障时由式（3.6）、式（3.11）和式（3.12）组成的观测器系统是趋于稳定的。因此，当 $\|\varepsilon_d\|>\tau$ 时，系统发生了故障，其中 τ 是事先给定的阈值。

3.4 故障诊断

当故障被检测出来后，故障诊断的目的就是估计出故障的幅值。记 $\boldsymbol{X}=\left[\boldsymbol{x}^{\mathrm{T}},\boldsymbol{u}^{\mathrm{T}}\right]^{\mathrm{T}}\in\mathbf{R}^{N}(N=n+m)$，其中，$\boldsymbol{X}\in A_d\subset\mathbf{R}^{N}$，$A_d$ 是一个紧集。$\hat{\boldsymbol{X}}=[\hat{\boldsymbol{x}}^{\mathrm{T}},\boldsymbol{u}^{\mathrm{T}}]^{\mathrm{T}}$，其中 $\boldsymbol{\rho}(\hat{\boldsymbol{X}})=\boldsymbol{B}_0\hat{\boldsymbol{W}}\boldsymbol{S}(\hat{\boldsymbol{X}})$。

RBF 神经网络逼近非线性函数的好坏取决于权值、高斯函数的中心和宽度。在实际应用中，很难选择高斯函数的中心和宽度，因此，在本章中提出利用自适应调整 RBF 神经网络的中心和宽度，进而使得 RBF 神经网络逼近系统中发生的故障。

系统故障模型如下。

$$\boldsymbol{\rho}(\boldsymbol{X})=\boldsymbol{B}_0\boldsymbol{W}^*\boldsymbol{S}(\boldsymbol{X},\boldsymbol{d}^*,\boldsymbol{\sigma}^*)+\epsilon(\boldsymbol{X}) \tag{3.17}$$

其中，$\boldsymbol{W}^*$、$\boldsymbol{d}^*$、$\boldsymbol{\sigma}^*$ 分别是理想权值矩阵、中心和宽度向量；$\epsilon(\boldsymbol{X})$ 代表 RBF 神经网络逼近误差；关于高斯函数的符号表述分别为 $\boldsymbol{S}(\boldsymbol{X},\boldsymbol{d}^*,\boldsymbol{\sigma}^*)=s_i$，$s_i=s_i(\left\|\boldsymbol{X}-\boldsymbol{d}_i^*\right\|,\sigma_i^*)$，$\boldsymbol{W}^*\in\mathbf{R}^{n\times q}$，$\boldsymbol{S}(\boldsymbol{X},\boldsymbol{d}^*,\boldsymbol{\sigma}^*)\in\mathbf{R}^{q\times 1}$，$\boldsymbol{d}_i^*\in\mathbf{R}^{n\times 1}$，$\boldsymbol{d}^*=[\boldsymbol{d}_1^{*\mathrm{T}},\cdots,\boldsymbol{d}_q^{*\mathrm{T}}]\in\mathbf{R}^{k_0\times 1}$，$\boldsymbol{\sigma}^*\in\mathbf{R}^{q}$。其中，$k_0=n\times q$，$q$ 是神经网络隐含层的神经元个数。

假设 3.4 对于任意一个 $\boldsymbol{X}\in A_d$，存在理想权值矩阵 $\boldsymbol{W}^*$ 和理想向量 $\boldsymbol{d}^*$、$\boldsymbol{\sigma}^*$，并且权值矩阵和中心、宽度向量都是有界的，即 $\left\|\boldsymbol{d}^*\right\|\leqslant\left\|\bar{\boldsymbol{d}}\right\|$，$\left\|\boldsymbol{\sigma}^*\right\|\leqslant\left\|\bar{\boldsymbol{\sigma}}\right\|$，$\left\|\boldsymbol{W}^*\right\|\leqslant\left\|\bar{\boldsymbol{W}}\right\|$。其中，$\bar{\boldsymbol{W}}$ 为常矩阵，$\bar{\boldsymbol{d}}$、$\bar{\boldsymbol{\sigma}}$ 均为常向量，使得 $\left\|\epsilon(\boldsymbol{X})\right\|<\bar{\epsilon}$（$\bar{\epsilon}>0$）。

式（3.6）进一步表述为

$$\begin{aligned}\dot{\boldsymbol{x}}(t)&=\boldsymbol{A}\boldsymbol{x}(t)+\boldsymbol{G}g(\boldsymbol{x}(t))+\boldsymbol{H}\boldsymbol{u}(t)+\boldsymbol{B}_0\boldsymbol{W}^*\boldsymbol{S}(\boldsymbol{X},\boldsymbol{d}^*,\boldsymbol{\sigma}^*)+\epsilon(\boldsymbol{X})\\ \boldsymbol{V}(t)&=\boldsymbol{D}\boldsymbol{x}(t)\end{aligned} \tag{3.18}$$

故障诊断观测器构造如下。

$$\begin{aligned}
&\dot{\hat{\boldsymbol{x}}}(t)=\boldsymbol{A}\hat{\boldsymbol{x}}(t)+\boldsymbol{G}g(\hat{\boldsymbol{x}}(t))+\boldsymbol{H}\boldsymbol{u}(t)+\boldsymbol{B}_0\hat{\boldsymbol{W}}\boldsymbol{S}(\hat{\boldsymbol{X}},\hat{\boldsymbol{d}},\hat{\boldsymbol{\sigma}})+\boldsymbol{K}(t)\varepsilon(t)\\
&\hat{\boldsymbol{V}}(t)=\boldsymbol{D}\hat{\boldsymbol{x}}(t)\\
&\varepsilon(t)=\int_a^b \boldsymbol{C}(y)\left(\frac{\hat{\boldsymbol{V}}(t)}{\sqrt{\hat{\boldsymbol{V}}^{\mathrm{T}}(t)\boldsymbol{E}\hat{\boldsymbol{V}}(t)}}-\frac{\boldsymbol{V}(t)}{\sqrt{\boldsymbol{V}^{\mathrm{T}}(t)\boldsymbol{E}\boldsymbol{V}(t)}}\right)\mathrm{d}y
\end{aligned}\tag{3.19}$$

其中，$\hat{\boldsymbol{x}}(t)$ 是系统状态的估计；$\boldsymbol{K}(t)$ 是故障观测器的增益；$\varepsilon(t)$ 是系统残差。

很显然，估计权值矩阵的初始条件应该满足 $\hat{\boldsymbol{W}}(0)=0$，这样就可以使得在系统不发生故障之前神经网络的输出为零。

记观测器状态误差为

$$\boldsymbol{e}(t)=\hat{\boldsymbol{x}}(t)-\boldsymbol{x}(t)$$

由式（3.1）和式（3.19），可以得到动态误差方程为

$$\begin{aligned}
\dot{\boldsymbol{e}}(t)=&\boldsymbol{A}\boldsymbol{e}(t)+\boldsymbol{G}\tilde{g}(t)+\boldsymbol{B}_0\hat{\boldsymbol{W}}\boldsymbol{S}(\hat{\boldsymbol{X}},\hat{\boldsymbol{d}},\hat{\boldsymbol{\sigma}})-\\
&\boldsymbol{B}_0\boldsymbol{W}^*\boldsymbol{S}(X,\boldsymbol{d}^*,\boldsymbol{\sigma}^*)+\boldsymbol{K}(t)\varepsilon(t)-\epsilon(\boldsymbol{X})
\end{aligned}\tag{3.20}$$

令 $\boldsymbol{K}(t)=\boldsymbol{L}\sqrt{\hat{\boldsymbol{V}}^{\mathrm{T}}(t)\boldsymbol{E}\hat{\boldsymbol{V}}(t)}$ 并结合引理 3.1，式（3.20）可以进一步表示为

$$\begin{aligned}
\dot{\boldsymbol{e}}(t)=&(\boldsymbol{A}+\boldsymbol{L}\boldsymbol{\Sigma}\boldsymbol{D})\boldsymbol{e}(t)+\boldsymbol{G}\tilde{g}(t)+\boldsymbol{L}\boldsymbol{\Sigma}\boldsymbol{V}\frac{\lambda(\|\boldsymbol{V}\|-\|\hat{\boldsymbol{V}}\|)}{\sqrt{\boldsymbol{V}^{\mathrm{T}}\boldsymbol{E}\boldsymbol{V}}}+\\
&\boldsymbol{B}_0\hat{\boldsymbol{W}}\boldsymbol{S}(\hat{\boldsymbol{X}},\hat{\boldsymbol{d}},\hat{\boldsymbol{\sigma}})-\boldsymbol{B}_0\boldsymbol{W}^*\boldsymbol{S}(\hat{\boldsymbol{X}},\boldsymbol{d}^*,\boldsymbol{\sigma}^*)+\boldsymbol{B}_0\boldsymbol{W}^*\tilde{\boldsymbol{S}}-\epsilon(\boldsymbol{X})
\end{aligned}\tag{3.21}$$

其中，$\tilde{g}=g(\hat{\boldsymbol{x}})-g(\boldsymbol{x})$，$\tilde{\boldsymbol{S}}=\boldsymbol{S}(\hat{\boldsymbol{X}},\boldsymbol{d}^*,\boldsymbol{\sigma}^*)-\boldsymbol{S}(\boldsymbol{X},\boldsymbol{d}^*,\boldsymbol{\sigma}^*)$。

以 $(\hat{\boldsymbol{d}},\hat{\boldsymbol{\sigma}})$ 为中心的 $\boldsymbol{S}(\hat{\boldsymbol{X}},\boldsymbol{d}^*,\boldsymbol{\sigma}^*)$ 泰勒展开可以表示为

$$\boldsymbol{S}(\hat{\boldsymbol{X}},\boldsymbol{d}^*,\boldsymbol{\sigma}^*)=\boldsymbol{S}(\hat{\boldsymbol{X}},\hat{\boldsymbol{d}},\hat{\boldsymbol{\sigma}})-\boldsymbol{S}'_{\hat{d}}\tilde{\boldsymbol{d}}-\boldsymbol{S}'_{\hat{\sigma}}\tilde{\boldsymbol{\sigma}}+\boldsymbol{O}(\cdot)$$

其中，$\tilde{\boldsymbol{d}}=\hat{\boldsymbol{d}}-\boldsymbol{d}^*$，$\tilde{\boldsymbol{\sigma}}=\hat{\boldsymbol{\sigma}}-\boldsymbol{\sigma}^*$，$\boldsymbol{S}'_{\hat{d}}=\left.\frac{\partial\boldsymbol{S}}{\partial\boldsymbol{d}}\right|_{\boldsymbol{d}=\hat{\boldsymbol{d}}}\in\mathbf{R}^{q\times k_0}$，$\boldsymbol{B}_{\hat{\sigma}}=\left.\frac{\partial\boldsymbol{S}}{\partial\boldsymbol{\sigma}}\right|_{\boldsymbol{\sigma}=\hat{\boldsymbol{\sigma}}}\in\mathbf{R}^{q\times q}$。

这样 $\boldsymbol{B}_0\boldsymbol{W}^*\boldsymbol{S}(\hat{\boldsymbol{X}},\boldsymbol{d}^*,\boldsymbol{\sigma}^*)$ 可以进一步表示为

$$\begin{aligned}
\boldsymbol{B}_0\boldsymbol{W}^*\boldsymbol{S}(\hat{\boldsymbol{X}},\boldsymbol{d}^*,\boldsymbol{\sigma}^*)&=\boldsymbol{B}_0\boldsymbol{W}^*\boldsymbol{S}(\hat{\boldsymbol{X}},\hat{\boldsymbol{d}},\hat{\boldsymbol{\sigma}})-\boldsymbol{B}_0\boldsymbol{W}^*\boldsymbol{S}'_{\hat{d}}\tilde{\boldsymbol{d}}-\boldsymbol{B}_0\boldsymbol{W}^*\boldsymbol{S}'_{\hat{\sigma}}\tilde{\boldsymbol{\sigma}}+\boldsymbol{B}_0\boldsymbol{W}^*\boldsymbol{O}(\cdot)\\
&=\boldsymbol{B}_0\hat{\boldsymbol{W}}\boldsymbol{S}(\hat{\boldsymbol{X}},\hat{\boldsymbol{d}},\hat{\boldsymbol{\sigma}})-\boldsymbol{B}_0\tilde{\boldsymbol{W}}\boldsymbol{S}(\hat{\boldsymbol{X}},\hat{\boldsymbol{d}},\hat{\boldsymbol{\sigma}})-\boldsymbol{B}_0\hat{\boldsymbol{W}}\boldsymbol{S}'_{\hat{d}}\tilde{\boldsymbol{d}}+\boldsymbol{B}_0\tilde{\boldsymbol{W}}\boldsymbol{S}'_{\hat{d}}\tilde{\boldsymbol{d}}-\\
&\quad\boldsymbol{B}_0\hat{\boldsymbol{W}}\boldsymbol{S}'_{\hat{\sigma}}\tilde{\boldsymbol{\sigma}}+\boldsymbol{B}_0\tilde{\boldsymbol{W}}\boldsymbol{S}'_{\hat{\sigma}}\tilde{\boldsymbol{\sigma}}+\boldsymbol{B}_0\boldsymbol{W}^*\boldsymbol{O}(\cdot)
\end{aligned}\tag{3.22}$$

其中，$\tilde{W}=\hat{W}-W^*$。将式（3.22）代入式（3.21），误差系统可以表示为

$$\begin{aligned}\dot{e}=(A+L\Sigma D)e+G\tilde{g}+L\Sigma V\frac{\lambda(\|V\|-\|\hat{V}\|)}{\sqrt{V^{\mathrm{T}}EV}}+\\B_0\tilde{W}S(\hat{X},\hat{d},\hat{\sigma})+B_0\hat{W}S'_{\hat{d}}\tilde{d}+B_0WS'_{\hat{\sigma}}\tilde{\sigma}+v\end{aligned}\tag{3.23}$$

其中，$v=B_0W^*\tilde{S}-\epsilon(X)+(B_0W^*O(\cdot)+B_0\tilde{W}S'_{\hat{d}}\tilde{d}+B_0\tilde{W}S'_{\hat{\sigma}}\tilde{\sigma})$。

引理 3.2 如果神经网络的权值、中心、宽度的调整率满足式（3.24）～式（3.26），则v在集合A_d中是有界的。

$$\dot{\hat{W}}=\begin{cases}-\gamma\Phi+\gamma\dfrac{(\|\hat{W}\|^2-\beta)\mathrm{tr}(\Phi^{\mathrm{T}}\hat{W})\hat{W}}{\|\hat{W}\|^2}\hat{W} & \|\hat{W}\|^2>\beta\text{ 且 }\mathrm{tr}(\Phi^{\mathrm{T}}\hat{W})<0\\-\gamma\Phi & \text{其他}\end{cases}\tag{3.24}$$

$$\dot{\hat{d}}=\begin{cases}-\gamma_{\hat{d}}\Phi_{\hat{d}}+\gamma_{\hat{d}}\dfrac{(\|\hat{d}\|^2-\beta_d)\Phi_d^{\mathrm{T}}\hat{d}}{\|\hat{d}\|^2} & \|\hat{d}\|^2>\beta_d\text{ 且 }\Phi_d^{\mathrm{T}}\hat{d}<0\\-\gamma_d\Phi_d & \text{其他}\end{cases}\tag{3.25}$$

$$\dot{\hat{\sigma}}=\begin{cases}\gamma_\sigma\Phi_{\sigma_i}(-1+\hat{\sigma}_i-a_i) & \hat{\sigma}_i<a_i\text{ 且 }\Phi_{\sigma_i}<0\\\gamma_\sigma\Phi_{\sigma_i}(-1+\hat{\sigma}_i+b_i) & \hat{\sigma}_i>b_i\text{ 且 }\Phi_{\sigma_i}>0\\-\gamma_\sigma\Phi_{\sigma_i} & \text{其他}\end{cases}\tag{3.26}$$

其中，$\Phi=M^{\mathrm{T}}\sqrt{\hat{V}^{\mathrm{T}}E\hat{V}}\varepsilon(t)S^{\mathrm{T}}(\hat{X},\hat{d},\hat{\sigma})\in\mathbf{R}^{n\times q}$，$\Phi_d=S_{\hat{d}}'^{\mathrm{T}}\hat{W}^{\mathrm{T}}M^{\mathrm{T}}\sqrt{\hat{V}^{\mathrm{T}}E\hat{V}}$，$\varepsilon(t)\in\mathbf{R}^{k_0}$，$\Phi_\sigma=S_d'^{\mathrm{T}}\hat{W}^{\mathrm{T}}M^{\mathrm{T}}\sqrt{\hat{V}^{\mathrm{T}}E\hat{V}}\in\mathbf{R}^q$，$M\in\mathbf{R}^{1\times n}$，$\beta$、$\beta_d$、$a_i$、$b_i$、$\gamma$、$\gamma_d$、$\gamma_\sigma$是设计的参数。

证明：参数调整率式（3.24）～式（3.26）中的参数$\hat{W}$、$\hat{d}$、$\hat{\sigma}_i$分别约束在紧集凸区域$\Omega_{\hat{W}}$、$\Omega_{\hat{d}}$、$\Omega_{\hat{\sigma}_i}$内，即对于$t>0$，$\hat{W}\in\Omega_{\hat{w}}$、$\hat{d}\in\hat{\Omega}_{\hat{d}}$、$\hat{\sigma}_i\in\Omega_{\hat{\sigma}_i}$，结合假设 3.1 和高斯函数的性质，下式是有界的。

$$v=B_0W^*\tilde{S}-\epsilon(X)+(B_0\tilde{W}S'_{\hat{d}}\tilde{d}+B_0\tilde{W}S'_{\hat{\sigma}}\tilde{\sigma}+B_0W^*O(\cdot))$$

引理 3.3 神经网络的权值、中心、宽度的调整率式（3.24）～式（3.26）使得以下 3 个不等式成立。

$$\mathrm{tr}[\tilde{\boldsymbol{W}}^{\mathrm{T}}(\frac{1}{\gamma}\dot{\hat{\boldsymbol{W}}}+\boldsymbol{\Phi})]\leqslant 0 \tag{3.27}$$

$$\tilde{\boldsymbol{d}}^{\mathrm{T}}(\frac{1}{\gamma_{\boldsymbol{d}}}\dot{\hat{\boldsymbol{d}}}+\boldsymbol{\Phi}_{\boldsymbol{d}})\leqslant 0 \tag{3.28}$$

$$\tilde{\boldsymbol{\sigma}}^{\mathrm{T}}(\frac{1}{\gamma_{\sigma}}+\boldsymbol{\Phi}_{\sigma})\leqslant 0 \tag{3.29}$$

证明：

$$\begin{aligned}\mathrm{tr}[\tilde{\boldsymbol{W}}^{\mathrm{T}}(\frac{1}{\gamma}\dot{\hat{\boldsymbol{W}}}+\boldsymbol{\Phi})]&=\mathrm{tr}[\tilde{\boldsymbol{W}}^{\mathrm{T}}\frac{(\|\hat{\boldsymbol{W}}\|^2-\beta)\mathrm{tr}(\boldsymbol{\Phi}^{\mathrm{T}}\hat{\boldsymbol{W}})}{\|\hat{\boldsymbol{W}}\|^2}\hat{\boldsymbol{W}}]\\&=\frac{(\|\hat{\boldsymbol{W}}\|^2-\beta)\mathrm{tr}(\boldsymbol{\Phi}^{\mathrm{T}}\hat{\boldsymbol{W}})}{\|\hat{\boldsymbol{W}}\|^2}\mathrm{tr}(\tilde{\boldsymbol{W}}^{\mathrm{T}}\hat{\boldsymbol{W}})\end{aligned} \tag{3.30}$$

当$\|\hat{\boldsymbol{W}}\|^2>\beta$，$\|\hat{\boldsymbol{W}}\|>\|\boldsymbol{W}^*\|$时，有

$$\mathrm{tr}(\tilde{\boldsymbol{W}}^{\mathrm{T}}\hat{\boldsymbol{W}})=\frac{1}{2}\|\hat{\boldsymbol{W}}\|^2+\frac{1}{2}\|\tilde{\boldsymbol{W}}\|^2-\frac{1}{2}\|\boldsymbol{W}^*\|^2\geqslant 0$$

可以得出如下结论。

（1）当$\|\hat{\boldsymbol{W}}\|>\beta$，$\mathrm{tr}(\boldsymbol{\Phi}^{\mathrm{T}}\hat{\boldsymbol{W}})<0$时，$\mathrm{tr}[\tilde{\boldsymbol{W}}^{\mathrm{T}}(\frac{1}{\gamma}\dot{\hat{\boldsymbol{W}}}+\boldsymbol{\Phi})]\leqslant 0$。

（2）若$\|\hat{\boldsymbol{W}}\|^2>\beta$，$\mathrm{tr}(\boldsymbol{\Phi}^{\mathrm{T}}\hat{\boldsymbol{W}})<0$不能同时满足，则$\mathrm{tr}[\tilde{\boldsymbol{W}}^{\mathrm{T}}(\frac{1}{\gamma}\dot{\hat{\boldsymbol{W}}}+\boldsymbol{\Phi})]=0$。

式（3.28）和式（3.29）的证明可以按照式（3.27）的证明过程进行推导。

定理 3.3　对于满足假设 3.1 的非线性故障系统式（3.18）、状态观测器式（3.19）和误差系统式（3.21），如果神经网络权值、中心和宽度按照式（3.24）～式（3.26）给定的调整率更新，再有$\boldsymbol{PB}_0=(\boldsymbol{\Sigma D})^{\mathrm{T}}\boldsymbol{M}$成立，那么$\boldsymbol{e}(t)$是一致有界的，即$\boldsymbol{e}(t)\in L_{\infty}$，其中$\boldsymbol{P}$与定理 3.1 相同。

证明：给出 Lyapunov 函数如下。

$$\pi=\frac{1}{2}\boldsymbol{e}^{\mathrm{T}}\boldsymbol{Pe}+\frac{1}{2\gamma}\mathrm{tr}(\tilde{\boldsymbol{W}}^{\mathrm{T}}\tilde{\boldsymbol{W}})+\frac{1}{2\gamma_{\boldsymbol{d}}}\tilde{\boldsymbol{d}}^{\mathrm{T}}\tilde{\boldsymbol{d}}+\frac{1}{2\gamma_{\sigma}}\tilde{\boldsymbol{\sigma}}^{\mathrm{T}}\tilde{\boldsymbol{\sigma}} \tag{3.31}$$

矩阵$\boldsymbol{Q}$也与定理 3.1 相同。结合$\boldsymbol{PB}_0=(\boldsymbol{\Sigma D})^{\mathrm{T}}\boldsymbol{M}$，$\dot{\tilde{\boldsymbol{W}}}=\dot{\hat{\boldsymbol{W}}}$，对 Lyapunov 函数求一阶导数。

$$
\begin{aligned}
\dot{\pi}=&\frac{1}{2}e^{\mathrm{T}}((A+L\Sigma D)^{\mathrm{T}}P+P(A+L\Sigma D))e+e^{\mathrm{T}}PL\Sigma V\frac{\lambda(\|V\|-\|\hat{V}\|)}{\sqrt{V^{\mathrm{T}}EV}}+\\
&e^{\mathrm{T}}PB_0\tilde{W}S(\hat{X},\hat{d},\hat{\sigma})+\frac{1}{\gamma}\mathrm{tr}(\tilde{W}^{\mathrm{T}}\dot{\hat{W}})+e^{\mathrm{T}}PB_0\hat{W}S'_{\hat{d}}\tilde{d}+\\
&e^{\mathrm{T}}PB_0\hat{W}S'_{\hat{\sigma}}\tilde{\sigma}+e^{\mathrm{T}}Pv+\frac{1}{\gamma_d}\tilde{d}^{\mathrm{T}}\dot{\hat{d}}+\frac{1}{\gamma_\sigma}\tilde{\sigma}^{\mathrm{T}}\dot{\hat{\sigma}}\\
=&-\frac{1}{2}e^{\mathrm{T}}Qe+e^{\mathrm{T}}PG\tilde{g}+e^{\mathrm{T}}PL\Sigma V\frac{\lambda(\|V\|-\|\hat{V}\|)}{\sqrt{V^{\mathrm{T}}EV}}+\\
&\mathrm{tr}[\tilde{W}^{\mathrm{T}}(\frac{1}{\gamma}\dot{\hat{W}}+\Phi)]+\tilde{d}^{\mathrm{T}}(\frac{1}{\gamma_d}\dot{\hat{d}}+\Phi_d)+\tilde{\sigma}^{\mathrm{T}}(\frac{1}{\gamma_\sigma}\dot{\hat{\sigma}}+\Phi_\sigma)-\\
&\frac{\lambda(\|V\|-\|\hat{V}\|)}{\sqrt{V^{\mathrm{T}}EV}}(\Sigma V)^{\mathrm{T}}M\tilde{W}S(\hat{X},\hat{d},\hat{\sigma})-\frac{\lambda(\|V\|-\|\hat{V}\|)}{\sqrt{V^{\mathrm{T}}EV}}(\Sigma V)^{\mathrm{T}}M\hat{W}S'_{\hat{d}}\tilde{d}-\\
&\frac{\lambda(\|V\|-\|\hat{V}\|)}{\sqrt{V^{\mathrm{T}}EV}}(\Sigma V)^{\mathrm{T}}M\hat{W}S'_{\hat{\sigma}}\tilde{\sigma}+e^{\mathrm{T}}Pv+e^{\mathrm{T}}PG\tilde{g}\\
\leqslant&-\frac{1}{2}e^{\mathrm{T}}Qe+e^{\mathrm{T}}PG\tilde{g}+e^{\mathrm{T}}PL\Sigma V\frac{\lambda(\|V\|-\|\hat{V}\|)}{\sqrt{V^{\mathrm{T}}EV}}-\\
&\frac{\lambda(\|V\|-\|\hat{V}\|)}{\sqrt{V^{\mathrm{T}}EV}}(\Sigma V)^{\mathrm{T}}M\tilde{W}S(\hat{X},\hat{d},\hat{\sigma})-\frac{\lambda(\|V\|-\|\hat{V}\|)}{\sqrt{V^{\mathrm{T}}EV}}(\Sigma V)^{\mathrm{T}}M\hat{W}S'_{\hat{d}}\tilde{d}-\\
&\frac{\lambda(\|V\|-\|\hat{V}\|)}{\sqrt{V^{\mathrm{T}}EV}}(\Sigma V)^{\mathrm{T}}M\hat{W}S'_{\hat{\sigma}}\tilde{\sigma}+\frac{1}{2}e^{\mathrm{T}}Pe+\frac{1}{2}v^{\mathrm{T}}v\\
\leqslant&(-\frac{1}{2}\lambda_Q+2\|PG\|m_x|+\beta\|PL\|+\frac{1}{2}\|P\|^2)\|e\|^2+\\
&\beta(\left|M\tilde{W}S(\hat{X},\hat{d},\hat{\sigma})\right|+\left|M\hat{W}S'_{\hat{d}}\tilde{d}\right|+\left|M\hat{W}S'_{\hat{\sigma}}\tilde{\sigma}\right|)\|e\|+\frac{1}{2}\|v\|^2\\
=&\alpha\|e\|^2+\tau\|e\|+\frac{1}{2}\|v\|^2\\
=&\alpha(\|e\|+\frac{\tau}{\alpha})^2+\frac{1}{2}\|e\|^2-\frac{\tau^2}{\alpha}
\end{aligned}
\tag{3.32}
$$

其中

$$
\alpha=-\frac{1}{2}\lambda_Q+2\|PG\|m_x|+\beta\|PL\|+\frac{1}{2}\|P\|^2,\quad \beta=\frac{T_2\|\mathrm{sign}\alpha\|\|D\|}{\sqrt{\|E\|}}
$$

$$
\tau=\beta\left(\left|M\tilde{W}S(\hat{X},\hat{d},\hat{\sigma})\right|+\left|M\hat{W}S'_{\hat{d}}\tilde{d}\right|+\left|M\hat{W}S'_{\hat{\sigma}}\tilde{\sigma}\right|\right)。
$$

选择合适的矩阵 $\boldsymbol{P}$ 和 $\boldsymbol{Q}$，且 $\alpha<0$，如果 $\|e\|\geqslant\frac{\tau}{\alpha}+\sqrt{\frac{\tau^2}{\alpha^2}-\frac{1}{2\alpha}\|v\|^2}$，则 $\dot{\pi}\leqslant 0$。所以，$e\in L_\infty$，$\tilde{d}\in L_\infty$，$\tilde{\sigma}\in L_\infty$，也即最终所有参数都是一致有界的。

3.5 容错控制

非高斯随机分布控制系统容错控制器的任务是设计合适的容错控制器使发生故障后的 PDF 仍能跟踪给定的 PDF。这里由式（3.19）设计一个基于 PI 跟踪权值的容错控制器。与式（3.3）相似，给定的 PDF 描述如下。

$$\sqrt{g(y)}=\frac{\boldsymbol{C}(y)\boldsymbol{V}_g}{\sqrt{\boldsymbol{V}_g^{\mathrm{T}}\boldsymbol{E}\boldsymbol{V}_g}},\ \forall y\in[a,b] \tag{3.33}$$

其中，$\boldsymbol{V}_g$ 是与 $B_i(y)$ 对应的理想权向量。我们设计跟踪控制器的目的就是寻找一个 $\boldsymbol{u}(t)$ 使得 $\gamma(y,\boldsymbol{u}(t))$ 跟踪 $g(y)$。众所周知，如果 $\boldsymbol{V}_e=\boldsymbol{V}_g-\boldsymbol{V}\to 0$，$\varDelta=\sqrt{g(y)}-\sqrt{\gamma(y,\boldsymbol{u}(t))}\to 0$。因此，PDF 控制问题就转换为非线性权值跟踪问题。

根据故障系统式（3.18），定义一个新的状态向量

$$\boldsymbol{z}(t)=\left[\boldsymbol{x}^{\mathrm{T}}(t),\int_0^t(\boldsymbol{V}_g-\boldsymbol{V}(\alpha))^{\mathrm{T}}\mathrm{d}\alpha\right]^{\mathrm{T}} \tag{3.34}$$

故障系统式（3.18）可进一步表示为

$$\begin{aligned}\dot{\boldsymbol{z}}(t)=\bar{\boldsymbol{A}}\boldsymbol{z}(t)+\bar{\boldsymbol{G}}g(\boldsymbol{x}(t))+\bar{\boldsymbol{H}}\boldsymbol{u}(t)+\bar{\boldsymbol{I}}\boldsymbol{V}_g+\\ \boldsymbol{B}_0\boldsymbol{W}^*\boldsymbol{S}(\boldsymbol{X},\boldsymbol{d}^*,\boldsymbol{\sigma}^*)\end{aligned} \tag{3.35}$$

其中

$$\bar{\boldsymbol{A}}=\begin{bmatrix}\boldsymbol{A} & \boldsymbol{0}\\ -\boldsymbol{D} & \boldsymbol{0}\end{bmatrix},\ \bar{\boldsymbol{G}}=\begin{bmatrix}\boldsymbol{G}\\ \boldsymbol{0}\end{bmatrix},\ \bar{\boldsymbol{H}}=\begin{pmatrix}\boldsymbol{H}\\ \boldsymbol{0}\end{pmatrix},\ \bar{\boldsymbol{I}}=\begin{bmatrix}\boldsymbol{0}\\ \boldsymbol{I}\end{bmatrix},\ \bar{\boldsymbol{B}}_0=\begin{bmatrix}\boldsymbol{B}_0\\ \boldsymbol{0}\end{bmatrix}。$$

假设 3.4 假设存在矩阵 $\boldsymbol{B}$，使得关系式 $\bar{\boldsymbol{G}}=\boldsymbol{B}\boldsymbol{G}_1$，$\bar{\boldsymbol{H}}=\boldsymbol{B}\boldsymbol{H}_1$，$\bar{\boldsymbol{B}}_0=\boldsymbol{B}\boldsymbol{B}_1$ 成立，其中 $\boldsymbol{H}_1$ 是一个可逆矩阵。

为了解决权值跟踪问题，设计一个由 PI 控制律和故障补偿项组成的容错控制器

$$\begin{aligned}\boldsymbol{u}(t)=\boldsymbol{H}_1^{-1}[\boldsymbol{K}_P\boldsymbol{x}(t)+\boldsymbol{K}_I\int_0^t(\boldsymbol{V}_g-\boldsymbol{V}(\alpha))^{\mathrm{T}}\mathrm{d}\alpha-\\ \boldsymbol{G}_1g(\boldsymbol{x}(t)-\boldsymbol{B}_1\boldsymbol{W}^*\boldsymbol{S}(\boldsymbol{X},\boldsymbol{d}^*,\boldsymbol{\sigma}^*))]\end{aligned} \tag{3.36}$$

其中，$\boldsymbol{K}_{\mathrm{PI}}=\left[\boldsymbol{K}_P \quad \boldsymbol{K}_I\right]$是由 PI 控制器的增益决定的。

将式（3.36）代入式（3.35）可得

$$\dot{z}(t)=(\bar{A}+BK_{\mathrm{PI}})z(t)+\bar{\Pi}V_g \tag{3.37}$$

定理 3.4 对于式（3.35），给定控制律式（3.36）和假设 3.4，如果存在正定矩阵 P_1、Q_1 满足下式。

$$(\bar{A}+BK_{\mathrm{PI}})^{\mathrm{T}}P_1+P_1(\bar{A}+BK_{\mathrm{PI}})+\frac{1}{\eta^2}P_1\overline{\Pi\Pi}P_1=-Q_1 \tag{3.38}$$

则闭环系统式（3.37）是稳定的，且 $\lim\limits_{t\to\infty}V(t)=V_g$。

证明：选取 Lyapunov 函数

$$V_1(z(t),t)=z^{\mathrm{T}}(t)P_1z(t) \tag{3.39}$$

对 Lyapunov 函数求一阶导数

$$\begin{aligned}\dot{V}_1(z(t),t)&=\dot{z}^{\mathrm{T}}(t)P_1z(t)+z^{\mathrm{T}}(t)P_1\dot{z}(t)\\&=z^{\mathrm{T}}(t)((\bar{A}+BK_{\mathrm{PI}})^{\mathrm{T}}P_1+P_1(\bar{A}+BK_{\mathrm{PI}}))z(t)+2z^{\mathrm{T}}(t)P_1\bar{\Pi}V_g\\&\leqslant z^{\mathrm{T}}(t)((\bar{A}+BK_{\mathrm{PI}})^{\mathrm{T}}P_1+P_1(\bar{A}+BK_{\mathrm{PI}}))z(t)\\&\quad z^{\mathrm{T}}(t)\frac{1}{\eta^2}P_1\overline{\Pi\Pi}^{\mathrm{T}}P_1z(t)+\eta^2\left\|V_g\right\|^2\\&=z^{\mathrm{T}}(t)((\bar{A}+BK_{\mathrm{PI}})^{\mathrm{T}}P_1+P_1(\bar{A}+BK_{\mathrm{PI}})\frac{1}{\eta^2}P_1\overline{\Pi\Pi}^{\mathrm{T}}P_1)z(t)+\eta^2\left\|V_g\right\|^2\\&=-z^{\mathrm{T}}(t)Q_1z(t)+\eta^2\left\|V_g\right\|^2\\&\leqslant-\lambda_{\min}(Q_1)\left\|z(t)\right\|^2+\eta^2\left\|V_g\right\|^2\end{aligned} \tag{3.40}$$

因此，$\left\|z(t)\right\|>\dfrac{\eta\left\|V_g\right\|}{\lambda_{Q_1}}$，$\dot{V}_1(z(t),t)<0$，所以系统式（3.37）是稳定的。

假定在同一个理想权向量 V_g 下，存在跟踪向量 $z_1(t)$、$z_2(t)$，这时 $z_e(t)=z_1(t)-z_2(t)$ 可以表述为

$$\dot{z}_e(t)=(\bar{A}+BK_{\mathrm{PI}})z_e(t) \tag{3.41}$$

与式（3.39）类似，取如下 Lyapunov 函数。

$$V_2(z_e(t),t)=z_e^{\mathrm{T}}(t)P_1z_e(t) \tag{3.42}$$

与式（3.40）类似，有

$$\dot{V}_2(z_e(t),t)\leqslant-\lambda_{\min}(Q_1)\left\|z_e(t)\right\|^2 \tag{3.43}$$

其中，$\lambda_{\min}(\boldsymbol{Q}_1)$ 是正定矩阵 $\boldsymbol{Q}_1$ 的最小特征值。

因此，仅存在一个平衡点 $\boldsymbol{z}^{\bullet}$，即

$$\lim_{t\to\infty}\frac{\mathrm{d}\int_0^t(\boldsymbol{V}_g-\boldsymbol{V}(\alpha))^{\mathrm{T}}\mathrm{d}\alpha}{\mathrm{d}t}=0$$

成立，也就是 $\lim_{t\to\infty}\boldsymbol{V}(t)=\boldsymbol{V}_g$ 成立。

分别用 $\hat{\boldsymbol{x}}$、$\hat{\boldsymbol{V}}$、$\boldsymbol{\rho}(\hat{\boldsymbol{X}})$ 代替式（3.36）中的 $\boldsymbol{x}$、$\boldsymbol{V}$、$\boldsymbol{\rho}(\boldsymbol{X})$，可以得出如下容错控制器。

$$\boldsymbol{u}(t)=\boldsymbol{H}_1^{-1}[\boldsymbol{K}_P\hat{\boldsymbol{x}}(t)+\boldsymbol{K}_I\int_0^t(\boldsymbol{V}_g-\hat{\boldsymbol{V}}(\alpha))^{\mathrm{T}}\mathrm{d}\alpha]-\boldsymbol{G}_1 g(\hat{\boldsymbol{x}}(t))-\boldsymbol{B}_1\hat{\boldsymbol{W}}\boldsymbol{S}(\hat{\boldsymbol{X}},\hat{\boldsymbol{d}},\hat{\boldsymbol{\sigma}}) \quad (3.44)$$

3.6　仿真实例

为了验证故障诊断和容错控制算法的有效性，给出如下系统进行计算机仿真。

$$\boldsymbol{C}(y)=\left[B_1(y),B_2(y),B_3(y)\right]$$

$$\boldsymbol{E}=\int_a^b\boldsymbol{C}^{\mathrm{T}}(y)\boldsymbol{C}(y)\mathrm{d}y$$

$$\boldsymbol{V}=\left[\omega_1,\omega_2,\omega_3\right]^{\mathrm{T}}（\boldsymbol{V}\neq 0）$$

选取如下 B 样条基函数，即

$$\begin{aligned}B_1(y)=&\left(\frac{1}{6}y^3+\frac{3}{2}y^2+\frac{9}{2}y+\frac{9}{2}\right)f_1+\left(-\frac{1}{2}y^3-\frac{5}{2}y^2-\frac{7}{2}y-\frac{5}{6}\right)f_2+\\&\left(\frac{1}{2}y^3+\frac{1}{2}y^2-\frac{1}{2}y+\frac{1}{6}\right)f_3+\left(-\frac{1}{6}y^3+\frac{1}{2}y^2-\frac{1}{2}y+\frac{1}{6}\right)f_4\end{aligned}$$

$$\begin{aligned}B_2(y)=&\left(\frac{1}{6}y^3+y^2+2y+\frac{4}{3}\right)f_2+\left(-\frac{1}{2}y^3-y^2+\frac{2}{3}\right)f_3+\\&\left(\frac{1}{2}y^3-y^2+\frac{2}{3}\right)f_4+\left(-\frac{1}{6}y^3+y^2-2y+\frac{4}{3}\right)f_5\end{aligned}$$

$$B_3(y)=\left(\frac{1}{6}y^3+\frac{1}{2}y^2+\frac{1}{2}y+\frac{1}{6}\right)f_3+\left(-\frac{1}{2}y^3+\frac{1}{2}y^2+\frac{1}{2}y+\frac{1}{6}\right)f_4+$$
$$\left(\frac{1}{2}y^3-\frac{5}{2}y^2+\frac{7}{2}y-\frac{5}{6}\right)f_5+\left(-\frac{1}{6}y^3+\frac{3}{2}y^2-\frac{9}{2}y+\frac{9}{2}\right)f_6$$

其中 $f_i(i=1,2,3,4,5,6)$ 是分段函数，给出如下定义。

$$f_i(y)=\begin{cases}1 & y\in[i-4,i-3]\\0 & \text{其他}\end{cases}$$

系统参数矩阵为

$$\boldsymbol{A}=\begin{bmatrix}-0.5 & 1.3\\0.4 & -1.3\end{bmatrix},\ \boldsymbol{B}=\begin{bmatrix}0.1 & 0\\0 & 0.1\end{bmatrix}$$

$$\boldsymbol{H}=\begin{bmatrix}0.2 & 0\\0 & -0.3\end{bmatrix},\ \boldsymbol{D}=\begin{bmatrix}1 & 0\\0 & 1\\2 & 1\end{bmatrix}$$

为了满足式（3.12），选择如下矩阵。

$$\boldsymbol{P}=\begin{bmatrix}1.2547 & 0.2255\\0.2255 & 0.0901\end{bmatrix},\ \boldsymbol{Q}=\begin{bmatrix}1 & 0\\0 & 1\end{bmatrix},\ \boldsymbol{L}=\begin{bmatrix}1\\-5\end{bmatrix}$$

根据 $\boldsymbol{P}\boldsymbol{B}_0=(\boldsymbol{\Sigma}\boldsymbol{D})^{\mathrm{T}}\boldsymbol{M}$，求出如下矩阵。

$$\boldsymbol{M}=\begin{bmatrix}0.5 & -1\end{bmatrix},\ \boldsymbol{B}_0=\begin{bmatrix}-2.8975 & 5.7950\\18.3415 & -36.6830\end{bmatrix}$$

为了方便设计容错控制器，选取 $\eta=1$，并且求出如下参数矩阵。

$$\boldsymbol{K}_P=\begin{bmatrix}-20 & -3\\-1 & 0\end{bmatrix},\ \boldsymbol{K}_I=\begin{bmatrix}3 & 0 & 1\\-4 & 0 & -2\end{bmatrix}$$

$$\boldsymbol{P}_1=\begin{bmatrix}0.289 & 0.016 & -0.256 & -0.006 & -0.001\\0.016 & 0.931 & -0.203 & -0.434 & -0.534\\-0.256 & -0.203 & 0.995 & 0.084 & 0.108\\-0.006 & -0.434 & 0.084 & 0.996 & 0.037\\-0.001 & -0.534 & 0.108 & 0.037 & 1.096\end{bmatrix}$$

$$\boldsymbol{Q}_1=\begin{bmatrix}1 & 0 & 0 & 0 & 0\\0 & 1 & 0 & 0 & 0\\0 & 0 & 1 & 0 & 0\\0 & 0 & 0 & 1 & 0\\0 & 0 & 0 & 0 & 1\end{bmatrix}$$

$$\boldsymbol{B}=\begin{bmatrix}0.1 & 0\\0 & 0.1\\0 & 0\\0 & 0\\0 & 0\end{bmatrix},\quad \boldsymbol{H}_1=\begin{bmatrix}2 & 0\\0 & -3\end{bmatrix},\quad \boldsymbol{G}_1=\begin{bmatrix}1 & 0\\0 & 1\end{bmatrix}$$

为了验证算法，假定发生如下故障。

$$\boldsymbol{\rho}(\boldsymbol{x},\boldsymbol{u})=[\cos(0.8\boldsymbol{x}(1)),0]^{\mathrm{T}}\quad t\geqslant 5\mathrm{s}$$

残差信息的响应曲线如图 3.1 所示，故障诊断结果如图 3.2 所示。从图 3.1 与图 3.2 可以看出，故障诊断算法是有效的。

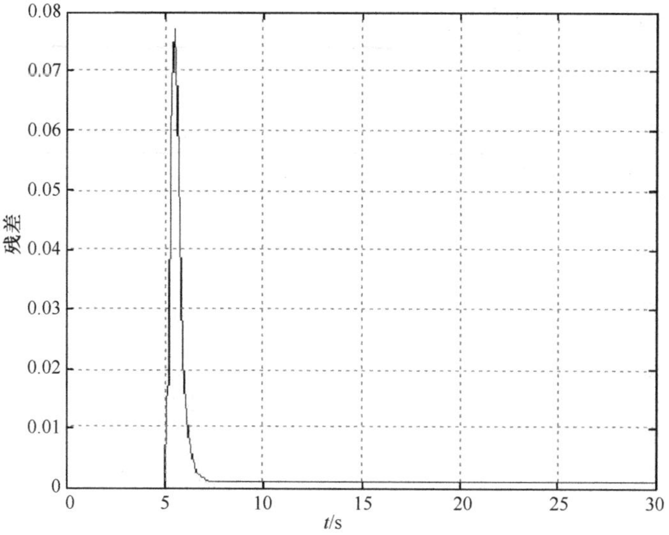

图 3.1　残差信息的响应曲线

当系统无故障时，设计控制器使系统输出 PDF 3D 图像能够跟踪指定的 PDF，如图 3.3 所示。当系统在 5s 后发生故障时，按照式（3.44）重构控制器，系统输出 PDF 3D 图像如图 3.4 与图 3.5 所示。从图 3.4 可以看出，在重构控制器的作用下，即使系统发生故障，系统的 PDF 仍能跟踪给定的分布。

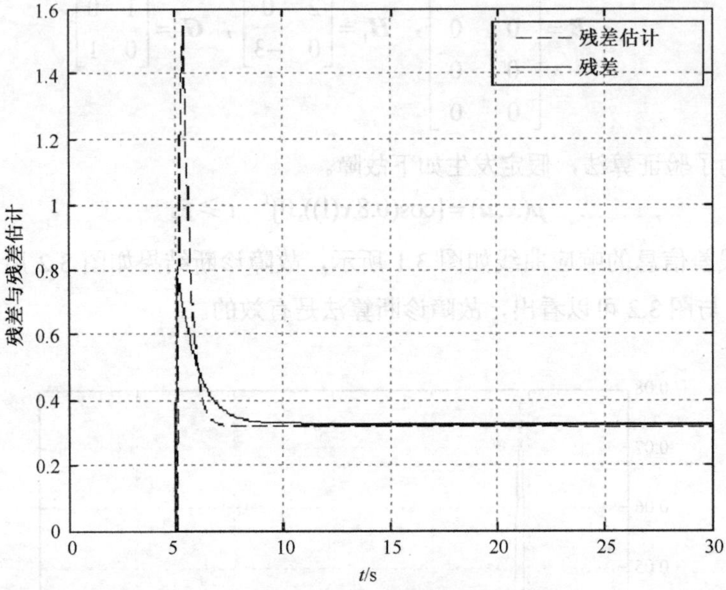

图 3.2　故障诊断结果

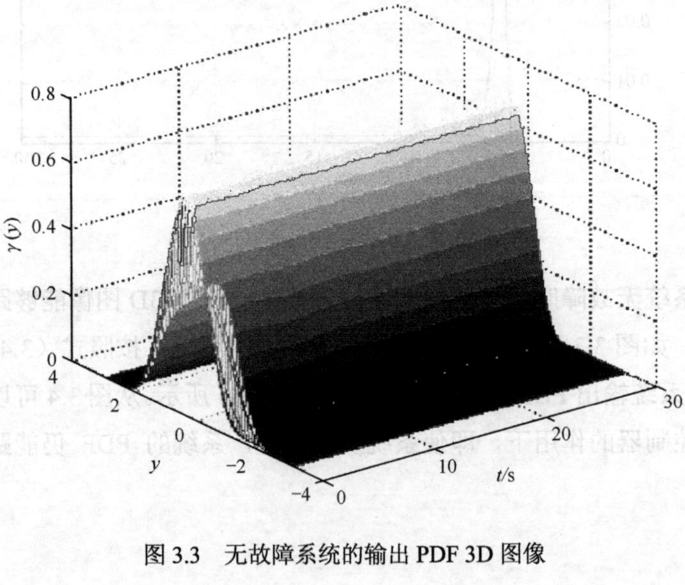

图 3.3　无故障系统的输出 PDF 3D 图像

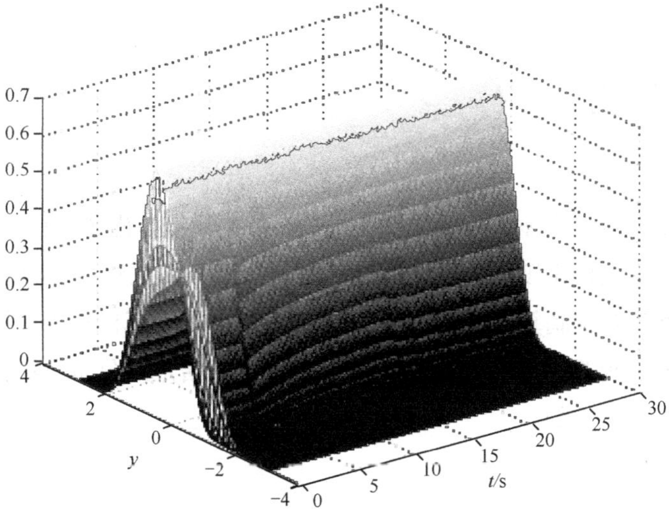

图 3.4　当发生故障不进行容错控制时，系统的输出 PDF 3D 图像

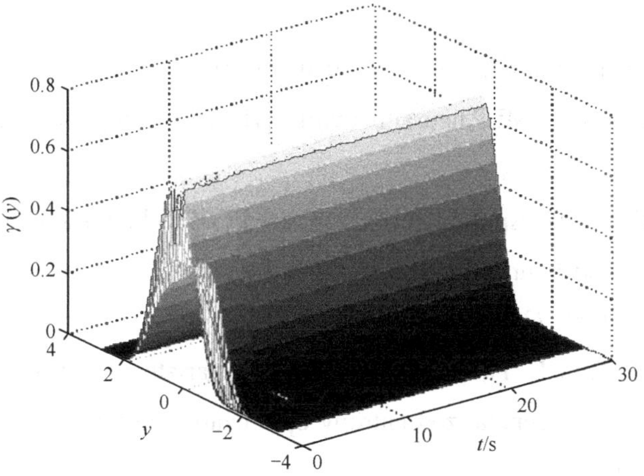

图 3.5　在容错控制后，系统整个控制过程的输出 PDF 3D 图像

3.7 结论

本章针对一类非高斯非线性随机分布控制系统提出了一种基于 RBF 神经网络观测器的渐变故障诊断算法；对系统不可测的情况，给出了故障诊断算法和容错控制算法。系统在发生故障后，通过设计 PI 控制策略加故障补偿项的控制器，使得系统输出 PDF 仍能跟踪给定的分布，实现了集成故障诊断与容错控制。

参考文献

[1] Zhang Y M, Guo L, Yu H S. Fault tolerant control based on stochastic distributions via MLP neural networks [J]. Neurocomputing, 2007, 70(4-6): 867-874.

[2] Wang H, Lin W. Applying observer based FDI techniques to detect faults in dynamic and bounded stochastic distributions [J]. International Journal of Control, 2000, 73(15): 1424-1436.

[3] Yin L P, Guo L. Fault isolation for multivariate nonlinear non-Gaussian systems using generalized entropy optimization principle [J]. Automatica, 2009, 45(11): 53-58.

[4] Guo L, Wang H. Fault detection and diagnosis for general stochastic systems using B-spline expansions and nonlinear filters [J]. IEEE Transactions on Circuits and Systems-I, 2005 52(8): 1644-1652.

[5] Yao L N, Wang H, Yue H. Fault detection and diagnosis for stochastic distribution systems using a rational square root approximation model [C]. Proceedings of the 45th IEEE Conference on Decision and control, 2006, 4163-4168.

[6] Wang H, Huang H, Zhang J. On the use of adaptive updating rules for actuator and sensor fault diagnosis [J]. Automatica, 1997, 33(2): 217-224.

第 4 章 非高斯奇异随机分布控制系统的故障诊断与容错控制设计新方法

04

本章对一类非高斯奇异随机分布控制系统提出了新的故障诊断和容错控制算法。通过状态等价变换，将非高斯奇异随机分布控制系统变换成微分代数系统。给出了基于迭代学习观测器的故障诊断算法，准确地估计出系统发生的故障；当系统发生故障后，进行最优主动容错控制设计，使系统发生故障后输出的 PDF 仍能跟踪给定的分布。该故障诊断和容错控制算法不但对突变故障有效，对慢变故障和快变故障同样有效。

4.1 引言

对实际工业过程来说，可靠性和稳定性至关重要。故障诊断、容错控制理论引起了学者的极大兴趣，因此，在过去的 20 多年里出现了各种故障诊断与容错控制方法（见文献［1-9]）。对随机系统，目前所提出的故障诊断方法大致分为以下几种。

（1）系统辨识方法[3]。

（2）基于观测器或滤波器的方法[2]。

（3）基于统计的方法，如贝叶斯定理、蒙特卡洛方法、似然比方法及假设检验方法[1]。

第一种方法用 ARMAX 模型来表述系统应用参数辨识方法，如用最小二乘算法或随机梯度方法来估计系统的非期望变化。第二种方法利用观测器或滤波器来产生残差，通过对残差的分析和处理来检测和估计故障。进一步地，基于估计的故障信息，设计容错控制器来保证故障发生后闭环系统的稳定性及保持一定的性能。对基于卡尔曼滤波器的故障诊断方法而言，利用滤波器来获得信息，通过对统计信息的分析来确定系统是否发生故障。通常，观测器或滤波器的故障诊断方法是伴随观测器或滤波器设计理论的进展而发展的，许多故障诊断方法已成功应用于实践。

对许多实际系统，可以通过一组输入和输出的概率密度函数而非系统输出本身的广义动态输入-输出数学模型来描述[10-12]。这类随机系统在形式上比传统的随机系统更具有一般性，既可以表述高斯动态系统，也可以表述非高斯动态系统。假设系统数学模型参数的非期望变化认为系统发生了故障，则故障诊断的任务就是利用输入和可得到的输出概率密度函数的信息进行诊断。需要指出的是，仅系统输出的概率密度函数可测量，而非系统输出本身可测量，大多数已存在的基于观测器的故障诊断方法将不再适用。文献［12］对线性 B 样条逼近的非高斯随机分布控制系统首次给出了基于观测器的故障检测算法，检测时可利用的信号是输入和输出概率密度函数。接着，对有理 B 样条逼近的、平方根 B 样条逼近的及有理平方根逼近的非高斯随机分布控制系统提出了故障诊断算法[13-15]。在文献［13］中，给出了新的基于观测器并结合线性矩阵不等式的故障检测方法，检测门限可通过求解线性矩阵不等式及不确定性的上界来确定。进一步地，设计了自适应故障诊断观测器来估计故障的幅值。文献［14］对有理平方根 B 样条逼近的非高斯随机分布控制系统给出了基于非线性自适应观测器的故障诊断算法，以诊断系统动态部分发生的故障。基于故障诊断的信息进行控制器重组，使系统发生故障后仍能有良好的概率密度函数跟踪效果。

以上提到的非高斯随机分布控制系统，输入和权值间仅考虑了动态关系。然而，在实际应用中，输入和权值间也存在一些代数关系，通过这些代数关系就可以得到权值和输入间的奇异状态空间模型，称此类系统为奇异随机分布控制系统。仅有少量文献报道此类奇异随机分布控制系统的故障诊断及容错控制。这也是形成本章工作的主要目的，基于等效的状态变换将非奇异随机分布控制系统的故障诊断算法扩展到奇异随机分布控制系统。在这种情况下，本章的工作考虑了故障诊断和故障重组，给出了基于迭代学习观测器的故障估计算法；基于估计的故障信息进行了容错控制设计，使发生故障后的概率密度函数仍能跟踪给定的分布。

4.2 模型描述

记$\gamma(y,\ \boldsymbol{u}(t))$为系统输出的概率密度函数，其中$y$是定义在闭区间$[a,b]$上的系统输出，则连续奇异随机分布控制系统可表述如下。

$$\begin{aligned} \boldsymbol{E}\dot{\boldsymbol{x}}(t) &= \boldsymbol{A}\boldsymbol{x}(t)+\boldsymbol{B}\boldsymbol{u}(t)+\boldsymbol{N}\boldsymbol{F} \\ \boldsymbol{V}(t) &= \boldsymbol{D}\boldsymbol{x}(t) \end{aligned} \tag{4.1}$$

$$\gamma(y,\boldsymbol{u}(t)) = \boldsymbol{C}(y)\boldsymbol{V}(t)+\boldsymbol{T}(y) \tag{4.2}$$

其中，$\boldsymbol{x}\in\mathbf{R}^n$是状态向量；$\boldsymbol{V}(t)\in\mathbf{R}^{q-1}$是系统输出的权值向量；$\boldsymbol{u}(t)\in\mathbf{R}^m$是控制输入向量；$\boldsymbol{F}\in\mathbf{R}^m$是故障向量；$\boldsymbol{A}\in\mathbf{R}^{n\times n}$、$\boldsymbol{B}\in\mathbf{R}^{n\times m}$、$\boldsymbol{E}\in\mathbf{R}^{n\times n}$及$\boldsymbol{N}\in\mathbf{R}^{n\times m}$是系统参数矩阵，并且$\mathrm{rank}(\boldsymbol{E})=p<n$（$\boldsymbol{E}$是奇异矩阵）。式（4.1）是权值向量的动态模型，式（4.2）是基于线性B样条逼近的输出概率密度函数模型。式（4.2）按照如下线性B样条形式逼近[16]。

$$\gamma(y,\boldsymbol{u}(t)) = \sum_{i=1}^{n} w_i(\boldsymbol{u}(t))\phi_i(y) \tag{4.3}$$

其中，$\phi_i(y)(i=1,\cdots,q)$是定义在区间$[a,b]$上的预先指定的基函数；$w_i(i=1,\cdots,q)$是相应的权值。在式（4.2）中，$\boldsymbol{C}(y)\in\mathbf{R}^{1\times(q-1)}$和$\boldsymbol{T}(y)$由所选的基函数确定；在式（4.1）中，$\boldsymbol{V}(t)=[w_1(\boldsymbol{u}(t),w_2(\boldsymbol{u}(t)),\cdots,w_{q-1}(\boldsymbol{u}(t))]^{\mathrm{T}}$是独立的权值向量。

给出如下两个假设。

假设 4.1　系统是正则的，即$|s\boldsymbol{E}-\boldsymbol{A}|\neq 0$。

假设 4.2　系统无脉冲，即$\mathrm{rank}(\boldsymbol{E})=\deg|s\boldsymbol{E}-\boldsymbol{A}|$。

注释 4.1　假设 4.1 表明，当系统式（4.1）无故障时，如果$\det|s\boldsymbol{E}-\boldsymbol{A}|$不恒等于零，就称系统式（4.1）是正则的。假设 4.2 表明，当系统式（4.2）无故障时，如果$\deg\left(\det(s\boldsymbol{E}-\boldsymbol{A})\right)=\mathrm{rank}(\boldsymbol{E})$，则系统是无脉冲的。

当上述两个假设成立时，存在两个非奇异矩阵$\boldsymbol{Q}$和$\boldsymbol{P}$，使得

$$\boldsymbol{QEP}=\begin{bmatrix}\boldsymbol{I}_q & \boldsymbol{0}\\ \boldsymbol{0} & \boldsymbol{0}\end{bmatrix},\quad \boldsymbol{QAP}=\begin{bmatrix}\boldsymbol{A}_1 & \boldsymbol{0}\\ \boldsymbol{0} & \boldsymbol{I}_{n-q}\end{bmatrix} \tag{4.4}$$

其中，$\boldsymbol{Q}$和$\boldsymbol{P}\in\mathbf{R}^{n\times n}$，$\boldsymbol{A}_1\in\mathbf{R}^{p\times p}$，$\boldsymbol{I}_i$为$i$阶单位阵。

进行如下状态坐标变换

$$\boldsymbol{x}(t)=\boldsymbol{P}\begin{bmatrix}\boldsymbol{x}_1(t)\\ \boldsymbol{x}_2(t)\end{bmatrix} \tag{4.5}$$

其中，$\boldsymbol{x}_1(t)\in\mathbf{R}^{p\times 1}$，$\boldsymbol{x}_2(t)\in\mathbf{R}^{(n-p)\times 1}$。

由式（4.1）和式（4.2）得到

$$\begin{aligned}&\dot{\boldsymbol{x}}_1(t)=\boldsymbol{A}\boldsymbol{x}_1(t)+\boldsymbol{B}_1\boldsymbol{u}(t)+\boldsymbol{N}_1\boldsymbol{F}\\ &\boldsymbol{x}_2(t)=-\boldsymbol{B}_2\boldsymbol{u}(t)-\boldsymbol{N}_2\boldsymbol{F}\\ &\boldsymbol{V}(t)=\boldsymbol{D}_1\boldsymbol{x}_1(t)+\boldsymbol{D}_2\boldsymbol{x}_2(t)\\ &\gamma(y,\boldsymbol{u}(t))=\boldsymbol{C}(y)\left[\boldsymbol{D}_1\boldsymbol{x}_1(t)+\boldsymbol{D}_2\boldsymbol{x}_2(t)\right]+\boldsymbol{T}(y)\end{aligned} \tag{4.6}$$

其中，$\boldsymbol{B}_1$和$\boldsymbol{N}_1\in\mathbf{R}^{q\times m}$，$\boldsymbol{B}_2$和$\boldsymbol{N}_2\in\mathbf{R}^{(n-p)\times m}$，$\boldsymbol{D}_1\in\mathbf{R}^{(n-1)\times p}$，$\boldsymbol{D}_2\in\mathbf{R}^{(n-1)\times(n-p)}$，

由式（4.7）确定

$$\boldsymbol{QB}=\begin{bmatrix}\boldsymbol{B}_1\\ \boldsymbol{B}_2\end{bmatrix},\quad \boldsymbol{DP}=\begin{bmatrix}\boldsymbol{D}_1 & \boldsymbol{D}_2\end{bmatrix},\quad \boldsymbol{QN}=\begin{bmatrix}\boldsymbol{N}_1\\ \boldsymbol{N}_2\end{bmatrix} \tag{4.7}$$

经过该状态变换，概率密度函数式（4.2）保持不变，即变换后的系统式（4.6）是式（4.1）和式（4.2）所描述系统的等效形式。对于变换后的系统式（4.6），假设$\boldsymbol{A}_1$、$\boldsymbol{D}_1$是可观测的。

4.3 故障诊断

将迭代学习观测器设计方法[17]推广到奇异随机分布控制系统进行故障估计。带有自适应调节律的迭代学习观测器用来估计故障 $\boldsymbol{F}$。根据系统式（4.6）的结构，设计如下迭代学习观测器。

$$\begin{aligned}
&\dot{\hat{\boldsymbol{x}}}_{1m}(t)=\boldsymbol{A}_1\hat{\boldsymbol{x}}_{1m}(t)+\boldsymbol{B}_1\boldsymbol{u}(t)+\boldsymbol{L}\varepsilon_m+\boldsymbol{v}(t)\\
&\dot{\hat{\boldsymbol{x}}}_{2m}(t)=-\boldsymbol{B}_2\boldsymbol{u}(t)\\
&\boldsymbol{v}(t)=\boldsymbol{K}_1\boldsymbol{v}(t-\tau)+\boldsymbol{K}_2\varepsilon_m(t-\tau)\\
&\dot{\hat{\boldsymbol{F}}}=\boldsymbol{W}\boldsymbol{v}(t)\\
&\gamma_m(y,\boldsymbol{u}(t))=\boldsymbol{C}(y)\left[\boldsymbol{D}_1\hat{\boldsymbol{x}}_{1m}(t)+\boldsymbol{D}_2\hat{\boldsymbol{x}}_{2m}(t)\right]+\boldsymbol{T}(y)
\end{aligned}\tag{4.8}$$

其中，$\hat{\boldsymbol{x}}_{1m}$ 与 $\hat{\boldsymbol{x}}_{2m}$ 是估计的系统状态；$\varepsilon_m(t)$ 是 t 时刻的残差；τ 是采样时间间隔；$\varepsilon_m(t-\tau)$ 是 $t-\tau$ 时刻可测的残差；$\boldsymbol{v}(t)$ 为迭代学习观测器的输入；$\boldsymbol{L}$ 与 $\boldsymbol{K}_i(i=1,2)$ 是待确定的有合适维数的增益矩阵。

由式（4.8）可看出，迭代学习观测器的特性是它的输入可由以前的残差 $\varepsilon_m(t-\tau)$ 和以前的输入 $\boldsymbol{v}(t-\tau)$ 更新调节。“迭代”表明迭代学习观测器能重复同样的操作，迭代学习观测器的输入总是被以前的信息更新调节。

记误差状态向量为

$$\boldsymbol{e}_m(t)=\boldsymbol{x}_1(t)-\hat{\boldsymbol{x}}_{1m}(t)\tag{4.9}$$

残差可计算如下

$$\begin{aligned}
\varepsilon_m&=\int_a^b\boldsymbol{\sigma}(y)\left[\gamma(y,\boldsymbol{u}(t)-\gamma_m(y,\boldsymbol{u}(t))\right]\mathrm{d}y\\
&=\int_a^b\boldsymbol{\sigma}(y)\boldsymbol{C}(y)\mathrm{d}y\left[\boldsymbol{D}_1(\boldsymbol{x}_1(t)-\hat{\boldsymbol{x}}_{1m}(t))+\boldsymbol{D}_2\boldsymbol{N}_2\boldsymbol{F}\right]\\
&=\boldsymbol{\Sigma}\boldsymbol{D}_1\boldsymbol{e}_m+\boldsymbol{\Sigma}\boldsymbol{D}_2\boldsymbol{N}_2\boldsymbol{F}
\end{aligned}\tag{4.10}$$

其中，$\boldsymbol{\Sigma}=\int_a^b\boldsymbol{\sigma}(y)\boldsymbol{C}(y)\mathrm{d}y$。

在式（4.10）中，$\boldsymbol{\sigma}(y)\in\mathbf{R}^p$ 是定义在 $[a,b]$ 上的预先指定的权值向量。如果 $\boldsymbol{\sigma}(y)=1$，ε_m 就不适用于 $\gamma(y,\boldsymbol{u}(t))$ 和 $\gamma_m(y,\boldsymbol{u}(t))$ 直接积分为 1 的情况，

因此引入 $\boldsymbol{\sigma}(y)$ 是很有必要的。

由式（4.6）和式（4.8）得到如下误差系统。

$$\begin{aligned}\dot{\boldsymbol{e}}_m &= \dot{\boldsymbol{x}}_1 - \dot{\hat{\boldsymbol{x}}}_{1m} \\ &= \boldsymbol{A}_1\boldsymbol{e}_m(t) + \boldsymbol{N}_1\boldsymbol{F} - \boldsymbol{L}\varepsilon_m - \boldsymbol{v}(t) \\ &= (\boldsymbol{A}_1 - \boldsymbol{L\Sigma D}_1)\boldsymbol{e}_m + (\boldsymbol{N}_1 - \boldsymbol{L\Sigma D}_2\boldsymbol{N}_2)\boldsymbol{F} - \boldsymbol{v}(t)\end{aligned} \tag{4.11}$$

记 $\boldsymbol{G} = \boldsymbol{N}_1 - \boldsymbol{L\Sigma D}_2\boldsymbol{N}_2$，将式（4.11）重写为

$$\dot{\boldsymbol{e}}_m = (\boldsymbol{A}_1 - \boldsymbol{L\Sigma D}_1)\boldsymbol{e}_m + \boldsymbol{GF} - \boldsymbol{v}(t) \tag{4.12}$$

选择合适的增益矩阵 $\boldsymbol{L}$，则矩阵 $\boldsymbol{A}_1 - \boldsymbol{L\Sigma D}_1$ 是 Hurwitz 矩阵，即 $(\boldsymbol{A}_1, \boldsymbol{\Sigma D}_1)$ 是可观测的。

为证明定理 4.1，给出如下假设和引理。

假设 4.3　假设当 $t \geqslant 0$ 时，系统控制输入 $\boldsymbol{u}(t)$ 和故障是有界的，即 $\|\boldsymbol{u}\| \leqslant b_u$，$\|\boldsymbol{F}\| \leqslant f_d$。

引理 4.1　如果迭代学习观测器的输入由式（4.8）定义，则不等式（4.13）成立。

$$\begin{aligned}\boldsymbol{v}^{\mathrm{T}}\boldsymbol{v} \leqslant\ & 3\boldsymbol{v}^{\mathrm{T}}(t-\tau)\boldsymbol{K}_1^{\mathrm{T}}\boldsymbol{K}_1\boldsymbol{v}(t-\tau) + \\ & 3\boldsymbol{e}_m^{\mathrm{T}}(t-\tau)(\boldsymbol{K}_2 \boldsymbol{\Sigma} \boldsymbol{D}_1)^{\mathrm{T}}\boldsymbol{e}_m(t-\tau) + \\ & 3(\boldsymbol{K}_2\boldsymbol{\Sigma D}_2\boldsymbol{N}_2\boldsymbol{F})^{\mathrm{T}}(\boldsymbol{K}_2\boldsymbol{\Sigma D}_2\boldsymbol{N}_2\boldsymbol{F})\end{aligned} \tag{4.13}$$

证明：将式（4.8）中迭代学习观测器的输入 $\boldsymbol{v}(t)$ 代入 $2\boldsymbol{v}^{\mathrm{T}}\boldsymbol{v}$，可得到

$$\begin{aligned}2\boldsymbol{v}^{\mathrm{T}}\boldsymbol{v} =\ & 2\boldsymbol{v}^{\mathrm{T}}(t-\tau)\boldsymbol{K}_1^{\mathrm{T}}\ \boldsymbol{K}_1\boldsymbol{v}(t-\tau) + \\ & 2\boldsymbol{v}^{\mathrm{T}}(t-\tau)\boldsymbol{K}_1^{\mathrm{T}}\boldsymbol{K}_2\boldsymbol{\Sigma D}_1\boldsymbol{e}_m(t-\tau) + \\ & 2\boldsymbol{v}^{\mathrm{T}}(t-\tau)\boldsymbol{K}_1^{\mathrm{T}}\boldsymbol{K}_2\boldsymbol{\Sigma D}_2\boldsymbol{N}_2\boldsymbol{F} + \\ & 2\boldsymbol{e}_m^{\mathrm{T}}(t-\tau)(\boldsymbol{K}_2\boldsymbol{\Sigma D}_1)^{\mathrm{T}}\boldsymbol{K}_1\boldsymbol{v}(t-\tau) + \\ & 2\boldsymbol{e}_m^{\mathrm{T}}(t-\tau)(\boldsymbol{K}_2\boldsymbol{\Sigma D}_1)^{\mathrm{T}}(\boldsymbol{K}_2\boldsymbol{\Sigma D}_1)\boldsymbol{e}_m(t-\tau) + \\ & 2\boldsymbol{e}_m^{\mathrm{T}}(t-\tau)(\boldsymbol{K}_2\boldsymbol{\Sigma D}_1)^{\mathrm{T}}\boldsymbol{K}_2\boldsymbol{\Sigma D}_2\boldsymbol{N}_2\boldsymbol{F} + \\ & 2(\boldsymbol{K}_2\boldsymbol{\Sigma D}_2\boldsymbol{N}_2\boldsymbol{F})^{\mathrm{T}}\boldsymbol{K}_1\boldsymbol{v}(t-\tau) + \\ & 2(\boldsymbol{K}_2\boldsymbol{\Sigma D}_2\boldsymbol{N}_2\boldsymbol{F})^{\mathrm{T}}(\boldsymbol{K}_2\boldsymbol{\Sigma D}_1)\boldsymbol{e}_m(t-\tau) + \\ & 2(\boldsymbol{K}_2\boldsymbol{\Sigma D}_2\boldsymbol{N}_2\boldsymbol{F})^{\mathrm{T}}(\boldsymbol{K}_2\boldsymbol{\Sigma D}_2\boldsymbol{N}_2\boldsymbol{F})\end{aligned} \tag{4.14}$$

众所周知，不等式（4.15）成立。

$$2\boldsymbol{a}^{\mathrm{T}}\boldsymbol{b} \leqslant \boldsymbol{a}^{\mathrm{T}}\boldsymbol{a} + \boldsymbol{b}^{\mathrm{T}}\boldsymbol{b} \qquad \forall \boldsymbol{a}, \boldsymbol{b} \in \mathbf{R}^n \tag{4.15}$$

由式（4.14）和式（4.15）可以得到如下不等式。

$$\begin{aligned}2\boldsymbol{v}^{\mathrm{T}}\boldsymbol{v} \leqslant\ & 2\boldsymbol{v}^{\mathrm{T}}(t-\tau)\boldsymbol{K}_1^{\mathrm{T}}\boldsymbol{K}_1\boldsymbol{v}(t-\tau)+\\
& \boldsymbol{v}^{\mathrm{T}}(t-\tau)\boldsymbol{K}_1^{\mathrm{T}}\boldsymbol{K}_1\boldsymbol{v}(t-\tau)+\\
& \boldsymbol{e}_m(t-\tau)^{\mathrm{T}}(\boldsymbol{K}_2\boldsymbol{\Sigma}\boldsymbol{D}_1)^{\mathrm{T}}\boldsymbol{K}_2\boldsymbol{\Sigma}\boldsymbol{D}_1\boldsymbol{e}_m(t-\tau)+\\
& \boldsymbol{v}^{\mathrm{T}}(t-\tau)\boldsymbol{K}_1^{\mathrm{T}}\boldsymbol{K}_1\boldsymbol{v}(t-\tau)+\\
& (\boldsymbol{K}_2\boldsymbol{\Sigma}\boldsymbol{D}_2\boldsymbol{N}_2\boldsymbol{F})^{\mathrm{T}}\boldsymbol{K}_2\boldsymbol{\Sigma}\boldsymbol{D}_2\boldsymbol{N}_2\boldsymbol{F}+\\
& \boldsymbol{e}_m^{\mathrm{T}}(t-\tau)(\boldsymbol{K}_2\boldsymbol{\Sigma}\boldsymbol{D}_1)^{\mathrm{T}}(\boldsymbol{K}_2\boldsymbol{\Sigma}\boldsymbol{D}_1)\boldsymbol{e}_m(t-\tau)+\\
& \boldsymbol{v}^{\mathrm{T}}(t-\tau)\boldsymbol{K}_1^{\mathrm{T}}\boldsymbol{K}_1\boldsymbol{v}(t-\tau)+\\
& \boldsymbol{e}_m^{\mathrm{T}}(t-\tau)(\boldsymbol{K}_2\boldsymbol{\Sigma}\boldsymbol{D}_1)^{\mathrm{T}}(\boldsymbol{K}_2\boldsymbol{\Sigma}\boldsymbol{D}_1)\boldsymbol{e}_m(t-\tau)+\\
& 2\boldsymbol{e}_m^{\mathrm{T}}(t-\tau)(\boldsymbol{K}_2\boldsymbol{\Sigma}\boldsymbol{D}_1)^{\mathrm{T}}(\boldsymbol{K}_2\boldsymbol{\Sigma}\boldsymbol{D}_1)\boldsymbol{e}_m(t-\tau)+\\
& 3(\boldsymbol{K}_2\boldsymbol{\Sigma}\boldsymbol{D}_2\boldsymbol{N}_2\boldsymbol{F})^{\mathrm{T}}(\boldsymbol{K}_2\boldsymbol{\Sigma}\boldsymbol{D}_2\boldsymbol{N}_2\boldsymbol{F})\\
& \boldsymbol{v}^{\mathrm{T}}(t-\tau)\boldsymbol{K}_1^{\mathrm{T}}\boldsymbol{K}_1\boldsymbol{v}(t-\tau)+\\
& \boldsymbol{e}_m^{\mathrm{T}}(t-\tau)(\boldsymbol{K}_2\boldsymbol{\Sigma}\boldsymbol{D}_1)^{\mathrm{T}}(\boldsymbol{K}_2\boldsymbol{\Sigma}\boldsymbol{D}_1)\boldsymbol{e}_m(t-\tau)+\\
& 2(\boldsymbol{K}_2\boldsymbol{\Sigma}\boldsymbol{D}_2\boldsymbol{N}_2\boldsymbol{F})^{\mathrm{T}}(\boldsymbol{K}_2\boldsymbol{\Sigma}\boldsymbol{D}_2\boldsymbol{N}_2\boldsymbol{F})\\
=\ & 6\boldsymbol{v}^{\mathrm{T}}(t-\tau)\boldsymbol{K}_1^{\mathrm{T}}\boldsymbol{K}_1\boldsymbol{v}(t-\tau)+\\
& 6\boldsymbol{e}_m^{\mathrm{T}}(t-\tau)(\boldsymbol{K}_2\boldsymbol{\Sigma}\boldsymbol{D}_1)^{\mathrm{T}}(\boldsymbol{K}_2\boldsymbol{\Sigma}\boldsymbol{D}_1)\boldsymbol{e}_m(t-\tau)+\\
& 6(\boldsymbol{K}_2\boldsymbol{\Sigma}\boldsymbol{D}_2\boldsymbol{N}_2\boldsymbol{F})^{\mathrm{T}}(\boldsymbol{K}_2\boldsymbol{\Sigma}\boldsymbol{D}_2\boldsymbol{N}_2\boldsymbol{F})\end{aligned} \tag{4.16}$$

由此，式（4.16）可以简化为

$$\begin{aligned}\boldsymbol{v}^{\mathrm{T}}\boldsymbol{v} \leqslant\ & 3\boldsymbol{v}^{\mathrm{T}}(t-\tau)\boldsymbol{K}_1^{\mathrm{T}}\boldsymbol{K}_1\boldsymbol{v}(t-\tau)+\\
& 3\boldsymbol{e}_m^{\mathrm{T}}(t-\tau)(\boldsymbol{K}_2\boldsymbol{\Sigma}\boldsymbol{D}_1)^{\mathrm{T}}(\boldsymbol{K}_2\boldsymbol{\Sigma}\boldsymbol{D}_1)\boldsymbol{e}_m(t-\tau)+\\
& 3(\boldsymbol{K}_2\boldsymbol{\Sigma}\boldsymbol{D}_2\boldsymbol{N}_2\boldsymbol{F})^{\mathrm{T}}(\boldsymbol{K}_2\boldsymbol{\Sigma}\boldsymbol{D}_2\boldsymbol{N}_2\boldsymbol{F})\end{aligned} \tag{4.17}$$

引理得证。

定理 4.1 对随机分布控制系统式（4.6）来说，由式（4.8）给出迭代学习观测器，在满足假设 4.3 的条件下，如果式（4.18）成立，则观测误差是有界的。

$$\begin{aligned}&\left(\boldsymbol{A}_1-\boldsymbol{L}\boldsymbol{\Sigma}\boldsymbol{D}_1\right)^{\mathrm{T}}\boldsymbol{P}_1+\boldsymbol{P}_1\left(\boldsymbol{A}_1-\boldsymbol{L}\boldsymbol{\Sigma}\boldsymbol{D}_1\right)+\boldsymbol{R}_1+\boldsymbol{P}_1\boldsymbol{P}_1=-\boldsymbol{Q}_1\\
&0<\left(6+3\sigma\right)\boldsymbol{K}_1^{\mathrm{T}}\boldsymbol{K}_1\leqslant \boldsymbol{I}\\
&0<\left(6+3\sigma\right)\left(\boldsymbol{K}_2\boldsymbol{\Sigma}\boldsymbol{D}_1\right)^{\mathrm{T}}\left(\boldsymbol{K}_2\boldsymbol{\Sigma}\boldsymbol{D}_1\right)\leqslant \boldsymbol{R}_1\end{aligned} \tag{4.18}$$

证明：考虑如下 Lyapunov 函数

$$\pi=\boldsymbol{e}_m^{\mathrm{T}}\boldsymbol{P}_1\boldsymbol{e}_m+\int_{t-\tau}^{t}\boldsymbol{e}_m^{\mathrm{T}}(\theta)\boldsymbol{R}_1\boldsymbol{e}_m(\theta)\mathrm{d}\theta+\int_{t-\tau}^{t}\boldsymbol{v}^{\mathrm{T}}(\alpha)\boldsymbol{v}(\alpha)\mathrm{d}\alpha \tag{4.19}$$

其中，$\boldsymbol{P}_1$ 和 $\boldsymbol{R}_1$ 是对称的正定矩阵。

基于式（4.12），得到 Lyapunov 函数的一阶导数为

$$\begin{aligned}\dot{\pi} = &\boldsymbol{e}_m^{\mathrm{T}}((\boldsymbol{A}_1 - \boldsymbol{L\Sigma D}_1)^{\mathrm{T}}\boldsymbol{P}_1 + \boldsymbol{P}_1(\boldsymbol{A}_1 - \boldsymbol{L\Sigma D}_1) + \boldsymbol{R}_1)\boldsymbol{e}_m + \\ &2\boldsymbol{e}_m^{\mathrm{T}}\boldsymbol{P}_1\boldsymbol{GF} - 2\boldsymbol{e}_m^{\mathrm{T}}\boldsymbol{P}_1\boldsymbol{v}(t) - \boldsymbol{e}_m^{\mathrm{T}}(t-\tau)\boldsymbol{R}_1\boldsymbol{e}_m(t-\tau) + \\ &\boldsymbol{v}^{\mathrm{T}}(t)\boldsymbol{v}(t) - \boldsymbol{v}^{\mathrm{T}}(t-\tau)\boldsymbol{v}(t-\tau)\end{aligned} \tag{4.20}$$

众所周知，不等式（4.21）是成立的。

$$2\left\|\boldsymbol{e}_m^{\mathrm{T}}\boldsymbol{P}_1\right\|\left\|\boldsymbol{v}(t)\right\| \leqslant \boldsymbol{e}_m^{\mathrm{T}}\boldsymbol{P}_1\boldsymbol{P}_1\boldsymbol{e}_m + \boldsymbol{v}^{\mathrm{T}}(t)\boldsymbol{v}(t) \tag{4.21}$$

将假设 4.3 和引理 4.1 代入式（4.20），可推导出

$$\begin{aligned}\dot{\pi} \leqslant &\boldsymbol{e}_m^{\mathrm{T}}((\boldsymbol{A}_1 - \boldsymbol{L\Sigma D}_1)^{\mathrm{T}}\boldsymbol{P}_1 + \boldsymbol{P}_1(\boldsymbol{A}_1 - \boldsymbol{L\Sigma D}_1) + \boldsymbol{R}_1)\boldsymbol{e}_m + \\ &2f_d\left\|\boldsymbol{P}_1\boldsymbol{G}\right\|\left\|\boldsymbol{e}_m\right\| + (6+3\sigma)\boldsymbol{v}^{\mathrm{T}}(t-\tau)\boldsymbol{K}_1^{\mathrm{T}}\boldsymbol{K}_1\boldsymbol{v}(t-\tau) + \\ &(6+3\sigma)\boldsymbol{e}_m^{\mathrm{T}}(t-\tau)(\boldsymbol{K}_2\boldsymbol{\Sigma D}_1)^{\mathrm{T}}(\boldsymbol{K}_2\boldsymbol{\Sigma D}_1)\boldsymbol{e}_m(t-\tau) + \\ &(6+3\sigma)(\boldsymbol{K}_2\boldsymbol{\Sigma D}_2\boldsymbol{N}_2\boldsymbol{F})^{\mathrm{T}}(\boldsymbol{K}_2\boldsymbol{\Sigma D}_2\boldsymbol{N}_2\boldsymbol{F}) - \\ &\boldsymbol{e}_m^{\mathrm{T}}(t-\tau)\boldsymbol{R}_1\boldsymbol{e}_m(t-\tau) - \sigma\boldsymbol{v}^{\mathrm{T}}\boldsymbol{v} - \boldsymbol{v}^{\mathrm{T}}(t-\tau)\boldsymbol{v}(t-\tau) \\ \leqslant &\boldsymbol{e}_m^{\mathrm{T}}((\boldsymbol{A}_1 - \boldsymbol{L\Sigma D}_1)^{\mathrm{T}}\boldsymbol{P}_1 + \boldsymbol{P}_1(\boldsymbol{A}_1 - \boldsymbol{L\Sigma D}_1) + \boldsymbol{R}_1)\boldsymbol{e}_m + \\ &2f_d\left\|\boldsymbol{P}_1\boldsymbol{G}\right\|\left\|\boldsymbol{e}_m\right\| + \boldsymbol{v}^{\mathrm{T}}(t-\tau)((6+3\sigma)\boldsymbol{K}_1^{\mathrm{T}}\boldsymbol{K}_1 - \boldsymbol{I})\boldsymbol{v}(t-\tau) + \\ &\boldsymbol{e}_m^{\mathrm{T}}(t-\tau)((6+3\sigma)(\boldsymbol{K}_2\boldsymbol{\Sigma D}_1)^{\mathrm{T}}(\boldsymbol{K}_2\boldsymbol{\Sigma D}_1) - \boldsymbol{R}_1)\boldsymbol{e}_m(t-\tau) - \\ &\sigma\boldsymbol{v}^{\mathrm{T}}\boldsymbol{v} + (6+3\sigma)(\boldsymbol{K}_2\boldsymbol{\Sigma D}_2\boldsymbol{N}_2\boldsymbol{F})^{\mathrm{T}}(\boldsymbol{K}_2\boldsymbol{\Sigma D}_2\boldsymbol{N}_2\boldsymbol{F})\end{aligned} \tag{4.22}$$

其中，$\boldsymbol{I} \in \mathbf{R}^{n \times n}$ 是单位阵；σ 是正常数。

对任意 $\boldsymbol{Q}_1 = \boldsymbol{Q}_1^{\mathrm{T}} > 0$，存在 $\boldsymbol{P}_1 = \boldsymbol{P}_1^{\mathrm{T}} > 0$ 满足如下条件。

$$\begin{aligned}&(\boldsymbol{A}_1 - \boldsymbol{L\Sigma D}_1)^{\mathrm{T}}\boldsymbol{P}_1 + \boldsymbol{P}_1(\boldsymbol{A}_1 - \boldsymbol{L\Sigma D}_1) + \boldsymbol{R}_1 + \boldsymbol{P}_1\boldsymbol{P}_1 = -\boldsymbol{Q}_1 \\ &0 < (6+3\sigma)\boldsymbol{K}_1^{\mathrm{T}}\boldsymbol{K}_1 \leqslant \boldsymbol{I} \\ &0 < (6+3\sigma)(\boldsymbol{K}_2\boldsymbol{\Sigma D}_1)^{\mathrm{T}}(\boldsymbol{K}_2\boldsymbol{\Sigma D}_1) \leqslant \boldsymbol{R}_1\end{aligned} \tag{4.23}$$

不等式（4.22）可进一步简化为

$$\begin{aligned}\dot{\pi} \leqslant &-\lambda_{\min}(\boldsymbol{Q}_1)\left\|\boldsymbol{e}_m\right\|^2 + 2f_d\lambda_{\max}(\boldsymbol{P}_1\boldsymbol{G})\left\|\boldsymbol{e}_m\right\| - \\ &\sigma\boldsymbol{v}^{\mathrm{T}}\boldsymbol{v} + (6+3\sigma)(\boldsymbol{K}_2\boldsymbol{\Sigma D}_2\boldsymbol{N}_2\boldsymbol{F})^{\mathrm{T}}(\boldsymbol{K}_2\boldsymbol{\Sigma D}_2\boldsymbol{N}_2\boldsymbol{F})\end{aligned} \tag{4.24}$$

定理得证。

注释 4.2　事实上，可证明 $\dot{\boldsymbol{e}}_m$ 是有界的。令 $\boldsymbol{z} = \dot{\boldsymbol{e}}_m$，对误差方程式（4.12）求一阶导数，可得

$$\dot{\boldsymbol{z}} = (\boldsymbol{A}_1 - \boldsymbol{L\Sigma D}_1)\boldsymbol{z} + \boldsymbol{G}\dot{\boldsymbol{F}}(t) - \dot{\boldsymbol{v}}(t) \tag{4.25}$$

其中，$\dot{\boldsymbol{v}}(t)=\boldsymbol{K}_1\dot{\boldsymbol{v}}(t-\tau)+\boldsymbol{K}_2\boldsymbol{\Sigma D}_1\boldsymbol{z}(t-\tau)+\boldsymbol{K}_2\boldsymbol{\Sigma D}_2\boldsymbol{N}_2\dot{\boldsymbol{F}}$ 。用类似的分析方法，可知$\|\boldsymbol{z}\|$是有界的。

注释 4.3 由定理 4.1 和注释 4.2 可知，状态估计误差$\boldsymbol{e}_m$及$\boldsymbol{e}_m$的一阶导数都是有界的。因此，$\boldsymbol{GF}-\boldsymbol{v}(t)$ 也是有界的。迭代学习观测器的输入$\boldsymbol{v}(t)$能估计故障$\boldsymbol{F}$的变化，即$\dot{\hat{\boldsymbol{F}}}=\boldsymbol{Wv}(t)$。换句话说，迭代学习观测器的输入$\boldsymbol{v}(t)$能监控系统动态的任何变化。一方面，根据迭代学习观测器的特性给出了迭代学习观测器的自适应故障估计算法；另一方面，$\boldsymbol{GF}-\boldsymbol{v}(t)$ 的有界性也说明了由于迭代学习观测器的输入$\boldsymbol{v}(t)$使得迭代学习观测器有鲁棒性。迭代学习观测器估计故障的有效性将通过仿真实例验证。

4.4 容错控制

一旦诊断出故障，就需要重构控制器来补偿由故障引起的系统性能损失。

4.4.1 无故障时的跟踪控制器设计

下面给出无故障时系统跟踪控制器的设计过程，使得奇异随机分布控制系统的输出概率密度函数跟踪给定的分布。由于式（4.1）中$\dot{\boldsymbol{x}}$前的系数阵$\boldsymbol{E}\neq\boldsymbol{I}$，使奇异系统不同于非奇异系统。控制器设计的目标是选择控制输入使得输出概率密度函数$\gamma(y,\boldsymbol{u}_1(t))$尽可能地跟踪期望的概率密度函数$g(y)$。因此，问题可以转化为如下的瞬时性能指标函数极小化问题。假设$\boldsymbol{u}_1(t)$是系统在无故障时输出概率密度函数的跟踪控制器。

$$J_1(\boldsymbol{u}_1(t))=\int_a^b\left(\gamma(y,\boldsymbol{u}_1(t))-g(y)\right)^2\mathrm{d}y+\boldsymbol{u}_1^{\mathrm{T}}(t)\boldsymbol{R}\boldsymbol{u}_1(t) \tag{4.26}$$

其中，$g(y)$是给定的连续概率密度函数；$\boldsymbol{R}=\boldsymbol{R}^{\mathrm{T}}\in\mathbf{R}^{m\times m}>0$是事先给定的限制控制输入$\boldsymbol{u}_1(t)$的权值矩阵。

对变换后的系统模型给出最优控制设计过程[16]，由系统式（4.6）可得

$$\gamma(y,\boldsymbol{u}_1(t))=\boldsymbol{C}(y)\left[\boldsymbol{D}_1\boldsymbol{x}_1(t)+\boldsymbol{D}_2\boldsymbol{x}_2(t)\right]+\boldsymbol{T}(y) \tag{4.27}$$

因此，可得到系统输出概率密度函数和给定的概率密度函数之差。

$$\begin{aligned}\gamma(y,\boldsymbol{u}_1(t))-g(y)&=\boldsymbol{C}(y)\boldsymbol{D}_1\boldsymbol{x}_1(t)+\boldsymbol{T}(y)-g(y)-\boldsymbol{C}(y)\boldsymbol{D}_2\boldsymbol{B}_2\boldsymbol{u}_1(t)\\&=\bar{g}(y,t)-\boldsymbol{H}(y)\boldsymbol{u}_1(t)\end{aligned} \tag{4.28}$$

其中

$$\bar{g}(y,t)=\boldsymbol{C}(y)\boldsymbol{D}_1\boldsymbol{x}_1(t)+\boldsymbol{T}(y)-g(y)$$

$$\boldsymbol{H}(y)=\boldsymbol{C}(y)\boldsymbol{D}_2\boldsymbol{B}_2$$

将式（4.20）代入式（4.26），将性能指标 $J_1\left(\boldsymbol{u}_1\left(t\right)\right)$ 重写为

$$\begin{aligned}J_1\left(\boldsymbol{u}_1\left(t\right)\right)&=\int_a^b(\bar{g}(y,t)-\boldsymbol{H}(y)\boldsymbol{u}_1(t))^2\,\mathrm{d}y+\boldsymbol{u}_1^{\mathrm{T}}(t)\boldsymbol{R}\boldsymbol{u}_1(t)\\&=\int_a^b\bar{g}^2(y,t)\mathrm{d}y-\left[\int_a^b\bar{g}(y,t)\boldsymbol{H}(y)\mathrm{d}y\right]\boldsymbol{u}_1(t)-\\&\quad\boldsymbol{u}_1^{\mathrm{T}}(t)\int_a^b\boldsymbol{H}^{\mathrm{T}}(y)\bar{g}(y,t)\,\mathrm{d}y+\\&\quad\boldsymbol{u}_1^{\mathrm{T}}(t)\int_a^b\boldsymbol{H}^{\mathrm{T}}(y)\boldsymbol{H}(y)\mathrm{d}y\boldsymbol{u}_1(t)+\boldsymbol{u}_1^{\mathrm{T}}(t)\boldsymbol{R}\boldsymbol{u}_1(t)\end{aligned} \tag{4.29}$$

记

$$\boldsymbol{S}=\int_a^b\boldsymbol{H}^{\mathrm{T}}(y)\boldsymbol{H}(y)\mathrm{d}y \tag{4.30}$$

$\boldsymbol{S}\in\mathbf{R}^{m\times m}$ 是一个正定的矩阵。只需要 $J_1(\boldsymbol{u}_1(t))$ 对 $\boldsymbol{u}_1(t)$ 的导数等于零就可以使式（4.26）中 $J_1(\boldsymbol{u}_1(t))$ 最小。根据式（4.29），$J_1(\boldsymbol{u}_1(t))$ 的一阶导数可以表示为

$$\frac{\mathrm{d}J_1(\boldsymbol{u}_1(t))}{\mathrm{d}\boldsymbol{u}_1(t)}=-2\int_a^b\boldsymbol{H}^{\mathrm{T}}(y)\bar{g}(y,t)\mathrm{d}y+2(\boldsymbol{R}+\boldsymbol{S})\boldsymbol{u}_1(t) \tag{4.31}$$

令 $\dfrac{\mathrm{d}J_1(\boldsymbol{u}_1(t))}{\mathrm{d}\boldsymbol{u}_1(t)}=0$，则最优控制输入 $\boldsymbol{u}_1(t)$ 为

$$\boldsymbol{u}_1(t)=\left(\boldsymbol{S}+\boldsymbol{R}\right)^{-1}\int_a^b\boldsymbol{H}^{\mathrm{T}}(y)\bar{g}(y,t)\mathrm{d}y \tag{4.32}$$

以上最优控制律与 $\boldsymbol{x}_1$ 有关，而 $\boldsymbol{x}_1$ 在实际应用中是不可测量的。可以用诊断观测器的状态来代替 $\boldsymbol{x}_1$，即利用 $\boldsymbol{x}_{1m}$ 代替式（4.32）中的 $\boldsymbol{x}_1$，就得到了实际控制器。

当 $t>t_f$ 时，在系统式（4.6）中，至少有一个故障发生，控制器必须做出调整以此来适应这些故障，这样才能使得输出 PDF 跟踪指定的 PDF。因此，进行控制器重构是非常必要的。

4.4.2 控制器重构

随机分布控制系统容错控制的目的就是设计一个重构控制器，即使系统发生了故障，仍能使系统输出的 PDF 跟踪给定的分布。利用 4.3 节给出的算法诊断故障，假设如下条件是成立的。

$$\hat{\boldsymbol{F}} = \boldsymbol{F} \tag{4.33}$$

为得到重构控制器 $\boldsymbol{u}_2(t)$，定义新的性能指标函数为

$$J_2(\boldsymbol{u}_2(t)) = \int_a^b \left(\gamma(y,\boldsymbol{u}_2(t)) - g(y)\right)^2 \mathrm{d}y + \boldsymbol{u}_2^{\mathrm{T}}(t)\boldsymbol{R}\boldsymbol{u}_2(t) \tag{4.34}$$

其中，$\boldsymbol{u}_2(t)$ 是重构控制器，从而得到

$$\begin{aligned}
&\gamma(y,\boldsymbol{u}_2(t)) - g(y) \\
&= \boldsymbol{C}(y)\boldsymbol{D}_1\boldsymbol{x}_1(t) + \boldsymbol{C}(y)\boldsymbol{D}_2\boldsymbol{x}_2(t) + \boldsymbol{T}(y) - g(y) \\
&= \boldsymbol{C}(y)\boldsymbol{D}_1\boldsymbol{x}_1(t) + \boldsymbol{C}(y)\boldsymbol{D}_2\boldsymbol{N}_2\boldsymbol{F}(t) - \boldsymbol{C}(y)\boldsymbol{D}_2\boldsymbol{B}_2\boldsymbol{u}_2(t) + \boldsymbol{T}(y) - g(y) \\
&= g(y,t) - \boldsymbol{H}(y)\boldsymbol{u}_2(t)
\end{aligned} \tag{4.35}$$

其中

$$\boldsymbol{H}(y) = \boldsymbol{C}(y)\boldsymbol{D}_2\boldsymbol{B}_2$$

$$g(y,t) = \boldsymbol{C}(y)\boldsymbol{D}_1\boldsymbol{x}_1(t) + \boldsymbol{C}(y)\boldsymbol{D}_2\boldsymbol{N}_2\boldsymbol{F}(t) + \boldsymbol{T}(y) - g(y)$$

与求控制器 $\boldsymbol{u}_1(t)$ 相似，得到如下重构控制器。

$$\begin{aligned}
\boldsymbol{u}_2(t) &= (\boldsymbol{S}+\boldsymbol{R})^{-1}\int_a^b \boldsymbol{H}^{\mathrm{T}}\breve{g}(y,t)\mathrm{d}y \\
&= (\boldsymbol{S}+\boldsymbol{R})^{-1}\int_a^b \boldsymbol{H}^{\mathrm{T}}(y)\boldsymbol{C}(y)\boldsymbol{D}_1\mathrm{d}y\boldsymbol{x}_1 + \\
&\quad (\boldsymbol{S}+\boldsymbol{R})^{-1}\int_a^b \boldsymbol{H}^{\mathrm{T}}(y)\boldsymbol{C}(y)\boldsymbol{D}_2\boldsymbol{N}_2\mathrm{d}y\boldsymbol{F}(t) + \\
&\quad (\boldsymbol{S}+\boldsymbol{R})^{-1}\int_a^b \boldsymbol{H}^{\mathrm{T}}(y)\left[\boldsymbol{T}(y) - g(y)\right]\mathrm{d}y
\end{aligned} \tag{4.36}$$

利用 $\hat{\boldsymbol{x}}_1$ 代替 $\boldsymbol{x}_1$，用 $\hat{\boldsymbol{F}}(t)$ 代替 $\boldsymbol{F}(t)$，代入式（4.36）中，实际的重构控制器表示为

$$\begin{aligned}
\boldsymbol{u}_2'(t) &= (\boldsymbol{S}+\boldsymbol{R})^{-1}\int_a^b \boldsymbol{H}^{\mathrm{T}}(y)\boldsymbol{C}(y)\boldsymbol{D}_1\mathrm{d}y\hat{\boldsymbol{x}}_1 + \\
&\quad (\boldsymbol{S}+\boldsymbol{R})^{-1}\int_a^b \boldsymbol{H}^{\mathrm{T}}(y)\boldsymbol{C}(y)\boldsymbol{D}_2\boldsymbol{N}_2\mathrm{d}y\hat{\boldsymbol{F}}(t) + \\
&\quad (\boldsymbol{S}+\boldsymbol{R})^{-1}\int_a^b \boldsymbol{H}^{\mathrm{T}}(y)\left[\boldsymbol{T}(y) - g(y)\right]\mathrm{d}y
\end{aligned} \tag{4.37}$$

4.5 仿真实例

4.5.1 仿真实例 1

为了验证故障诊断算法的有效性，这里给出如下随机系统。

$$\gamma(y,\boldsymbol{u}(t)) = \omega_1\phi_1(y) + \omega_2\phi_2(y) + \omega_3\phi_3(y) \tag{4.38}$$

而式（4.38）中的输出 PDF 能够通过下面的 B 样条基函数逼近。

$$\begin{aligned}
\phi_1(y) &= \left(\frac{1}{6}y^3 + \frac{3}{2}y^2 + \frac{9}{2}y + \frac{9}{2}\right)f_1 + \left(-\frac{1}{2}y^3 - \frac{5}{2}y^2 - \frac{7}{2}y - \frac{5}{6}\right)f_2 + \\
&\quad \left(\frac{1}{2}y^3 + \frac{1}{2}y^2 - \frac{1}{2}y + \frac{1}{6}\right)f_3 + \left(-\frac{1}{6}y^3 + \frac{1}{2}y^2 - \frac{1}{2}y + \frac{1}{6}\right)f_4 \\
\phi_2(y) &= \left(\frac{1}{6}y^3 + y^2 + 2y + \frac{4}{3}\right)f_2 + \left(-\frac{1}{2}y^3 - y^2 + \frac{2}{3}\right)f_3 + \\
&\quad \left(\frac{1}{2}y^3 - y^2 + \frac{2}{3}\right)f_4 + \left(-\frac{1}{6}y^3 + y^2 - 2y + \frac{4}{3}\right)f_5 \\
\phi_3(y) &= \left(\frac{1}{6}y^3 + \frac{1}{2}y^2 + \frac{1}{2}y + \frac{1}{6}\right)f_3 + \left(-\frac{1}{2}y^3 + \frac{1}{2}y^2 + \frac{1}{2}y + \frac{1}{6}\right)f_4 + \\
&\quad \left(\frac{1}{2}y^3 - \frac{5}{2}y^2 + \frac{7}{2}y - \frac{5}{6}\right)f_5 + \left(-\frac{1}{6}y^3 + \frac{3}{2}y^2 - \frac{9}{2}y + \frac{9}{2}\right)f_6
\end{aligned} \tag{4.39}$$

$f_i(i=1,2,3,4,5,6)$ 是分段函数，定义如下。

$$f_i(y) = \begin{cases} 1 & y \in [i-4, i-3] \\ 0 & 其他 \end{cases}$$

因为有 PDF 的积分等于 1 的限制，3 个权值仅有两个是独立的，它们组成的权向量$\boldsymbol{V}(t) = \begin{bmatrix} \omega_1(t) \\ \omega_2(t) \end{bmatrix}$。第 3 个权值与 ω_1 和 ω_2 呈现线性关系。定义

$$
\begin{aligned}
&b_i = \int_a^b \phi_i(y)\mathrm{d}y \quad i=1,2,3 \\
&\boldsymbol{T}(y) = \frac{\phi_3(y)}{b_3} \\
&\boldsymbol{C}(y) = \left[\phi_1(y) - \frac{\phi_3(y)b_1}{b_3} \quad \phi_2(y) - \frac{\phi_3(y)b_2}{b_3}\right]
\end{aligned}
\tag{4.40}
$$

因此，$\gamma(y,\boldsymbol{u}(t))$ 可写为

$$\gamma(y,\boldsymbol{u}(t)) = \boldsymbol{C}(y)\boldsymbol{V}(t) + \boldsymbol{T}(y)$$

假定动态系统为

$$
\begin{aligned}
&\boldsymbol{E}\dot{\boldsymbol{x}}(t) = \boldsymbol{A}\boldsymbol{x}(t) + \boldsymbol{B}\boldsymbol{u}(t) + \boldsymbol{N}\boldsymbol{F}(t) \\
&\boldsymbol{V}(t) = \boldsymbol{D}\boldsymbol{x}(t)
\end{aligned}
\tag{4.41}
$$

其中

$$\boldsymbol{E} = \begin{bmatrix} 1.0108 & 0.5794 & 5.7745 \\ 3.8263 & -2.0132 & 13.7264 \\ -5.5036 & 6.8344 & -12.1285 \end{bmatrix}，\boldsymbol{A} = \begin{bmatrix} -1.5675 & -2.5243 & 0.5341 \\ 0.4014 & 1.4281 & -9.1249 \\ 1.9462 & -0.1041 & 4.8273 \end{bmatrix}$$

$$\boldsymbol{B} = \begin{bmatrix} -3.5044 \\ -0.3042 \\ -8.2882 \end{bmatrix}，\boldsymbol{N} = \begin{bmatrix} 2.2470 \\ 6.4054 \\ -2.1299 \end{bmatrix}，\boldsymbol{D} = \begin{bmatrix} 0.4953 & 3.3627 & -0.7513 \\ 0.7674 & 0.8753 & -0.4944 \end{bmatrix}$$

非奇异矩阵 $\boldsymbol{P}$ 和 $\boldsymbol{Q}$ 选择如下。

$$
\begin{aligned}
&\boldsymbol{P} = \begin{bmatrix} 0.2019 & -0.1422 & 0.4830 \\ 0.1631 & 0.3211 & 0.2028 \\ 0.1976 & 0.1455 & -0.1049 \end{bmatrix} \\
&\boldsymbol{Q} = \begin{bmatrix} 0.1020 & 0.1422 & -0.1690 \\ 0.3428 & 0.1860 & 0.4515 \\ -0.4155 & 0.2784 & 0.1172 \end{bmatrix}
\end{aligned}
\tag{4.42}
$$

这样系统式（4.41）可以通过式（4.42）变换为

$$
\begin{aligned}
&\dot{\boldsymbol{x}}_1(t) = \boldsymbol{A}_1\boldsymbol{x}_1(t) + \boldsymbol{B}_1\boldsymbol{u}(t) + \boldsymbol{L}\varepsilon_m(t) + \boldsymbol{v}(t) \\
&\boldsymbol{x}_2(t) = -\boldsymbol{B}_2\boldsymbol{u}(t) \\
&\boldsymbol{v}(t) = \boldsymbol{K}_1\boldsymbol{v}(t-\tau) + \boldsymbol{K}_2\varepsilon_m(t-\tau) \\
&\boldsymbol{V}(t) = \boldsymbol{D}_1\boldsymbol{x}_1(t) + \boldsymbol{D}_2\boldsymbol{x}_2(t) \\
&\gamma(y,\boldsymbol{u}(t)) = \boldsymbol{C}(y)\left[\boldsymbol{D}_1\boldsymbol{x}_1(t) + \boldsymbol{D}_2\boldsymbol{x}_2(t)\right] + \boldsymbol{T}(y)
\end{aligned}
\tag{4.43}
$$

其中

$$\boldsymbol{A}_1 = \begin{bmatrix} -0.5 & -0.25 \\ 0.11 & -0.17 \end{bmatrix},\ \boldsymbol{B}_1 = \begin{bmatrix} 1 \\ -5 \end{bmatrix},\ \boldsymbol{B}_2 = 0.4,\ \boldsymbol{N}_2 = 0.6$$

$$\boldsymbol{D}_1 = \begin{bmatrix} 0.5 & 0.9 \\ 0.2 & 0.1 \end{bmatrix},\ \boldsymbol{D}_2 = \begin{bmatrix} 1 \\ 0.6 \end{bmatrix},\ \boldsymbol{N}_1 = \begin{bmatrix} 1.5 \\ 1 \end{bmatrix}$$

ILO 观测器增益矩阵可以选择为 $\boldsymbol{L} = \begin{bmatrix} 0.5 \\ -0.6 \end{bmatrix}$，$\boldsymbol{K}_1 = \begin{bmatrix} 0.2 & 0.1 \\ -0.1 & 0.2 \end{bmatrix}$，$\boldsymbol{K}_2 = \begin{bmatrix} 0.5 \\ 0.25 \end{bmatrix}$，使得 $\boldsymbol{A}_1 - \boldsymbol{L\Sigma D}_1$ 是 Hurwitz 矩阵，并且满足式（4.18）。

（1）突变故障类型：选取系统故障为

$$\boldsymbol{F} = \begin{cases} 0 & t < 20\text{s} \\ 0.5 & t \geqslant 20\text{s} \end{cases}$$

学习向量 $\boldsymbol{W}$ 设置为

$$\boldsymbol{W} = \begin{bmatrix} 35 \\ 10 \end{bmatrix}$$

残差信息的响应曲线如图 4.1 所示，故障诊断结果如图 4.2 所示。从图 4.1 与图 4.2 中可以得出结论，故障诊断算法是有效的。控制输入的权值矩阵 $\boldsymbol{R}_1$ 选择为 4。当系统无故障发生时，得到控制器使系统输出 PDF 能够跟踪给定的 PDF，如图 4.3 所示。

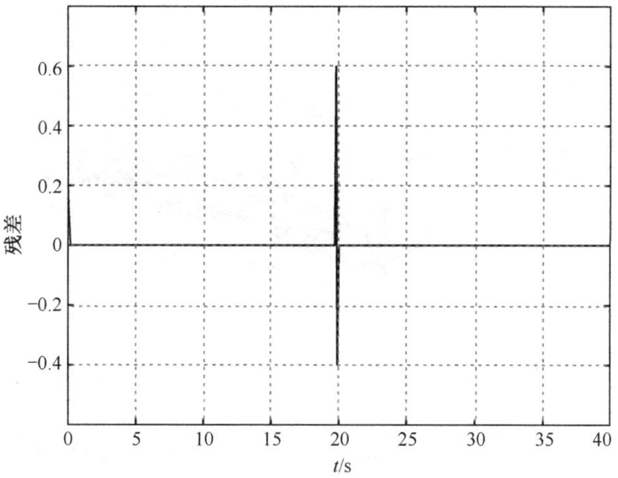

图 4.1　残差信息的响应曲线

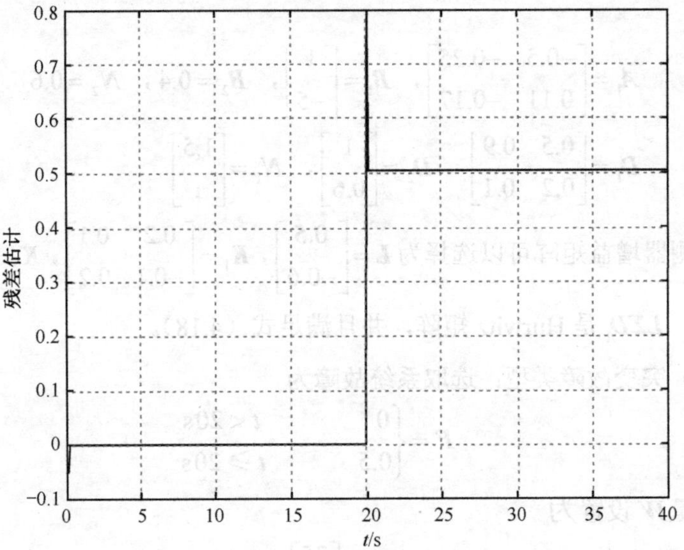

图 4.2 故障诊断结果

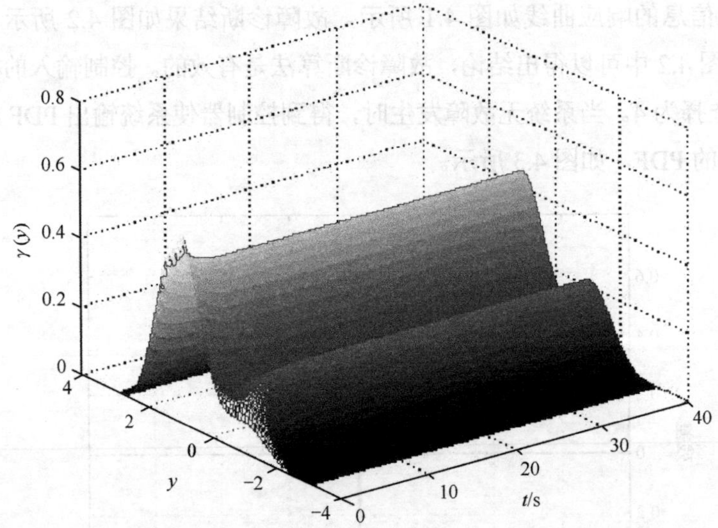

图 4.3 当系统无故障发生时，系统的输出 PDF 3D 图像

当系统在 20s 后发生一个故障（$\boldsymbol{F}=0.5$），重构控制器按照式（4.37）的要求重构。在这个重构控制器的控制下，系统的输出 PDF 3D 图像如图 4.4 所示。从图 4.4 可以看出，当系统发生故障后，系统的 PDF 仍能跟踪给定

的 PDF 分布。

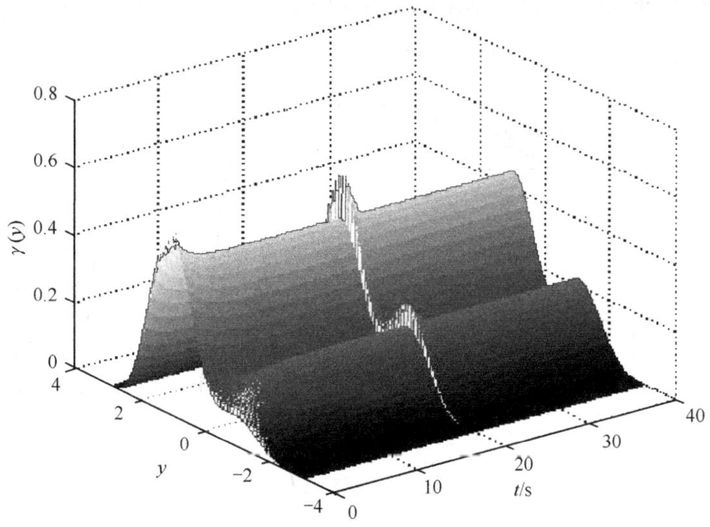

图 4.4 有常值时系统的输出 PDF 3D 图像

（2）慢变故障：选取慢变故障为

$$\boldsymbol{F}=\begin{cases}0 & t<20\text{s}\\ 0.5\sin(0.8t) & t\geqslant 20\text{s}\end{cases}$$

选取式（4.8）中的学习向量$\boldsymbol{W}=\begin{bmatrix}20\\15\end{bmatrix}$。图 4.5 给出了故障诊断结果，结果显示诊断算法是有效的。20s 后系统发生故障（$\boldsymbol{F}=0.5\sin(0.8t)$），取 $\boldsymbol{R}$=8 的重构控制器得出如图 4.6 所示的输出 PDF 3D 图像，从图中可以看出容错控制器算法能够很好地使系统输出 PDF 分布跟踪给定的 PDF 分布。

（3）快变故障类型：为验证故障诊断和容错控制算法对快变故障是否有效，给出如下快变故障类型。

$$\boldsymbol{F}=\begin{cases}0 & t<7\text{s}\\ 0.4(t-7) & 7\text{s}\leqslant t\leqslant 20\text{s}\\ 5.2-0.26(t-20) & t\geqslant 20\text{s}\end{cases}$$

在此选择学习向量为$\boldsymbol{W}=\begin{bmatrix}35\\20\end{bmatrix}$。快变故障类型的诊断结果如图 4.7 所示，故障诊断结果较好，能够快速估计出故障的大小。当故障发生后，对系统的控制器进行重构，为了使系统发生故障后输出的 PDF 分布仍能跟踪给定的 PDF 分布，仿真结果如图 4.8 所示。从图 4.8 中可以看出，容错控制器完成了容错控制设计的目的。

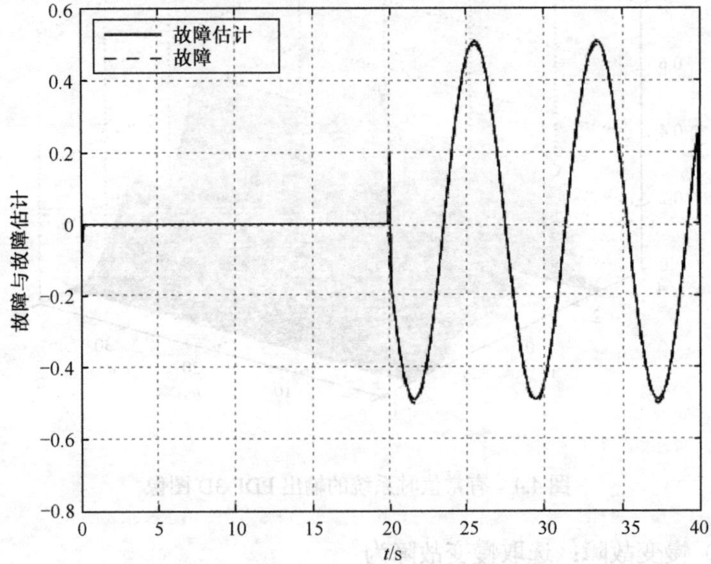

图 4.5　故障（$\boldsymbol{F}=0.5\sin(0.8t)$）诊断结果

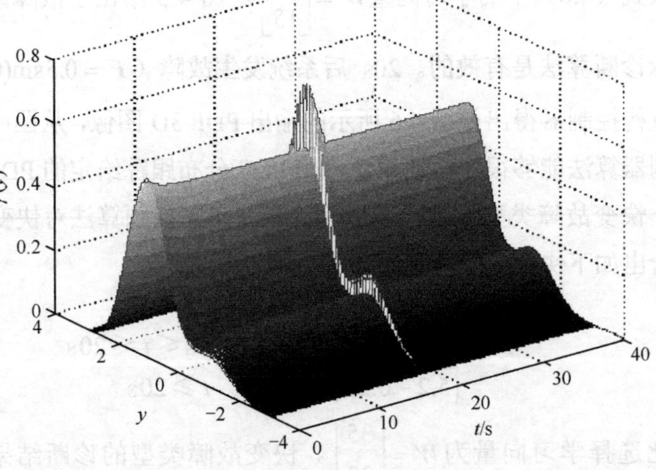

图 4.6　系统故障（$\boldsymbol{F}=0.5\sin(0.8t)$）时输出的 PDF 3D 图像

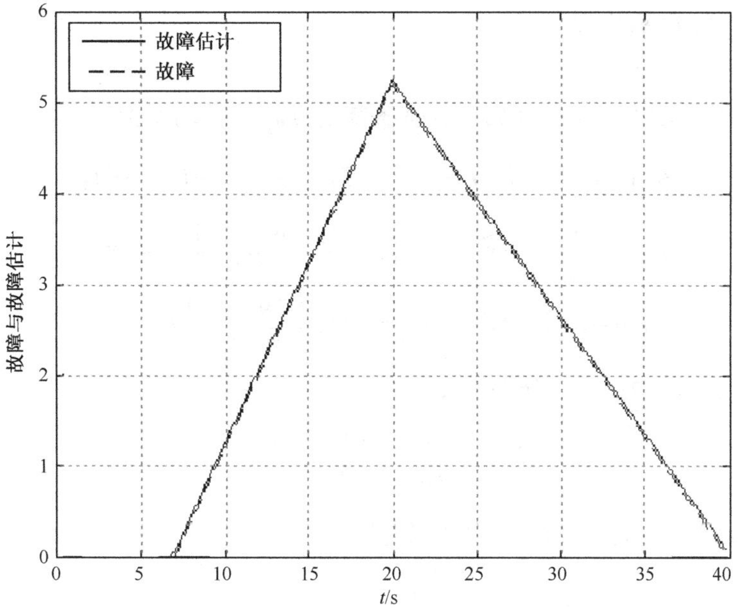

图 4.7　快变故障诊断结果

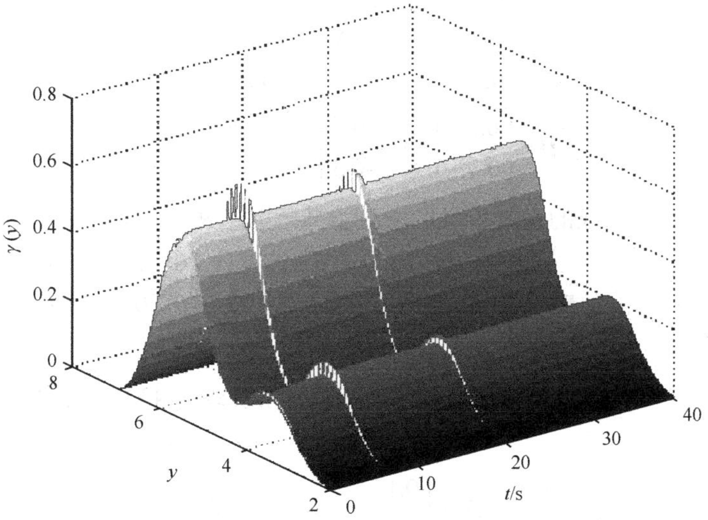

图 4.8　快变故障发生后的系统输出 PDF 3D 图像

4.5.2 仿真实例 2

在仿真实例 2 中选择如下 B 样条基函数 $\phi_i(y)(i=1,2,3)$。

$$\phi_1(y)=\frac{1}{2}(y-2)^2 I_1+(-y^2+7y-\frac{23}{2})I_2+\frac{1}{2}(y-5)^2 I_3$$

$$\phi_2(y)=\frac{1}{2}(y-3)^2 I_2+(-y^2+9y-\frac{39}{2})I_3+\frac{1}{2}(y-6)^2 I_4$$

$$\phi_3(y)=\frac{1}{2}(y-4)^2 I_3+(-y^2+11y-\frac{59}{2})I_4+\frac{1}{2}(y-7)^2 I_5$$

其中，$I_i(i=1,2,3,4,5)$ 分段函数为

$$I_i(y)=\begin{cases}1 & y\in[i+1,i+2]\\ 0 & 其他\end{cases}$$

为了实现仿真，选取系统参数矩阵如下。

$$\boldsymbol{E}=\begin{bmatrix}1&0&0\\0&0&1\\0&0&1\end{bmatrix},\quad \boldsymbol{A}=\begin{bmatrix}-3&0&3\\1&0.7071&-2\\1&-0.7071&-2\end{bmatrix}$$

$$\boldsymbol{B}=\begin{bmatrix}0.3\\0.1\\0.2\end{bmatrix},\qquad \boldsymbol{N}=\begin{bmatrix}0.2\\0.65\\-0.2\end{bmatrix}$$

$$\boldsymbol{D}=\begin{bmatrix}0.5&0.3&-0.7\\0.7&0.8&-0.5\end{bmatrix}$$

对于上面选取的系统，可以求出非奇异矩阵 $\boldsymbol{P}$ 、$\boldsymbol{Q}$ 。

$$\boldsymbol{P}=\begin{bmatrix}0&0.5&0.5\\1&0&0\\0&-0.7071&0.7071\end{bmatrix},\quad \boldsymbol{Q}=\begin{bmatrix}0&1&0\\0&0&-1\\1&0&0\end{bmatrix}$$

根据 $\boldsymbol{P}$ 、$\boldsymbol{Q}$ 可以把系统式(4.41)转换为系统式(4.43)，而系统式(4.43)中的矩阵为

$$\boldsymbol{A}_1=\begin{bmatrix}-2&1\\3&-3\end{bmatrix},\quad \boldsymbol{B}_1=\begin{bmatrix}0.15\\0.3\end{bmatrix},\quad \boldsymbol{B}_2=0.0707$$

$$\boldsymbol{D}_1=\begin{bmatrix}-0.7&0.5\\-0.5&0.7\end{bmatrix},\quad \boldsymbol{D}_2=\begin{bmatrix}-0.3\\-0.8\end{bmatrix},\quad \boldsymbol{N}_1=\begin{bmatrix}0.225\\0.2\end{bmatrix},\quad \boldsymbol{N}_2=-0.601$$

因此，ILO 观测器的增益和参数可以选择为

$$L=\begin{bmatrix}3.5\\4\end{bmatrix},\quad K_1=\begin{bmatrix}0.3 & 0.2\\-0.2 & 0.3\end{bmatrix},\quad K_2=\begin{bmatrix}0.3\\0.2\end{bmatrix}$$

上面的参数使得 $A_1-L\Sigma D_1$ 为 Hurwitz 矩阵。

（1）突变故障类型仿真：突变故障选取为

$$F=\begin{cases}0 & t<20\text{s}\\0.8 & t\geqslant 20\text{s}\end{cases}$$

选取迭代学习观测器的学习向量 $W=\begin{bmatrix}15\\10\end{bmatrix}$ 和控制的权值矩阵 $R=5$。图 4.9 为突变故障诊断结果，图 4.10 为当无故障时系统输出的 PDF 3D 图像，图 4.11 为系统在发生上述故障后输出的 PDF 3D 图像。

（2）慢变故障类型：选取慢变故障为

$$F=\begin{cases}0 & t<20\text{s}\\0.5(1-\mathrm{e}^{-0.35(t-20)}) & t\geqslant 20\text{s}\end{cases}$$

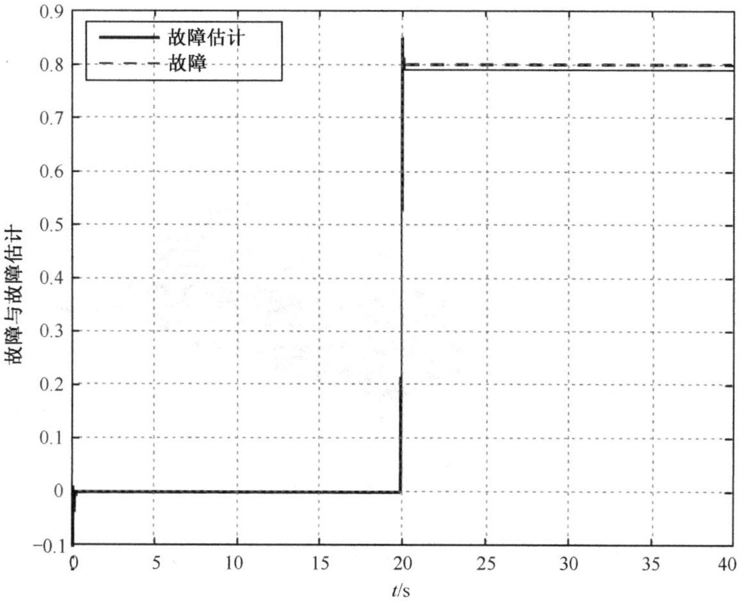

图 4.9　突变故障诊断结果

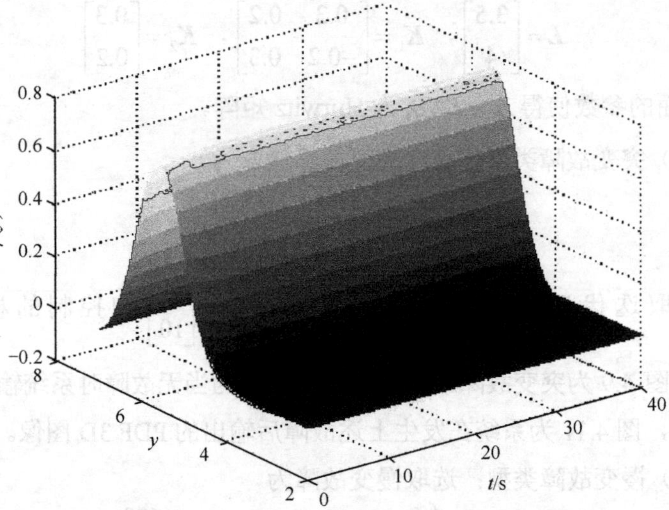

图 4.10　当无故障时系统输出的 PDF 3D 图像

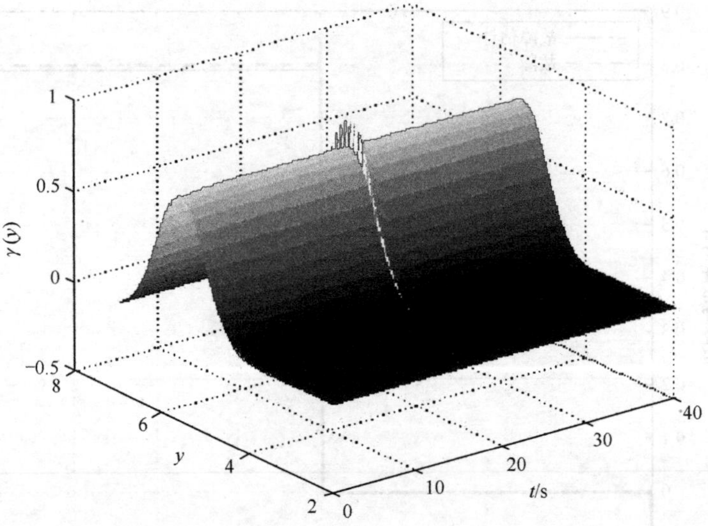

图 4.11　突变故障发生后系统输出的 PDF 3D 图像

对于慢变故障类型，迭代学习观测器的学习向量为$\boldsymbol{W}=\begin{bmatrix}30\\20\end{bmatrix}$，故障诊断结果如图 4.12 所示，发生慢变故障后系统输出的 PDF 3D 图像如图 4.13 所示。

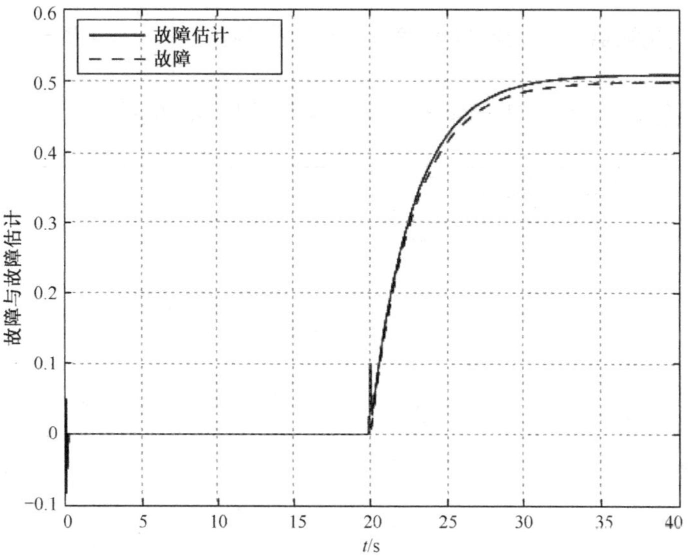

图 4.12　慢变故障诊断结果

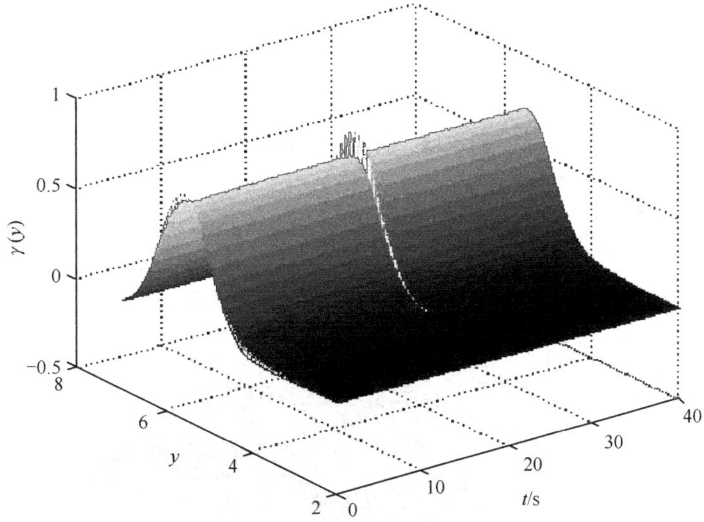

图 4.13　慢变故障发生后系统输出的 PDF 3D 图像

（3）快变故障类型仿真：快变故障选取为

$$\boldsymbol{F}=\begin{cases}1 & t<7\text{s}\\ 1+0.2(t-7) & 7\text{s}\leqslant t\leqslant 20\text{s}\\ 3.6-0.1(t-20) & t\geqslant 20\text{s}\end{cases}$$

ILO 观测器和控制器权值参数分布选择为$\boldsymbol{W}=\begin{bmatrix}10\\22\end{bmatrix}$和$\boldsymbol{R}=10$。诊断结果和系统输出的 PDF 3D 图像分别如图 4.14 和图 4.15 所示。

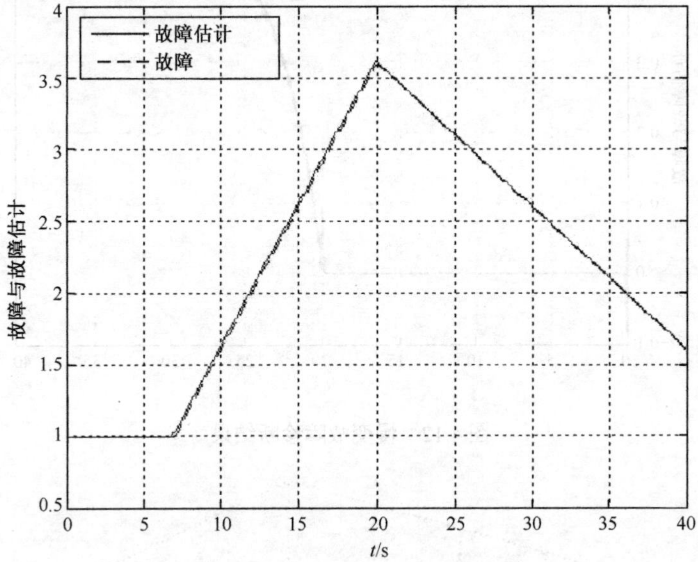

图 4.14　快变故障诊断结果

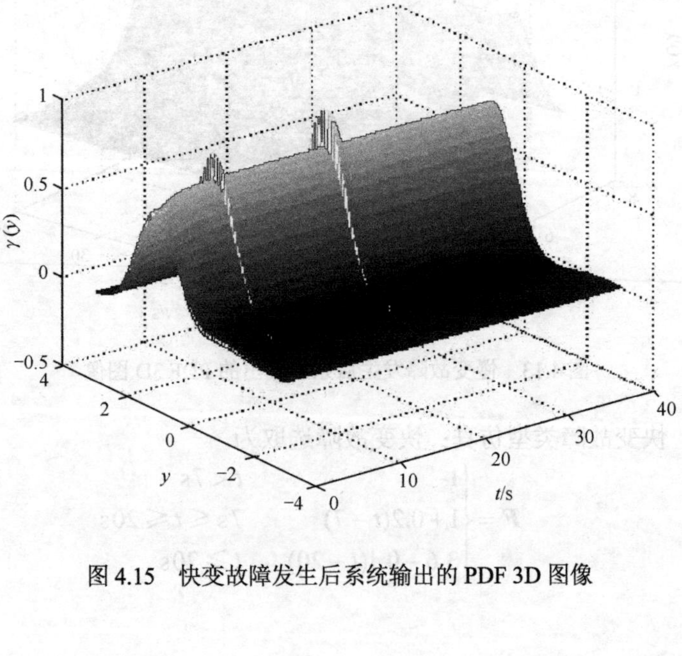

图 4.15　快变故障发生后系统输出的 PDF 3D 图像

从上面两个仿真实例结果可以得出，无论故障是突变，还是慢变和快变，故障诊断算法都是有效的，并且能够快速诊断出故障的大小。因此，说明本章提出的故障诊断算法是有效和可靠的。系统在发生故障后，通过上面设计的容错控制器的控制，系统仍能快速地跟踪给定的 PDF。

4.6 结论

针对一类非高斯奇异随机分布控制系统，本章提出了一种新的故障诊断和容错控制算法。通过状态等价变换，把非高斯随机分布控制系统的故障诊断算法扩展到非高斯奇异随机分布控制系统中。给出了基于迭代学习观测器的故障诊断算法，准确地估计出系统发生的故障；当系统发生故障后，通过控制器的重构，系统输出 PDF 仍能跟踪给定的分布。通过仿真例子验证了这种故障诊断和容错控制算法的有效性。不但对突变故障有效，而且对慢变故障和快变故障都是有效的。

参考文献

[1] Basseville M, Nikiforov I. Fault isolation for diagnosis: nuisance rejection and multiple hypothesis testing [J]. Annual Reviews in Control, 2002, 26: 189-202.

[2] Frank P M, Ding S X. Survey of robust residual generation and evaluation methods in observer-based fault detection systems [J]. Journal of Process Control, 1997, 7(6): 403-424.

[3] Isermann R. Model-based fault-detection and diagnosis-status and applications [J]. Annual Reviews in Control, 2005, 1-12.

[4] Jiang B, Staroswiecki B M, Cocquempot V. Fault accommodation for a class of nonlinear systems [J]. IEEE Transactions on Automatic Control, 2006, 51(9): 1578-1583.

[5] Patton R J, Chen J. Control and dynamic systems: robust fault detection and isolation (FDI) systems [M]. London, UK: Academic, 1996.

[6] Qu Z H, Ihlefeld C H, Jin Y F, et al. Robust fault-tolerant self-recovering control of nonlinear uncertain systems [J]. Automatica, 2003, 39(10): 1763-1771.

[7] Wang H, Huang Zh J, D Steven. On the use of adaptive updating rules for actuator and sensor fault diagnosis [J]. Automatica, 1997, 33(2): 217-224.

[8] Yang H, Jiang B, Staroswiecki M. Supervisory fault tolerant control for a class of uncertain nonlinear systems [J]. Automatica, 2009, 45(10): 2319-2324.

[9] Zhang X D, Polycarpou M, Parisini T. Fault diagnosis of a class of nonlinear uncertain systems with Lipschitz nonlinearities using adaptive estimation [J]. Automatica, 2010, 46(2): 290-299.

[10] Crowley T J, MeadowsE S, Kostoulas E, et al. Control of particle size distribution described by a population balance model of semi-batch emulsion polymerization [J]. Journal of Process Control, 2010, 10(5): 419-432.

[11] Karny M. Towards faulty probabilistic control design [J]. Automatica, 1996, 32(11): 1719-1722.

[12] Wang H, Lin W. Applying observer based FDI techniques to detect faults in dynamic and bounded stochastic distributions [J]. International Journal of Control, 2000, 73(15): 1424-1436.

[13] Guo L, Wang H. Fault detection and diagnosis for general stochastic systems using B-spline expansions and nonlinear filters [J]. IEEE Transactions on Circuits and Systems-I, 2005, 52(8): 1644-1652.

[14] Yao L N, Wang H. Fault detection, diagnosis and tolerant control for non-Gaussian stochastic distribution systems using a rational square root approximation model [J]. International Journal of Modelling, Identification and Control, 2008, 3(2): 162-172.

[15] Yin L P, Guo L. Fault isolation for multivariate nonlinear non-Gaussian systems using generalized entropy optimization principle [J]. Automatica, 2009, 45(11): 53-58.

[16] Wang H. Bounded dynamic stochastic systems: modelling and control [M]. London: Springer-Verlag, 2000.

[17] Chen W, Saif M. An iterative learning observer for fault detection and accommodation in nonlinear time-delay systems [J]. International Journal of Robust Nonlinear Control, 2006, 16(1): 1-19.

第 5 章

05

考虑 PDF 逼近误差的非高斯线性奇异时滞随机分布控制系统的故障诊断与容错控制

本章针对非高斯线性奇异时滞随机分布控制系统，考虑了 PDF 逼近误差，进行了故障诊断和容错跟踪控制设计；设计了自适应观测器诊断系统发生的故障，基于 Lyapunov 稳定性定理对观测误差系统进行了稳定性分析。容错跟踪控制的目的是使各时刻的分布跟踪误差在有限时间内满足一个合适的上界。

5.1 引言

虽然线性 B 样条模型运算过程较为简单，但是这种模型有可能使概率密度函数出现负值[1-6]，有一定的局限性。为此，本章对平方根 B 样条逼近的 SDC 系统进行故障诊断（Fault Diagnosis，FD）和容错控制（Fault Tolerant Control，FTC）的分析与研究。在实际 SDC 系统中，B 样条模型逼近的 PDF 并不能完美地拟合实际工业的输出 PDF，两者之间总存在一定的误差，所以研究考虑带 PDF 逼近误差的 B 样条模型就更有必要，也更具有实际意义了。例如。文献［7］针对考虑不确定性和逼近误差的奇异 SDC 系统模型设计了一个基于增广控制和线性矩阵不等式（LMI）的跟踪控制器，文中采用了暂态性能指标，即使实际 PDF 与期望 PDF 的跟踪误差在每一时刻满足一个合适的上界，而非使输出 PDF 尽可能地接近期望 PDF。

对采用平方根 B 样条逼近输出 PDF 的奇异时滞 SDC 系统，在考虑 PDF 逼近误差的情况下，采用基于自适应观测器的故障诊断方法对故障的实际值进行估计。在容错控制部分，由于考虑了输出 PDF 的逼近误差，直接使输出 PDF 尽可能地接近期望 PDF 并不能得到很好的结果，因此，采用了使故障发生后的实际 PDF 与期望 PDF 的跟踪误差在每个时刻满足一个合适的上界来实现容错跟踪控制的目的。另外，通过 Matlab 仿真对上述算法进行验证。

5.2　模型描述

假设 $\gamma(y,\boldsymbol{u}(t))$ 为系统输出概率密度函数，其中 y 是 $[a,b]$ 内的随机变量。奇异时滞 SDC 系统模型表示为

$$\begin{aligned}&\boldsymbol{E}\dot{\boldsymbol{x}}(t)=\boldsymbol{A}\boldsymbol{x}(t)+\boldsymbol{A}_d\boldsymbol{x}(t-\tau)+\boldsymbol{B}\boldsymbol{u}(t)+\boldsymbol{N}\boldsymbol{F}(t)\\&\boldsymbol{V}(t)=\boldsymbol{D}\boldsymbol{x}(t)\\&\boldsymbol{x}(t)=\varphi(t),\ t\in[-\delta,0]\end{aligned}\tag{5.1}$$

$$\sqrt{\gamma(y,\boldsymbol{u}(t))}=\boldsymbol{C}(y)\boldsymbol{V}(t)+h(\boldsymbol{V}(t))\boldsymbol{B}_n(y)+\boldsymbol{e}_0(y,t),\ y\in[a,b]\tag{5.2}$$

其中，$\boldsymbol{x}(t)\in\mathbf{R}^n$ 为状态向量；$\boldsymbol{u}(t)\in\mathbf{R}^m$ 为控制输入向量；$\boldsymbol{V}(t)\in\mathbf{R}^{n-1}$ 为权值向量；$\boldsymbol{F}\in\mathbf{R}^m$ 为故障向量；τ 为满足 $0\leqslant\tau\leqslant\delta$ 的时滞项常数，其中 δ 为一个正常数；$\varphi(t)$ 为一个连续实值初始化函数；$\boldsymbol{A}\in\mathbf{R}^{n\times n}$，$\boldsymbol{A}_d\in\mathbf{R}^{n\times n}$，$\boldsymbol{B}\in\mathbf{R}^{n\times m}$，$\boldsymbol{D}\in\mathbf{R}^{(n-1)\times n}$，$\boldsymbol{E}\in\mathbf{R}^{n\times n}$，$\boldsymbol{N}\in\mathbf{R}^{n\times m}$ 是系统参数矩阵。其中，奇异矩阵 $\boldsymbol{E}$ 满足

$\mathrm{rank}(\boldsymbol{E})=q<n$。式（5.2）是由平方根 B 样条函数逼近的输出 PDF 静态模型，有

$$\boldsymbol{C}(y)=[\phi_1(y),\phi_2(y),\cdots,\phi_{n-1}(y)]$$

$$\boldsymbol{V}=[\omega_1,\omega_2,\cdots,\omega_{n-1}]^{\mathrm{T}}(\boldsymbol{V}\neq 0)$$

其中，$\phi_i(y)(i=1,2,\cdots,n;\ n\geqslant 2)$ 是预先确定的基函数；$\omega_i(i=1,2,\cdots n)$ 是仅与控制输入 $\boldsymbol{u}(t)$ 有关的跟踪权值，n 是基函数的个数；$\boldsymbol{e}_0(y,t)$ 是 PDF 逼近误差。

引理 5.1 $(\boldsymbol{E},\boldsymbol{A})$ 是正则无脉冲的，当且仅当存在一个矩阵 $\boldsymbol{P}$ 满足

$$\boldsymbol{E}^{\mathrm{T}}\boldsymbol{P}=\boldsymbol{P}^{\mathrm{T}}\boldsymbol{E}\geqslant 0,\quad \boldsymbol{A}^{\mathrm{T}}\boldsymbol{P}+\boldsymbol{P}^{\mathrm{T}}\boldsymbol{A}<0 \tag{5.3}$$

假设 5.1 $h(\boldsymbol{V})$ 满足 Lipschitz 条件，即 $\|h(\boldsymbol{V}_1)-h(\boldsymbol{V}_2)\|\leqslant\|\boldsymbol{M}_h(\boldsymbol{V}_1-\boldsymbol{V}_2)\|$，其中，$\boldsymbol{M}_h$ 是已知矩阵。

假设 5.2 SDC 系统中故障有界，即 $\|\boldsymbol{F}\|\leqslant\dfrac{M_f}{2}$，$\|\tilde{\boldsymbol{F}}\|\leqslant M_f$，其中，$M_f$ 为正常数。

假设 5.3 系统输出 PDF 的逼近误差 $\boldsymbol{e}_0(y,t)$ 有界，即 $\|\boldsymbol{e}_0(y,t)\|\leqslant\dfrac{M_\rho}{b-a}$，其中，$M_\rho$ 为正常数。

当上述假设和引理成立时，存在两个可逆矩阵 $\boldsymbol{L}_1$、$\boldsymbol{L}_2$，满足

$$\bar{\boldsymbol{E}}=\boldsymbol{L}_1\boldsymbol{E}\boldsymbol{L}_2=\begin{bmatrix}\boldsymbol{I}^{r\times r} & \boldsymbol{0}\\ \boldsymbol{0} & \boldsymbol{0}\end{bmatrix},\quad \bar{\boldsymbol{P}}=\boldsymbol{L}_1\boldsymbol{P}\boldsymbol{L}_2^{\mathrm{T}}=\begin{bmatrix}\bar{\boldsymbol{P}}_{11} & \bar{\boldsymbol{P}}_{12}\\ \bar{\boldsymbol{P}}_{21} & \bar{\boldsymbol{P}}_{22}\end{bmatrix},\quad \bar{\boldsymbol{E}}\bar{\boldsymbol{P}}^{\mathrm{T}}=\bar{\boldsymbol{P}}\bar{\boldsymbol{E}}^{\mathrm{T}}\geqslant 0$$

其中，$\bar{\boldsymbol{P}}_{11}=\bar{\boldsymbol{P}}_{11}^{\mathrm{T}}\geqslant 0$，$\bar{\boldsymbol{P}}_{21}=0$。

5.3 故障诊断

当故障发生后，为诊断出 SDC 系统中的故障信息，构造如下观测器。

$$\begin{aligned}&E\dot{\hat{x}}(t)=A\hat{x}(t)+A_d\hat{x}(t-\tau)+Bu(t)+N\hat{F}(t)+L\varepsilon(t)\\&\hat{V}=D\hat{x}(t)\\&\sqrt{\hat{\gamma}(y,u(t))}=C(y)\hat{V}(t)+h(\hat{V}(t))B_n(y)\\&\dot{\hat{F}}=-\Gamma_1\hat{F}+\Gamma_2\varepsilon(t)\\&\varepsilon(t)=\int_a^b\left(\sqrt{\gamma}-\sqrt{\hat{\gamma}}\right)\mathrm{d}y=\Sigma_1De+\Sigma_2[h(V(t))-h(\hat{V}(t))]+\rho(t)\end{aligned}\tag{5.4}$$

其中，$\hat{x}(t)$ 是 SDC 系统的状态估计，$\varepsilon(t)$ 是 t 时刻的残差，$e_1(t)=x(t)-\hat{x}(t)$，$\Sigma_1=\int_a^b C(y)\mathrm{d}y$，$\Sigma_2=\int_a^b B_n(y)\mathrm{d}y$，$\rho(t)=\int_a^b e_0(y)\mathrm{d}y$，由此可得 $\|\rho(t)\|\leqslant M_\rho$，$L$ 和 $\Gamma_i(i=1,2)$ 是需要确定的适维增益矩阵。

观测误差动态系统可以进一步表示为

$$\begin{aligned}E\dot{e}_1(t)&=E\dot{x}(t)-E\dot{\hat{x}}(t)=Ae_1(t)+A_de_1(t-\tau)+N\tilde{F}-L\varepsilon(t)\\&=(A-L\Sigma_1D)e_1(t)+A_de_1(t-\tau)+N\tilde{F}-L\Sigma_2[h(V(t))-h(\hat{V}(t))]-L\rho(t)\end{aligned}\tag{5.5}$$

令 $L_2^{-1}e_1(t)=\begin{bmatrix}\xi_1(t) & \xi_2(t)\end{bmatrix}^{\mathrm{T}}=\xi(t)$，可以进一步得到

$$\bar{E}\dot{\xi}=L_1(A-L\Sigma_1D)L_2\xi(t)+L_1A_dL_2\xi(t-\tau)+L_1N\tilde{F}-L_1L\Sigma_2[h(V(t))-h(\hat{V}(t))]-L_1L\rho(t)$$

定理 5.1　在随机分布控制系统式（5.1）中，假设 5.1～假设 5.3 成立，且存在矩阵 P 满足引理 5.1，对参数 $\lambda>0$，若存在矩阵 L，$R_1>0$，$\Gamma_1>0$，Γ_2 使得线性矩阵不等式（Linear Matrix Inequality，LMI）成立，其中 λ 是一个较小的正常数，$\eta_i(i=1,2,3,4)$ 是给定的正常数，那么，在增益向量 L，以及增益矩阵 Γ_1、Γ_2 作用下，观测误差动态系统式（5.5）稳定。

$$\Phi_1=\begin{bmatrix}M_1 & A_dL_2 & N-PD^{\mathrm{T}}\Sigma_1^{\mathrm{T}} & \frac{1}{\eta_3}L & \frac{1}{\eta_1}L & 0 & 0\\ * & -R_1 & 0 & 0 & 0 & 0 & 0\\ * & * & -2\Gamma_1 & 0 & 0 & -\frac{1}{\eta_2}\Sigma_2\Gamma_2 & -\frac{1}{\eta_4}\Gamma_2\\ * & * & * & -I & 0 & 0 & 0\\ * & * & * & * & -I & 0 & 0\\ * & * & * & * & * & -I & 0\\ * & * & * & * & * & * & -I\end{bmatrix}<0\tag{5.6}$$

$$M_1=(A-L\Sigma_1D)P^{\mathrm{T}}+P(A-L\Sigma_1D)^{\mathrm{T}}+PL_2^{-\mathrm{T}}R_1L_2^{-1}P^{\mathrm{T}}+(\eta_1^2+\eta_2^2)PD^{\mathrm{T}}M_h^{\mathrm{T}}M_hDP+\lambda I$$

证明：定义李雅普诺夫函数。

$$\pi_1 = \boldsymbol{\xi}^{\mathrm{T}}(t)\bar{\boldsymbol{E}}^{\mathrm{T}}\bar{\boldsymbol{P}}^{-\mathrm{T}}\xi(t) + \int_{t-\tau}^{t}\boldsymbol{\xi}^{\mathrm{T}}(s)\boldsymbol{R}_1\xi(s)\mathrm{d}s + \tilde{\boldsymbol{F}}^{\mathrm{T}}\tilde{\boldsymbol{F}}$$

则π_1的一阶导数可以推导如下。

$$\begin{aligned}
\dot{\pi}_1 =& \boldsymbol{\xi}^{\mathrm{T}}(t)[\bar{\boldsymbol{P}}^{-1}\boldsymbol{L}_1(\boldsymbol{A}-\boldsymbol{L}\boldsymbol{\Sigma}_1\boldsymbol{D})\boldsymbol{L}_2 + [\boldsymbol{L}_1(\boldsymbol{A}-\boldsymbol{L}\boldsymbol{\Sigma}_1\boldsymbol{D})\boldsymbol{L}_2]^{\mathrm{T}}\bar{\boldsymbol{P}}^{-\mathrm{T}}]\xi(t) + \\
& 2\boldsymbol{\xi}^{\mathrm{T}}(t)\bar{\boldsymbol{P}}^{-1}\boldsymbol{L}_1\boldsymbol{A}_d\boldsymbol{L}_2\xi(t-\tau) + 2\boldsymbol{\xi}^{\mathrm{T}}(t)\bar{\boldsymbol{P}}^{-1}\boldsymbol{L}_1\boldsymbol{N}\tilde{\boldsymbol{F}} - 2\boldsymbol{\xi}^{\mathrm{T}}(t)\bar{\boldsymbol{P}}^{-1}\boldsymbol{L}_1\boldsymbol{L}\boldsymbol{\Sigma}_2[h(\boldsymbol{V})-h(\hat{\boldsymbol{V}})] - \\
& 2\boldsymbol{\xi}^{\mathrm{T}}(t)\bar{\boldsymbol{P}}^{-1}\boldsymbol{L}_1\boldsymbol{L}\boldsymbol{\rho}(t) + \boldsymbol{\xi}^{\mathrm{T}}(t)\boldsymbol{R}_1\xi(t) - \boldsymbol{\xi}^{\mathrm{T}}(t-\tau)\boldsymbol{R}_1\xi(t-\tau) + \\
& 2\tilde{\boldsymbol{F}}^{\mathrm{T}}[\boldsymbol{\Gamma}_1\boldsymbol{F} - \boldsymbol{\Gamma}_1\tilde{\boldsymbol{F}} - \boldsymbol{\Gamma}_2\boldsymbol{\Sigma}_1\boldsymbol{D}\boldsymbol{L}_2\xi(t) - \boldsymbol{\Gamma}_2\boldsymbol{\Sigma}_2[h(\boldsymbol{V})-h(\hat{\boldsymbol{V}})] - \boldsymbol{\Gamma}_2\boldsymbol{\rho}(t)] \\
\leqslant & \boldsymbol{\xi}^{\mathrm{T}}(t)[\bar{\boldsymbol{P}}^{-1}\boldsymbol{L}_1(\boldsymbol{A}-\boldsymbol{L}\boldsymbol{\Sigma}_1\boldsymbol{D})\boldsymbol{L}_2 + [\boldsymbol{L}_1(\boldsymbol{A}-\boldsymbol{L}\boldsymbol{\Sigma}_1\boldsymbol{D})\boldsymbol{L}_2]^{\mathrm{T}}\bar{\boldsymbol{P}}^{-\mathrm{T}} + \boldsymbol{R}_1]\xi(t) + \\
& 2\boldsymbol{\xi}^{\mathrm{T}}(t)\bar{\boldsymbol{P}}^{-1}\boldsymbol{L}_1\boldsymbol{A}_d\boldsymbol{L}_2\xi(t-\tau) + 2\boldsymbol{\xi}^{\mathrm{T}}(t)[\bar{\boldsymbol{P}}^{-1}\boldsymbol{L}_1\boldsymbol{N} - \boldsymbol{L}_2^{\mathrm{T}}\boldsymbol{D}^{\mathrm{T}}\boldsymbol{\Sigma}_1^{\mathrm{T}}\boldsymbol{\Gamma}_2^{\mathrm{T}}]\tilde{\boldsymbol{F}} - \\
& \boldsymbol{\xi}^{\mathrm{T}}(t-\tau)\boldsymbol{R}_1\xi(t-\tau) + 2\tilde{\boldsymbol{F}}^{\mathrm{T}}\boldsymbol{\Gamma}_1\boldsymbol{F} - 2\tilde{\boldsymbol{F}}^{\mathrm{T}}\boldsymbol{\Gamma}_1\tilde{\boldsymbol{F}} + \\
& \eta_3^2\boldsymbol{\rho}^{\mathrm{T}}\boldsymbol{\rho} + \frac{1}{\eta_3^2}\boldsymbol{\xi}^{\mathrm{T}}(t)\bar{\boldsymbol{P}}^{-1}\boldsymbol{L}_1\boldsymbol{L}(\bar{\boldsymbol{P}}^{-1}\boldsymbol{L}_1\boldsymbol{L})^{\mathrm{T}}\xi(t) + \eta_4^2\boldsymbol{\rho}^{\mathrm{T}}\boldsymbol{\rho} + \frac{1}{\eta_4^2}\tilde{\boldsymbol{F}}^{\mathrm{T}}\boldsymbol{\Gamma}_2\boldsymbol{\Gamma}_2^{\mathrm{T}}\tilde{\boldsymbol{F}} + \\
& \frac{1}{\eta_1^2}\boldsymbol{\xi}^{\mathrm{T}}(t)\bar{\boldsymbol{P}}^{-1}\boldsymbol{L}_1\boldsymbol{L}\boldsymbol{\Sigma}_2(\bar{\boldsymbol{P}}^{-1}\boldsymbol{L}_1\boldsymbol{L}\boldsymbol{\Sigma}_2)^{\mathrm{T}}\xi(t) + \frac{1}{\eta_2^2}\tilde{\boldsymbol{F}}^{\mathrm{T}}\boldsymbol{\Gamma}_2\boldsymbol{\Sigma}_2\boldsymbol{\Sigma}_2^{\mathrm{T}}\boldsymbol{\Gamma}_2^{\mathrm{T}}\tilde{\boldsymbol{F}} + \\
& (\eta_1^2+\eta_2^2)[h(\boldsymbol{V})-h(\hat{\boldsymbol{V}})]^{\mathrm{T}}[h(\boldsymbol{V})-h(\hat{\boldsymbol{V}})]
\end{aligned}$$

其中

$$\begin{aligned}
& (\eta_1^2+\eta_2^2)[h(\boldsymbol{V})-h(\hat{\boldsymbol{V}})]^{\mathrm{T}}[h(\boldsymbol{V})-h(\hat{\boldsymbol{V}})] \\
\leqslant & (\eta_1^2+\eta_2^2)\left\|\boldsymbol{M}_h(\boldsymbol{V}-\hat{\boldsymbol{V}})\right\|^2 \\
= & (\eta_1^2+\eta_2^2)\left\|\boldsymbol{M}_h\boldsymbol{D}\boldsymbol{L}_2\xi(t)\right\|^2 \\
= & (\eta_1^2+\eta_2^2)[\boldsymbol{M}_h\boldsymbol{D}\boldsymbol{L}_2\xi(t)]^{\mathrm{T}}[\boldsymbol{M}_h\boldsymbol{D}\boldsymbol{L}_2\xi(t)]
\end{aligned}$$

由此可得

$$\begin{aligned}
\dot{\pi}_1 \leqslant & \boldsymbol{\xi}^{\mathrm{T}}(t)[\bar{\boldsymbol{P}}^{-1}\boldsymbol{L}_1(\boldsymbol{A}-\boldsymbol{L}\boldsymbol{\Sigma}_1\boldsymbol{D})\boldsymbol{L}_2 + [\boldsymbol{L}_1(\boldsymbol{A}-\boldsymbol{L}\boldsymbol{\Sigma}_1\boldsymbol{D})\boldsymbol{L}_2]^{\mathrm{T}}\bar{\boldsymbol{P}}^{-\mathrm{T}} + \boldsymbol{R}_1 + \\
& \frac{1}{\eta_3^2}\bar{\boldsymbol{P}}^{-1}\boldsymbol{L}_1\boldsymbol{L}(\bar{\boldsymbol{P}}^{-1}\boldsymbol{L}_1\boldsymbol{L})^{\mathrm{T}} + \frac{1}{\eta_1^2}\bar{\boldsymbol{P}}^{-1}\boldsymbol{L}_1\boldsymbol{L}\boldsymbol{\Sigma}_2(\bar{\boldsymbol{P}}^{-1}\boldsymbol{L}_1\boldsymbol{L}\boldsymbol{\Sigma}_2)^{\mathrm{T}} + \\
& (\eta_1^2+\eta_2^2)(\boldsymbol{M}_h\boldsymbol{D}\boldsymbol{L}_2)^{\mathrm{T}}(\boldsymbol{M}_h\boldsymbol{D}\boldsymbol{L}_2)]\xi(t) + \\
& 2\boldsymbol{\xi}^{\mathrm{T}}(t)\bar{\boldsymbol{P}}^{-1}\boldsymbol{L}_1\boldsymbol{A}_d\boldsymbol{L}_2\xi(t-\tau) + 2\boldsymbol{\xi}^{\mathrm{T}}(t)[\bar{\boldsymbol{P}}^{-1}\boldsymbol{L}_1\boldsymbol{N} - \boldsymbol{L}_2^{\mathrm{T}}\boldsymbol{D}^{\mathrm{T}}\boldsymbol{\Sigma}_1^{\mathrm{T}}\boldsymbol{\Gamma}_2^{\mathrm{T}}]\tilde{\boldsymbol{F}} - \\
& \boldsymbol{\xi}^{\mathrm{T}}(t-\tau)\boldsymbol{R}_1\xi(t-\tau) + 2\tilde{\boldsymbol{F}}^{\mathrm{T}}\boldsymbol{\Gamma}_1\boldsymbol{F} - 2\tilde{\boldsymbol{F}}^{\mathrm{T}}\boldsymbol{\Gamma}_1\tilde{\boldsymbol{F}} + \eta_3^2\boldsymbol{\rho}^{\mathrm{T}}\boldsymbol{\rho} + \\
& \eta_4^2\boldsymbol{\rho}^{\mathrm{T}}\boldsymbol{\rho} + \frac{1}{\eta_4^2}\tilde{\boldsymbol{F}}^{\mathrm{T}}\boldsymbol{\Gamma}_2\boldsymbol{\Gamma}_2^{\mathrm{T}}\tilde{\boldsymbol{F}} + \frac{1}{\eta_2^2}\tilde{\boldsymbol{F}}^{\mathrm{T}}\boldsymbol{\Gamma}_2\boldsymbol{\Sigma}_2\boldsymbol{\Sigma}_2^{\mathrm{T}}\boldsymbol{\Gamma}_2^{\mathrm{T}}\tilde{\boldsymbol{F}}
\end{aligned}$$

令$\boldsymbol{q}^{\mathrm{T}} = [\boldsymbol{\xi}^{\mathrm{T}}(t) \quad \boldsymbol{\xi}^{\mathrm{T}}(t-\tau) \quad \tilde{\boldsymbol{F}}^{\mathrm{T}}]^{\mathrm{T}}$，并代入$\bar{\boldsymbol{P}} = \boldsymbol{L}_1\boldsymbol{P}\boldsymbol{L}_2^{\mathrm{T}}$，经推导可得

$$\dot{\pi}_1 \leqslant \boldsymbol{q}^{\mathrm{T}}\boldsymbol{\Phi}_2\boldsymbol{q} + 2\tilde{\boldsymbol{F}}\boldsymbol{\Gamma}_1\boldsymbol{F} + (\eta_3^2 + \eta_4^2)\boldsymbol{\rho}^{\mathrm{T}}\boldsymbol{\rho}$$

其中

$$\boldsymbol{\Phi}_2 = \begin{bmatrix} \boldsymbol{M}_2 & \boldsymbol{L}_2^{\mathrm{T}}\boldsymbol{P}^{-1}\boldsymbol{A}_d\boldsymbol{L}_2 & \boldsymbol{L}_2^{\mathrm{T}}\boldsymbol{P}^{-1}\boldsymbol{N} - \boldsymbol{L}_2^{\mathrm{T}}\boldsymbol{D}^{\mathrm{T}}\boldsymbol{\Sigma}_1^{\mathrm{T}}\boldsymbol{\Gamma}_2^{\mathrm{T}} \\ * & -\boldsymbol{R}_1 & \boldsymbol{0} \\ * & * & -2\boldsymbol{\Gamma}_1 + \frac{1}{\eta_2^2}\boldsymbol{\Gamma}_2\boldsymbol{\Sigma}_2\boldsymbol{\Sigma}_2^{\mathrm{T}}\boldsymbol{\Gamma}_2^{\mathrm{T}} + \frac{1}{\eta_4^2}\boldsymbol{\Gamma}_2\boldsymbol{\Gamma}_2^{\mathrm{T}} \end{bmatrix} \tag{5.7}$$

$$\boldsymbol{M}_2 = \boldsymbol{L}_2^{\mathrm{T}}\boldsymbol{P}^{-1}(\boldsymbol{A} - \boldsymbol{L}\boldsymbol{\Sigma}_1\boldsymbol{D})\boldsymbol{L}_2 + \boldsymbol{L}_2^{\mathrm{T}}(\boldsymbol{A} - \boldsymbol{L}\boldsymbol{\Sigma}_1\boldsymbol{D})^{\mathrm{T}}\boldsymbol{P}^{-\mathrm{T}}\boldsymbol{L}_2 + \boldsymbol{R}_1 + \frac{1}{\eta_1^2}\boldsymbol{L}_2^{\mathrm{T}}\boldsymbol{P}^{-1}\boldsymbol{L}\boldsymbol{\Sigma}_2\boldsymbol{\Sigma}_2^{\mathrm{T}}\boldsymbol{L}^{\mathrm{T}}\boldsymbol{P}^{-\mathrm{T}}\boldsymbol{L}_2 + (\eta_1^2 + \eta_2^2)\boldsymbol{L}_2^{\mathrm{T}}\boldsymbol{D}^{\mathrm{T}}\boldsymbol{M}_h^{\mathrm{T}}\boldsymbol{M}_h\boldsymbol{D}\boldsymbol{L}_2 + \frac{1}{\eta_3^2}\boldsymbol{L}_2^{\mathrm{T}}\boldsymbol{P}^{-1}\boldsymbol{L}\boldsymbol{L}^{\mathrm{T}}\boldsymbol{P}^{-\mathrm{T}}\boldsymbol{L}_2$$

分别对 $\boldsymbol{\Phi}_2$ 左乘 $\mathrm{diag}(\boldsymbol{P}\boldsymbol{L}_2^{-\mathrm{T}}, \boldsymbol{I}, \boldsymbol{I}, \boldsymbol{I})$ 和右乘 $\mathrm{diag}(\boldsymbol{L}_2^{-1}\boldsymbol{P}^{\mathrm{T}}, \boldsymbol{I}, \boldsymbol{I}, \boldsymbol{I})$，则式（5.7）可以重写为

$$\boldsymbol{\Phi}_3 = \begin{bmatrix} \boldsymbol{M}_3 & \boldsymbol{A}_d\boldsymbol{L}_2 & \boldsymbol{N} - \boldsymbol{P}\boldsymbol{D}^{\mathrm{T}}\boldsymbol{\Sigma}_1^{\mathrm{T}}\boldsymbol{\Gamma}_2^{\mathrm{T}} \\ * & -\boldsymbol{R}_1 & \boldsymbol{0} \\ * & * & -2\boldsymbol{\Gamma}_1 + \frac{1}{\eta_2^2}\boldsymbol{\Gamma}_2\boldsymbol{\Sigma}_2\boldsymbol{\Sigma}_2^{\mathrm{T}}\boldsymbol{\Gamma}_2^{\mathrm{T}} + \frac{1}{\eta_4^2}\boldsymbol{\Gamma}_2\boldsymbol{\Gamma}_2^{\mathrm{T}} \end{bmatrix} \tag{5.8}$$

$$\boldsymbol{M}_3 = (\boldsymbol{A} - \boldsymbol{L}\boldsymbol{\Sigma}_1\boldsymbol{D})\boldsymbol{P}^{\mathrm{T}} + \boldsymbol{P}(\boldsymbol{A} - \boldsymbol{L}\boldsymbol{\Sigma}_1\boldsymbol{D})^{\mathrm{T}} + \boldsymbol{P}\boldsymbol{L}_2^{-\mathrm{T}}(\boldsymbol{R}_1)\boldsymbol{L}_2^{-1}\boldsymbol{P}^{\mathrm{T}} + \frac{1}{\eta_1^2}\boldsymbol{L}\boldsymbol{\Sigma}_2\boldsymbol{\Sigma}_2^{\mathrm{T}}\boldsymbol{L}^{\mathrm{T}} + (\eta_1^2 + \eta_2^2)\boldsymbol{P}\boldsymbol{D}^{\mathrm{T}}\boldsymbol{M}_h^{\mathrm{T}}\boldsymbol{M}_h\boldsymbol{D}\boldsymbol{P} + \frac{1}{\eta_3^2}\boldsymbol{L}\boldsymbol{L}^{\mathrm{T}}$$

在 $\boldsymbol{M}_3$ 上加 $\lambda\boldsymbol{I}$，可得

$$\boldsymbol{\Phi}_4 = \begin{bmatrix} \boldsymbol{M}_4 & \boldsymbol{A}_d\boldsymbol{L}_2 & \boldsymbol{N} - \boldsymbol{P}\boldsymbol{D}^{\mathrm{T}}\boldsymbol{\Sigma}_1^{\mathrm{T}}\boldsymbol{\Gamma}_2^{\mathrm{T}} \\ * & -\boldsymbol{R}_1 & \boldsymbol{0} \\ * & * & -2\boldsymbol{\Gamma}_1 + \frac{1}{\eta_2^2}\boldsymbol{\Gamma}_2\boldsymbol{\Sigma}_2\boldsymbol{\Sigma}_2^{\mathrm{T}}\boldsymbol{\Gamma}_2^{\mathrm{T}} + \frac{1}{\eta_4^2}\boldsymbol{\Gamma}_2\boldsymbol{\Gamma}_2^{\mathrm{T}} \end{bmatrix} \tag{5.9}$$

$$\boldsymbol{M}_4 = \boldsymbol{M}_3 + \lambda\boldsymbol{I}$$

当 $\boldsymbol{\Phi}_4 < 0$ 时，可以很容易得到 $\dot{\pi}_1 \leqslant -\lambda\boldsymbol{\xi}^{\mathrm{T}}\boldsymbol{\xi} + 2\tilde{\boldsymbol{F}}\boldsymbol{\Gamma}_1\boldsymbol{F} + (\eta_3^2 + \eta_4^2)\boldsymbol{\rho}^{\mathrm{T}}\boldsymbol{\rho}$。因此，当 $\|\xi(t)\|^2 > \dfrac{M_f^2\|\boldsymbol{\Gamma}_1\| + (\eta_3^2 + \eta_4^2)M_\rho^2}{\lambda}$ 成立时，则有 $\dot{\pi}_1 < 0$，并且使得 $\|\xi(t)\| < \sqrt{\dfrac{M_f^2\|\boldsymbol{\Gamma}_1\| + (\eta_3^2 + \eta_4^2)M_\rho^2}{\lambda}}$ 成立。

因此，观测误差动态系统式（5.5）稳定。由 Schur 补引理可知，$\boldsymbol{\Phi}_4 < 0$ 与 $\boldsymbol{\Phi}_1 < 0$ 等价。定理 5.1 得证。

5.4 容错控制

当考虑 PDF 跟踪误差时，容错跟踪控制的目的是：当故障发生后，使分布跟踪误差在有限时间内满足一个合适的上界。假设期望 PDF 可以表示为

$$\sqrt{g(y)}=\boldsymbol{C}(y)\boldsymbol{V}_g+h(\boldsymbol{V}_g)\boldsymbol{B}_n(y)+\boldsymbol{e}_g(y),\ \forall y\in[a,b] \tag{5.10}$$

其中，$\boldsymbol{V}_g$ 为期望权值向量；$\boldsymbol{e}_g(y)$ 为期望 PDF 的逼近误差。令

$$\begin{aligned}&\boldsymbol{e}_2(t)=\boldsymbol{V}(t)-\boldsymbol{V}_g\\&\boldsymbol{ED}^{+}\dot{\boldsymbol{e}}_2(t)=\boldsymbol{ED}^{+}(\dot{\boldsymbol{V}}(t)-\dot{\boldsymbol{V}}_g)=\boldsymbol{E}(\dot{\boldsymbol{x}}(t)-\dot{\boldsymbol{x}}_g)=\boldsymbol{E}\dot{\boldsymbol{e}}_m(t)\end{aligned} \tag{5.11}$$

其中，$\boldsymbol{D}^{+}$ 为 $\boldsymbol{D}$ 的伪逆。综上所述，可以得到如下跟踪误差动态系统。

$$\begin{aligned}&\boldsymbol{e}_m(t)=\boldsymbol{x}(t)-\boldsymbol{x}_g\\&\boldsymbol{E}\dot{\boldsymbol{e}}_m(t)=\boldsymbol{A}\boldsymbol{e}_m(t)+\boldsymbol{A}_d\boldsymbol{e}_m(t-\tau)+\boldsymbol{Bu}(t)+\boldsymbol{NF}(t)+(\boldsymbol{A}+\boldsymbol{A}_d)\boldsymbol{x}_g\end{aligned} \tag{5.12}$$

令

$$\bar{\boldsymbol{E}}=\boldsymbol{L}_1\boldsymbol{E}\boldsymbol{L}_2=\begin{bmatrix}\boldsymbol{I}^{r\times r} & \boldsymbol{0}\\ \boldsymbol{0} & \boldsymbol{0}\end{bmatrix},\quad \boldsymbol{L}_2^{-1}\boldsymbol{e}_m(t)=\begin{bmatrix}\varsigma_1(t)\\ \varsigma_2(t)\end{bmatrix}=\varsigma(t)$$

式（5.12）可以重新表示为

$$\begin{aligned}&\boldsymbol{E}\dot{\varsigma}(t)=\boldsymbol{L}_1\boldsymbol{A}\boldsymbol{L}_2\varsigma(t)+\boldsymbol{L}_1\boldsymbol{A}_d\boldsymbol{L}_2\varsigma(t-\tau)+\boldsymbol{L}_1\boldsymbol{Bu}(t)+\\&\qquad\boldsymbol{L}_1\boldsymbol{NF}(t)+\boldsymbol{L}_1(\boldsymbol{A}+\boldsymbol{A}_d)\boldsymbol{x}_g\\&\boldsymbol{BU}(t)=\boldsymbol{Bu}(t)+(\boldsymbol{A}+\boldsymbol{A}_d)\boldsymbol{x}_g\\&\boldsymbol{U}(t)=(\boldsymbol{B}^{\mathrm{T}}\boldsymbol{B})^{-1}\boldsymbol{B}^{\mathrm{T}}(\boldsymbol{A}+\boldsymbol{A}_d)\boldsymbol{x}_g+\boldsymbol{u}(t)\\&\boldsymbol{E}\dot{\varsigma}(t)=\boldsymbol{L}_1\boldsymbol{A}\boldsymbol{L}_2\varsigma(t)+\boldsymbol{L}_1\boldsymbol{A}_d\boldsymbol{L}_2\varsigma(t-\tau)+\boldsymbol{L}_1\boldsymbol{BU}(t)+\boldsymbol{L}_1\boldsymbol{NF}(t)\end{aligned} \tag{5.13}$$

取

$$\begin{aligned}\boldsymbol{U}(t)&=\boldsymbol{K}\int_a^b(\sqrt{\gamma}-\sqrt{g(y)})\mathrm{d}y+\boldsymbol{KF}\\&=\boldsymbol{K}\int_a^b(\boldsymbol{C}(y)\boldsymbol{D}\boldsymbol{L}_2\varsigma+[h(\boldsymbol{D}\boldsymbol{L}_2\varsigma+\boldsymbol{V}_g)-h(\boldsymbol{V}_g)]\boldsymbol{B}_n(y)+\boldsymbol{\delta}(y,t))\mathrm{d}y+\boldsymbol{KF}\\&=\boldsymbol{K}[\boldsymbol{Q}_0\boldsymbol{D}\boldsymbol{L}_2\varsigma+\boldsymbol{Q}_1(h(\boldsymbol{D}\boldsymbol{L}_2\varsigma+\boldsymbol{V}_g)-h(\boldsymbol{V}_g))+\rho_1]+\boldsymbol{KF}\\&=\boldsymbol{K\Theta}+\boldsymbol{KF}\end{aligned} \tag{5.14}$$

其中，$\boldsymbol{Q}_0=\int_a^b \boldsymbol{C}(y)\mathrm{d}y$，$\boldsymbol{Q}_1=\int_a^b \boldsymbol{B}_n(y)\mathrm{d}y$，$\rho_1=\int_a^b \boldsymbol{\delta}(y)\mathrm{d}y$，$\boldsymbol{\delta}(y)=\boldsymbol{e}_0(y)-\boldsymbol{e}_g(y)$，$\|\rho(t)\|\leqslant 2M_\rho$。

定理 5.2　若存在满足引理 5.1 的矩阵 $\boldsymbol{P}$，正定矩阵 $\boldsymbol{K}$ 使得如下 LMI 成立，则跟踪误差动态系统式（5.13）稳定。

$$\boldsymbol{\Phi}_5=\begin{bmatrix} \boldsymbol{M}_5 & \boldsymbol{A}_d\boldsymbol{L}_2 & \dfrac{1}{\eta_5}\boldsymbol{BKQ}_1 & \dfrac{\sqrt{\eta_7^2+\eta_8^2}}{\eta_7\eta_8}\boldsymbol{BK} \\ * & -\boldsymbol{R}_2 & \boldsymbol{0} & \boldsymbol{0} \\ * & * & -\boldsymbol{I} & \boldsymbol{0} \\ * & * & * & -\boldsymbol{I} \end{bmatrix}<0 \tag{5.15}$$

$$\begin{aligned}\boldsymbol{M}_5=&\boldsymbol{AP}^{\mathrm{T}}+\boldsymbol{PA}^{\mathrm{T}}+\boldsymbol{BKQ}_0\boldsymbol{DP}^{\mathrm{T}}+\boldsymbol{PD}^{\mathrm{T}}\boldsymbol{Q}_0^{\mathrm{T}}\boldsymbol{K}^{\mathrm{T}}\boldsymbol{B}^{\mathrm{T}}+\boldsymbol{PL}_2^{-\mathrm{T}}(\boldsymbol{R}_2)\boldsymbol{L}_2^{-1}\boldsymbol{P}^{\mathrm{T}}+\\&\eta_5^2\boldsymbol{PD}^{\mathrm{T}}\boldsymbol{M}_h^{\mathrm{T}}\boldsymbol{M}_h\boldsymbol{DP}^{\mathrm{T}}+\frac{1}{\eta_6^2}\boldsymbol{NN}^{\mathrm{T}}+\lambda\boldsymbol{I}\end{aligned}$$

其中，λ 是一个较小的正常数；$\eta_i(i=5,6,7,8)$ 是预先给定的常数。

证明：选取李雅普诺夫函数 $\pi_2(t)$。

$$\pi_2=\varsigma^{\mathrm{T}}(t)\bar{\boldsymbol{E}}\bar{\boldsymbol{P}}\varsigma(t)+\int_{t-\tau}^{t}\varsigma^{\mathrm{T}}(s)\boldsymbol{R}_1\varsigma(s)\mathrm{d}s$$

π_2 的一阶导数可以求解如下。

$$\begin{aligned}\dot{\pi}_2=&\varsigma^{\mathrm{T}}(t)\bar{\boldsymbol{P}}^{-1}[\boldsymbol{L}_1\boldsymbol{AL}_2\varsigma(t)+\boldsymbol{L}_1\boldsymbol{A}_d\boldsymbol{L}_2\varsigma(t-\tau)+\boldsymbol{L}_1\boldsymbol{BK\Theta}+\boldsymbol{L}_1\boldsymbol{BKF}+\boldsymbol{L}_1\boldsymbol{NF}]+\\&[\boldsymbol{L}_1\boldsymbol{AL}_2\varsigma(t)+\boldsymbol{L}_1\boldsymbol{A}_d\boldsymbol{L}_2\varsigma(t-\tau)+\boldsymbol{L}_1\boldsymbol{BK\Theta}+\boldsymbol{L}_1\boldsymbol{BKF}+\boldsymbol{L}_1\boldsymbol{NF}]^{\mathrm{T}}\bar{\boldsymbol{P}}^{-\mathrm{T}}\varsigma(t)+\\&\varsigma^{\mathrm{T}}(t)\boldsymbol{R}_2\varsigma(t)-\varsigma^{\mathrm{T}}(t-\tau)\boldsymbol{R}_2\varsigma(t-\tau)\\\leqslant&\varsigma^{\mathrm{T}}(t)[\bar{\boldsymbol{P}}^{-1}\boldsymbol{L}_1\boldsymbol{AL}_2+\boldsymbol{L}_2^{\mathrm{T}}\boldsymbol{A}^{\mathrm{T}}\boldsymbol{L}_1^{\mathrm{T}}\bar{\boldsymbol{P}}^{-\mathrm{T}}+\bar{\boldsymbol{P}}^{-1}\boldsymbol{L}_1\boldsymbol{BKQ}_0\boldsymbol{DL}_2+\boldsymbol{L}_2^{\mathrm{T}}\boldsymbol{D}^{\mathrm{T}}\boldsymbol{Q}_0^{\mathrm{T}}\boldsymbol{K}^{\mathrm{T}}\boldsymbol{B}^{\mathrm{T}}\boldsymbol{L}_1^{\mathrm{T}}\bar{\boldsymbol{P}}^{-\mathrm{T}}+\boldsymbol{R}_2]\varsigma(t)+\\&2\varsigma^{\mathrm{T}}(t)\bar{\boldsymbol{P}}^{-1}\boldsymbol{L}_1\boldsymbol{A}_d\boldsymbol{L}_2\varsigma(t-\tau)+2\varsigma^{\mathrm{T}}(t)\bar{\boldsymbol{P}}^{-1}\boldsymbol{L}_1\boldsymbol{NF}-\varsigma^{\mathrm{T}}(t-\tau)\boldsymbol{R}_2\varsigma(t-\tau)+2\varsigma^{\mathrm{T}}(t)\bar{\boldsymbol{P}}^{-1}\boldsymbol{L}_1\boldsymbol{BK}\rho_1+\\&\frac{1}{\eta_5^2}\varsigma^{\mathrm{T}}(t)(\bar{\boldsymbol{P}}^{-1}\boldsymbol{L}_1\boldsymbol{BKQ}_1)(\bar{\boldsymbol{P}}^{-1}\boldsymbol{L}_1\boldsymbol{BKQ}_1)^{\mathrm{T}}\varsigma(t)+2\varsigma^{\mathrm{T}}\bar{\boldsymbol{P}}^{-1}\boldsymbol{L}_1\boldsymbol{BKF}+\\&\eta_5^2[h(\boldsymbol{DL}_2\varsigma(t)+\boldsymbol{V}_g)-h(\boldsymbol{V}_g)]^{\mathrm{T}}[h(\boldsymbol{DL}_2\varsigma(t)+\boldsymbol{V}_g)-h(\boldsymbol{V}_g)]\\\leqslant&\varsigma^{\mathrm{T}}(t)[\bar{\boldsymbol{P}}^{-1}\boldsymbol{L}_1\boldsymbol{AL}_2+\boldsymbol{L}_2^{\mathrm{T}}\boldsymbol{A}^{\mathrm{T}}\boldsymbol{L}_1^{\mathrm{T}}\bar{\boldsymbol{P}}^{-\mathrm{T}}+\bar{\boldsymbol{P}}^{-1}\boldsymbol{L}_1\boldsymbol{BKQ}_0\boldsymbol{DL}_2+\boldsymbol{L}_2^{\mathrm{T}}\boldsymbol{D}^{\mathrm{T}}\boldsymbol{Q}_0^{\mathrm{T}}\boldsymbol{K}^{\mathrm{T}}\boldsymbol{B}^{\mathrm{T}}\boldsymbol{L}_1^{\mathrm{T}}\bar{\boldsymbol{P}}^{-\mathrm{T}}+\boldsymbol{R}_2+\\&\frac{1}{\eta_5^2}(\bar{\boldsymbol{P}}^{-1}\boldsymbol{L}_1\boldsymbol{BKQ}_1)(\bar{\boldsymbol{P}}^{-1}\boldsymbol{L}_1\boldsymbol{BKQ}_1)^{\mathrm{T}}+\eta_5^2\boldsymbol{L}_2^{\mathrm{T}}\boldsymbol{D}^{\mathrm{T}}\boldsymbol{M}^{\mathrm{T}}\boldsymbol{MDL}_2+\frac{1}{\eta_6^2}\bar{\boldsymbol{P}}^{-1}\boldsymbol{L}_1\boldsymbol{N}(\bar{\boldsymbol{P}}^{-1}\boldsymbol{L}_1\boldsymbol{N})^{\mathrm{T}}+\\&(\frac{1}{\eta_7^2}+\frac{1}{\eta_8^2})\bar{\boldsymbol{P}}^{-1}\boldsymbol{L}_1\boldsymbol{BK}(\bar{\boldsymbol{P}}^{-1}\boldsymbol{L}_1\boldsymbol{BK})^{\mathrm{T}}]\varsigma(t)+2\varsigma^{\mathrm{T}}(t)\bar{\boldsymbol{P}}^{-1}\boldsymbol{L}_1\boldsymbol{A}_d\boldsymbol{L}_2\varsigma(t-\tau)-\\&\varsigma^{\mathrm{T}}(t-\tau)\boldsymbol{R}_2\varsigma(t-\tau)+(\eta_6^2+\eta_8^2)\boldsymbol{F}^{\mathrm{T}}\boldsymbol{F}+\eta_7^2\rho_1^{\mathrm{T}}\rho_1\end{aligned}$$

其中

$$\begin{aligned}&\eta_5^2[h(\boldsymbol{D}\boldsymbol{L}_2\varsigma(t)+\boldsymbol{V}_g)-h(\boldsymbol{V}_g)]^{\mathrm{T}}[h(\boldsymbol{D}\boldsymbol{L}_2\varsigma(t)+\boldsymbol{V}_g)-h(\boldsymbol{V}_g)]\\ \leqslant\ &\eta_5^2\|\boldsymbol{M}_h\boldsymbol{D}\boldsymbol{L}_2\varsigma(t)\|^2\\ =\ &\eta_5^2[\boldsymbol{M}_h\boldsymbol{D}\boldsymbol{L}_2\varsigma(t)]^{\mathrm{T}}[\boldsymbol{M}_h\boldsymbol{D}\boldsymbol{L}_2\varsigma(t)]\end{aligned}$$

令 $\boldsymbol{q}^{\mathrm{T}}=\left[\varsigma^{\mathrm{T}}(t)\quad \varsigma^{\mathrm{T}}(t-\tau)\right]$，可以得到

$$\dot{\pi}_2\leqslant\boldsymbol{q}^{\mathrm{T}}\boldsymbol{\Phi}_6\boldsymbol{q}+(\eta_6^2+\eta_8^2)\boldsymbol{F}^{\mathrm{T}}\boldsymbol{F}+\eta_7^2\rho_1^{\mathrm{T}}\rho_1$$

$$\boldsymbol{\Phi}_6=\begin{bmatrix}\boldsymbol{M}_6 & \bar{\boldsymbol{P}}^{-1}\boldsymbol{L}_1\boldsymbol{A}_d\boldsymbol{L}_2\\ * & -\boldsymbol{R}_2\end{bmatrix}$$

$$\begin{aligned}\boldsymbol{M}_6=\ &\bar{\boldsymbol{P}}^{-1}\boldsymbol{L}_1\boldsymbol{A}\boldsymbol{L}_2+\boldsymbol{L}_2^{\mathrm{T}}\boldsymbol{A}^{\mathrm{T}}\boldsymbol{L}_1^{\mathrm{T}}\bar{\boldsymbol{P}}^{-\mathrm{T}}+\bar{\boldsymbol{P}}^{-1}\boldsymbol{L}_1\boldsymbol{B}\boldsymbol{K}\boldsymbol{Q}_0\boldsymbol{D}\boldsymbol{L}_2+\boldsymbol{L}_2^{\mathrm{T}}\boldsymbol{D}^{\mathrm{T}}\boldsymbol{Q}_0^{\mathrm{T}}\boldsymbol{K}^{\mathrm{T}}\boldsymbol{B}^{\mathrm{T}}\boldsymbol{L}_1^{\mathrm{T}}\bar{\boldsymbol{P}}^{-\mathrm{T}}+\\ &\boldsymbol{R}_2+\frac{1}{\eta_5^2}(\bar{\boldsymbol{P}}^{-1}\boldsymbol{L}_1\boldsymbol{B}\boldsymbol{K}\boldsymbol{Q}_1)(\bar{\boldsymbol{P}}^{-1}\boldsymbol{L}_1\boldsymbol{B}\boldsymbol{K}\boldsymbol{Q}_1)^{\mathrm{T}}+\eta_5^2\boldsymbol{L}_2^{\mathrm{T}}\boldsymbol{D}^{\mathrm{T}}\boldsymbol{M}_h^{\mathrm{T}}\boldsymbol{M}_h\boldsymbol{D}\boldsymbol{L}_2+\\ &\frac{1}{\eta_6^2}\bar{\boldsymbol{P}}^{-1}\boldsymbol{L}_1\boldsymbol{N}(\bar{\boldsymbol{P}}^{-1}\boldsymbol{L}_1\boldsymbol{N})^{\mathrm{T}}+(\frac{1}{\eta_7^2}+\frac{1}{\eta_8^2})\bar{\boldsymbol{P}}^{-1}\boldsymbol{L}_1\boldsymbol{B}\boldsymbol{K}(\bar{\boldsymbol{P}}^{-1}\boldsymbol{L}_1\boldsymbol{B}\boldsymbol{K})^{\mathrm{T}}\end{aligned}$$

分别对 $\boldsymbol{\Phi}_6$ 左乘 $\mathrm{diag}(\boldsymbol{P}\boldsymbol{L}_2^{-\mathrm{T}},\boldsymbol{I})$ 和右乘 $\mathrm{diag}(\boldsymbol{L}_2^{-1}\boldsymbol{P}^{\mathrm{T}},\boldsymbol{I})$，可以得到

$$\boldsymbol{\Phi}_7=\begin{bmatrix}\boldsymbol{M}_7 & \boldsymbol{A}_d\boldsymbol{L}_2\\ * & -\boldsymbol{R}_2\end{bmatrix}$$

$$\begin{aligned}\boldsymbol{M}_7=\ &\boldsymbol{A}\boldsymbol{P}^{\mathrm{T}}+\boldsymbol{P}\boldsymbol{A}^{\mathrm{T}}+\boldsymbol{B}\boldsymbol{K}\boldsymbol{Q}_0\boldsymbol{D}\boldsymbol{P}^{\mathrm{T}}+\boldsymbol{P}\boldsymbol{D}^{\mathrm{T}}\boldsymbol{Q}_0^{\mathrm{T}}\boldsymbol{K}^{\mathrm{T}}\boldsymbol{B}^{\mathrm{T}}+\boldsymbol{P}\boldsymbol{L}_2^{-\mathrm{T}}(\boldsymbol{R}_2)\boldsymbol{L}_2^{-1}\boldsymbol{P}^{\mathrm{T}}+\\ &\frac{1}{\eta_5^2}(\boldsymbol{B}\boldsymbol{K}\boldsymbol{Q}_1)(\boldsymbol{B}\boldsymbol{K}\boldsymbol{Q}_1)^{\mathrm{T}}+\eta_5^2\boldsymbol{P}\boldsymbol{D}^{\mathrm{T}}\boldsymbol{M}_h^{\mathrm{T}}\boldsymbol{M}_h\boldsymbol{D}\boldsymbol{P}^{\mathrm{T}}+\frac{1}{\eta_6^2}\boldsymbol{N}\boldsymbol{N}^{\mathrm{T}}+(\frac{1}{\eta_7^2}+\frac{1}{\eta_8^2})\boldsymbol{B}\boldsymbol{K}\boldsymbol{K}^{\mathrm{T}}\boldsymbol{B}^{\mathrm{T}}\end{aligned}$$

$\boldsymbol{M}_7$ 加上 $\lambda\boldsymbol{I}$，可得

$$\boldsymbol{\Phi}_8=\begin{bmatrix}\boldsymbol{M}_8 & \boldsymbol{A}_d\boldsymbol{L}_2\\ * & -\boldsymbol{R}_2\end{bmatrix},\quad \boldsymbol{M}_8=\boldsymbol{M}_7+\lambda\boldsymbol{I}$$

当 $\boldsymbol{\Phi}_8<0$ 时，有 $\dot{\pi}_2\leqslant-\lambda\varsigma^{\mathrm{T}}\varsigma+(\eta_6^2+\eta_8^2)\boldsymbol{F}^{\mathrm{T}}\boldsymbol{F}+\eta_7^2\rho_1^{\mathrm{T}}\rho_1$，根据 Schur 补引理可知，$\boldsymbol{\Phi}_8<0$ 与 $\boldsymbol{\Phi}_5<0$ 等价。因此，当 $\|\varsigma(t)\|^2>\dfrac{M_f^2(\eta_6^2+\eta_8^2)}{4\lambda}+4\eta_7^2M_\rho^2$ 时，$\dot{\pi}<0$，使得 $\|\varsigma(t)\|^2\leqslant\dfrac{M_f^2(\eta_6^2+\eta_8^2)}{4\lambda}+4\eta_7^2M_\rho^2$，即跟踪误差动态系统式（5.13）稳定。

在式（5.14）中，用 $\hat{\boldsymbol{F}}$ 代替 $\boldsymbol{F}$，实际的容错跟踪控制器可以表示为

$$\begin{aligned}\boldsymbol{u}(t)&=\boldsymbol{U}(t)-(\boldsymbol{B}^{\mathrm{T}}\boldsymbol{B})^{-1}\boldsymbol{B}^{\mathrm{T}}(\boldsymbol{A}+\boldsymbol{A}_d)\boldsymbol{x}_g\\ &=\boldsymbol{K}\int_a^b(\sqrt{\gamma}-\sqrt{g(y)})\mathrm{d}y+\boldsymbol{K}\hat{\boldsymbol{F}}-(\boldsymbol{B}^{\mathrm{T}}\boldsymbol{B})^{-1}\boldsymbol{B}^{\mathrm{T}}(\boldsymbol{A}+\boldsymbol{A}_d)\boldsymbol{x}_g\end{aligned}$$

5.5　仿真实例

为了阐述 5.3 节与 5.4 节中所提出算法的有效性，对一个如式（5.1）与式（5.2）的奇异时滞 SDC 系统进行分析研究。其中，输出 PDF 可以由如下 B 样条 $\phi_i(y)(i=1,2,3)$ 来逼近。

$$\phi_1(y)=0.5(y-2)^2 I_1+(-y^2+7y-11.5)I_2+0.5(y-5)^2 I_3$$
$$\phi_2(y)=0.5(y-3)^2 I_2+(-y^2+9y-19.5)I_3+0.5(y-6)^2 I_4$$
$$\phi_3(y)=0.5(y-4)^2 I_3+(-y^2+11y-29.5)I_4+0.5(y-7)^2 I_5$$

其中，$I_i(i=1,2,\cdots,5)$ 是区间函数，其定义如下。

$$I_i=\begin{cases}1 & y\in[i+1,i+2]\\ 0 & 其他\end{cases}$$

SDC 系统式（5.1）中的参数矩阵如下。

$$\boldsymbol{E}=\begin{bmatrix}1&0&0\\0&1&0\\0&0&0\end{bmatrix},\ \boldsymbol{A}=\begin{bmatrix}-3.2&0.9&-0.2\\0.3&-3.51&-0.1\\0&0&-1\end{bmatrix},\ \boldsymbol{A}_d=\begin{bmatrix}0.1&-0.5&0.12\\0.2&-0.25&0.06\\0&0&0.6\end{bmatrix}$$

$$\boldsymbol{B}=\begin{bmatrix}1&1&-0.01\\0&2&-0.02\\0.002&0.005&0.1\end{bmatrix},\ \boldsymbol{D}=\begin{bmatrix}0.1&1&-1.1\\0.5&1&-0.5\end{bmatrix},\ \boldsymbol{N}=\begin{bmatrix}0.1\\0.3\\0.3\end{bmatrix}$$

$$\boldsymbol{P}=\begin{bmatrix}0.1201&0.0134&0\\0.0134&0.1206&0\\0&0&0.3652\end{bmatrix},\ \boldsymbol{L}_1=\begin{bmatrix}1.0&0&-0.2\\0&1.0&-0.1\\0&0&1.0\end{bmatrix},\ \boldsymbol{L}_2=\begin{bmatrix}1&0&0\\0&1&0\\0&0&1\end{bmatrix}$$

$$\boldsymbol{M}_h=\begin{bmatrix}0.5&0.2\\0.2&0.5\end{bmatrix},\ \tau=2\text{s},\ \eta_1=0.1,\ \eta_i=1(i=2,3,\cdots,8)$$

取采样时间为 0.1s，PDF 逼近跟踪误差取 $\boldsymbol{e}_0(y,t)=a\sin(\varOmega_y)$，$\varOmega_y\in[0,2\pi]$，其中 a 是 $[0,1]$ 上的随机数。设故障形式为

$$\boldsymbol{F}=\begin{cases}0, & t<5\text{s}\\ 0.5, & t>5\text{s}\end{cases}$$

通过求解定理 5.1 和定理 5.2 中的线性矩阵不等式可得

$$L=\begin{bmatrix}0.0004\\0.0005\\-0.0011\end{bmatrix}，\quad K=\begin{bmatrix}-0.435\\0.0091\\2.1794\end{bmatrix}，\quad \Gamma_1=0.6978，\quad \Gamma_2=0.3206$$

故障诊断结果如图 5.1 所示，可以看出故障估计能够较好地跟踪故障的实际值。在整个过程中，系统输出 PDF 的 3D 图像如图 5.2 所示。初始

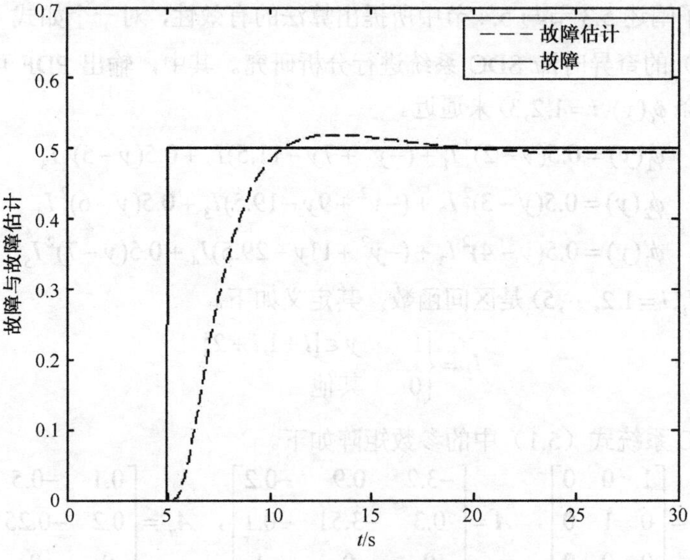

图 5.1　故障诊断结果

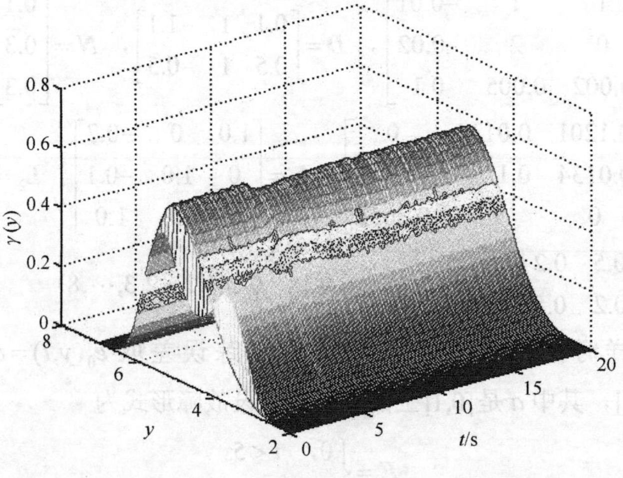

图 5.2　在整个过程中，系统输出 PDF 的 3D 图像

PDF、期望 PDF 和最终输出 PDF 如图 5.3 和图 5.4 所示。其中，图 5.3 给出了无容错控制的 PDF 跟踪结果；在容错控制器的作用下，可以得到如图 5.4 所示的 PDF 跟踪结果。通过对比可以看出，当系统进行容错控制时，系统输出 PDF 有良好的跟踪性能。

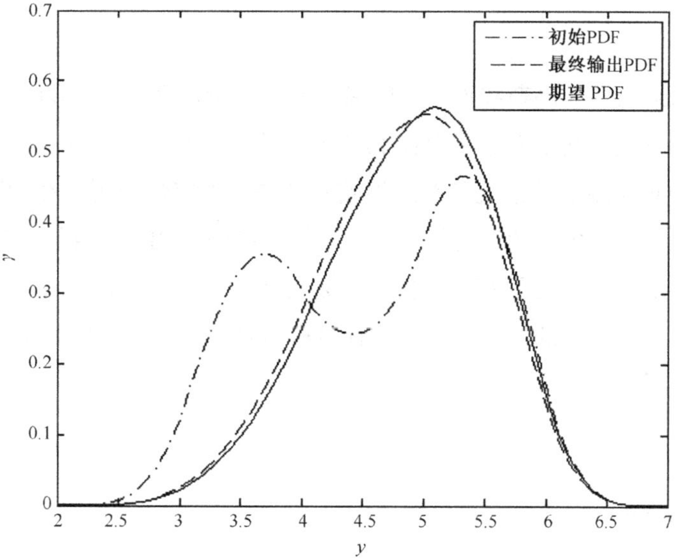

图 5.3　无容错控制的 PDF 跟踪结果

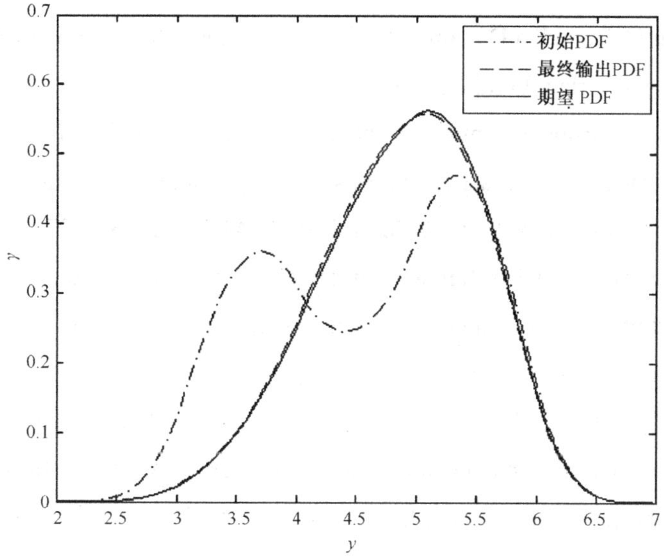

图 5.4　在容错控制器的作用下的 PDF 跟踪结果

5.6 结论

本章给出了非高斯线性奇异时滞 SDC 系统的一种故障诊断算法和容错跟踪控制方法，其中考虑了存在 PDF 逼近误差的情况。利用李雅普诺夫稳定性理论对观测误差系统和跟踪误差系统进行稳定性分析。在故障估计与容错跟踪控制中用到的增益矩阵通过求解相应的 LMI 来得到。在考虑逼近误差的情况下，容错跟踪控制的目的是使各时刻的分布跟踪误差在有限时间内满足一个合适的上界。另外，计算机仿真结果对 FD 与 FTC 算法的有效性进行了验证。

参考文献

[1] Wang H. Bounded Dynamic Stochastic Systems: Modeling and Control [M]. Springer-Verlag, London, 2000.

[2] Wang H. Robust control of the output probability density functions for multivariable stochastic systems with guaranteed stability [J]. IEEE Transactions on Automatic Control, 1999, 44(11): 2103-2107.

[3] Wang H. Model reference adaptive control of the output stochastic distributions for unknown linear stochastic systems [J]. International Journal of Systems Science, 1999, 30(7): 707-715.

[4] Yao L N, Qin J F, Wang H, et al. Design of new fault diagnosis and fault tolerant control scheme for non-Gaussian singular stochastic distribution systems [J]. Automatica, 2012, 48(9): 2305-2313.

[5] Yao L N, Lei C H, Guan Y C, et al. Minimum entropy fault-tolerant control for non-Gaussian singular stochastic distribution systems [J]. IET Control Theory and Applications, 2016, 10(10): 1194-1201.
[6] 王宏，岳红. 随机系统输出分布的建模、控制与应用 [J]. 控制工程，2003, 10(3): 193-197.
[7] Zhou J, Li G, Wang H. Robust tracking controller design for non-Gaussian singular uncertainty stochastic distribution systems [J]. Automatica, 2014, 50(4):1296-1303.

第 6 章 考虑 PDF 逼近误差的非高斯不确定随机分布控制系统的故障诊断与滑模容错控制

06

本章针对带有 PDF 逼近误差的非高斯随机分布控制系统，考虑了模型不确定性的影响，构造了未知输入故障诊断观测器，将观测误差动态系统中的不确定输入和 PDF 逼近误差视为未知外部扰动，以获得增广的观测误差动态系统，并给出了此系统稳定性及满足 H_∞性能指标的证明。利用故障估计的信息，设计了滑模容错控制使得分布跟踪误差动态系统稳定，并对容错控制后闭环系统的稳定性进行了分析。

6.1 引言

第 2～4 章在进行故障诊断前需要对系统设计跟踪控制器，故障发生后再根据故障诊断结果重构控制器以实现容错控制。算法设计过程忽略了 PDF 逼近误差 $e_0(y,t)$，而在实际的 SDC 系统中，PDF 逼近误差总是存在的，并对系统的正常运行产生影响，在进一步的研究中有必要考虑其存在的影响。

在本章中，针对考虑 PDF 逼近误差的非高斯不确定 SDC 系统，提出鲁棒故障诊断和容错控制算法以诊断故障并消除故障、PDF 逼近误差和模型不确定性对系统的影响。首先，构造故障诊断观测器，利用未知输入观测器的思想将观测误差中的不确定输入项视为未知外源扰动，设计增广观测误差动态系统，并证明稳定性及满足 H_∞性能指标。通过这种方法实现了不确定系统的故障诊断和容错控制的集成。然后，由于滑模控制对不确定系统具有良好的鲁棒性[1]，因此设计了滑模容错控制器使得故障发生后输出的 PDF 仍满足跟踪性能要求。最后，针对两种不同系统不同形式的复杂时变故障的仿真验证了算法的有效性和普遍性。

6.2　模型描述

在造纸机系统中，纤维可以认为是产品的主要成分。由于纤维网络是随机成型，则网格孔径尺寸也可以认为是随机的，并且是服从一定的随机分布的。在试验中发现，孔径的半径分布可以由截断的 Γ- 分布逼近。在这种情况下，如下的 Γ 型 PDF 可用来逼近絮凝颗粒尺寸的分布[2]。

$$\gamma(y,\mu,\beta)=(\frac{\beta}{\mu})^{\beta}\frac{y^{\beta-1}}{\Gamma(\beta)}\mathrm{e}^{-y\beta/\mu},\quad \forall y\in[a,b]$$

其中，$y\in[a,b]$ 表示网格孔径尺寸；a 和 b 分别表示其最小值和最大值。在实际工程中，a 和 b 可由试验的方式给定，$\Gamma(\beta)$ 即为 Gamma 函数。这样，其均值可表示为 $\bar{y}=\mu$，方差表示为 $\mathrm{Var}(y)=\mu^2/\beta$。这表明 μ 控制着分布的均值，而 $1/\beta$ 控制着 PDF γ 的传播速度和形状。因此，系统状态变量可选取为 μ 和 β，系统输入可选为进液流量或助留剂浓度。

定义 $y(t)\in[a,b]$ 是在 t 时刻的造纸机系统的输出，并且假设其是一致有界的。定义 $\boldsymbol{u}(t)$ 为控制 $y(t)$ 分布形状的输入，则输出 $y(t)$ 可由其条件 PDF $\gamma(y,\boldsymbol{u}(t))$ 表征，其定义如下。

$$P(a\leqslant y(t)<\varsigma\mid\boldsymbol{u}(t))=\int_a^b\gamma(y,\boldsymbol{u}(t))\mathrm{d}y$$

其中，$P(a \leqslant y(t) < \varsigma \mid \boldsymbol{u}(t))$ 是当输入 $\boldsymbol{u}(t)$ 控制系统时输出 $y(t)$ 的值落在区间 $[a,\varsigma)$ 上的概率。实际上，虽然分布样本很容易获取，但是要获得 PDF 的准确表达式仍是十分困难的。因此，对于非高斯 SDC 系统，可采用线性 B 样条模型对系统输出 PDF $\gamma(y,\boldsymbol{u}(t))$ 进行静态建模[2]。定义 $\phi_1(y),\phi_2(y),\cdots,\phi_n(y)$ 为 n 个在区间 $[a,b]$ 上预先设定的 B 样条基函数，$\omega_1,\omega_2,\cdots,\omega_n$ 为相应的与输入 $\boldsymbol{u}(t)$ 有关的权值，则

$$\gamma(y,\boldsymbol{u}(t)) = \sum_{i=1}^{n} \omega_i(\boldsymbol{u}(t))\phi_i(y) + \boldsymbol{e}_0(y,t) \tag{6.1}$$

其中，$\boldsymbol{e}_0(y,t)$ 为 PDF 逼近误差。这样，输出 PDF $\gamma(y,\boldsymbol{u}(t))$ 的变化可通过相应的 B 样条权值 $\omega_i(\boldsymbol{u}(t))$ 的动态变化表征。由于 $\gamma(y,\boldsymbol{u}(t))$ 是一个 PDF，则其在区间 $[a,b]$ 上的积分为 1，因此有如下等式。

$$\omega_1 b_1 + \omega_2 b_2 + \cdots + \omega_n b_n = 1 \tag{6.2}$$

其中，当基函数选定后 $b_i = \int_a^b \phi_i(y)\mathrm{d}y$（$i=1,2,\cdots,n$）为正常数。因此，只有 $n-1$ 个权值是相互独立的。线性 B 样条模型可简化为

$$\gamma(y,\boldsymbol{u}(t)) = \boldsymbol{C}(y)\boldsymbol{V}(t) + \boldsymbol{T}(y) + \boldsymbol{e}_0(y,t) \tag{6.3}$$

其中，$\boldsymbol{T}(y) = \dfrac{\phi_n(y)}{b_n} \in \mathbf{R}^{1\times 1}$，$\boldsymbol{V}(t) = [\omega_1,\omega_2,\cdots,\omega_{n-1}]^{\mathrm{T}} \in \mathbf{R}^{(n-1)\times 1}$，另有

$$\boldsymbol{C}(y) = [\phi_1(y) - \frac{\phi_n(y)b_1}{b_n}, \phi_2(y) - \frac{\phi_n(y)b_2}{b_n}, \cdots, \phi_{n-1}(y) - \frac{\phi_n(y)b_{n-1}}{b_n}] \in \mathbf{R}^{1\times(n-1)}$$

非高斯不确定 SDC 系统的连续时间模型可表示为

$$\begin{aligned} \dot{\boldsymbol{x}}(t) &= (\boldsymbol{A}+\Delta\boldsymbol{A})\boldsymbol{x}(t) + (\boldsymbol{B}+\Delta\boldsymbol{B})\boldsymbol{u}(t) + \boldsymbol{G}\boldsymbol{F}(t) \\ \boldsymbol{V}(t) &= \boldsymbol{D}\boldsymbol{x}(t) \\ \gamma(y,\boldsymbol{u}(t)) &= \boldsymbol{C}(y)\boldsymbol{V}(t) + \boldsymbol{T}(y) + \boldsymbol{e}_0(y,t) \end{aligned} \tag{6.4}$$

其中，$\boldsymbol{x}(t) \in \mathbf{R}^{m\times 1}$ 为系统状态向量（如造纸机中的 μ 和 β）；$\boldsymbol{u}(t) \in \mathbf{R}^{m\times 1}$ 为控制输入向量；$\boldsymbol{F}(t) \in \mathbf{R}^{r\times 1}$ 为故障向量；$\{\boldsymbol{A},\boldsymbol{B},\boldsymbol{D},\boldsymbol{G}\}$ 为具有合适维度的参数矩阵，$\Delta\boldsymbol{A}$ 和 $\Delta\boldsymbol{B}$ 表示模型不确定性，可表示为

$$[\Delta\boldsymbol{A},\Delta\boldsymbol{B}] = \boldsymbol{E}\boldsymbol{N}(t)[\boldsymbol{H}_1,\boldsymbol{H}_2] \tag{6.5}$$

其中，$\boldsymbol{E}$、$\boldsymbol{H}_1$、$\boldsymbol{H}_2$ 为具有合适维度的定值矩阵；$\boldsymbol{N}(t)$ 为时变矩阵且满足 $\boldsymbol{N}^{\mathrm{T}}(t)\boldsymbol{N}(t) \leqslant \boldsymbol{I}$。

注释 6.1 一般来说，在 SDC 系统中，输出 PDF $\gamma(y,\boldsymbol{u}(t))$ 是控制目标，

而且可以通过仪器（如数字摄像机）或贝叶斯估计方法测量或估计。式（6.4）中的第一个方程是动态系统的固有特性，与 B 样条基函数的选取无关；第二个方程描述了系统状态向量与权值向量的关系，因此输入 $\boldsymbol{u}(t)$ 可以决定输出 PDF $\gamma(y,\boldsymbol{u}(t))$ 的形状；第三个方程是输出 PDF 的静态模型。

假设 6.1　假设故障及其一阶导数是有界的，且故障上界为 $M/2$，即 $\|\boldsymbol{F}\|\leqslant M/2$，其中 $M>0$ 为正常数。

引理 6.1　假设 $\tilde{\boldsymbol{E}}$、$\boldsymbol{N}$、$\tilde{\boldsymbol{H}}$ 为具有合适维度的实数矩阵，且 $\|\boldsymbol{N}\|\leqslant 1$，则对于任意常数 $\delta>0$，如下的不等式成立。

$$\tilde{\boldsymbol{H}}^{\mathrm{T}}\boldsymbol{N}^{\mathrm{T}}\tilde{\boldsymbol{E}}^{\mathrm{T}}+\tilde{\boldsymbol{E}}\boldsymbol{N}\tilde{\boldsymbol{H}}\leqslant\delta\tilde{\boldsymbol{E}}\tilde{\boldsymbol{E}}^{\mathrm{T}}+\delta^{-1}\tilde{\boldsymbol{H}}^{\mathrm{T}}\tilde{\boldsymbol{H}}$$

6.3　鲁棒 H_∞ 故障诊断

故障诊断的目的是确定故障发生的时间及估计故障幅值，以便为后续的容错控制设计提供信息。构造如下的故障诊断观测器。

$$\begin{aligned}&\dot{\hat{\boldsymbol{x}}}(t)=\boldsymbol{A}\hat{\boldsymbol{x}}(t)+\boldsymbol{B}\boldsymbol{u}(t)+\boldsymbol{G}\hat{\boldsymbol{F}}(t)+\boldsymbol{K}_d\varepsilon(t)\\&\hat{\boldsymbol{V}}(t)=\boldsymbol{D}\hat{\boldsymbol{x}}(t)\\&\hat{\gamma}(y,\boldsymbol{u}(t))=\boldsymbol{C}(y)\hat{\boldsymbol{V}}(t)+\boldsymbol{T}(y)\\&\varepsilon(t)=\int_a^b\sigma(y)(\hat{\gamma}(y,\boldsymbol{u}(t))-\gamma(y,\boldsymbol{u}(t)))\mathrm{d}y\end{aligned}\tag{6.6}$$

其中，$\hat{\boldsymbol{x}}(t)$ 为状态的估计；$\hat{\boldsymbol{V}}(t)$ 为权值的估计；$\hat{\boldsymbol{F}}(t)$ 为故障的估计；$\varepsilon(t)$ 为残差；$\boldsymbol{K}_d$ 为观测器增益矩阵。

定义观测误差向量 $\boldsymbol{e}_d(t)=\hat{\boldsymbol{x}}(t)-\boldsymbol{x}(t)$，故障估计误差向量 $\tilde{\boldsymbol{F}}(t)=\hat{\boldsymbol{F}}(t)-\boldsymbol{F}(t)$，则残差 $\varepsilon(t)$ 为

$$\begin{aligned}\varepsilon(t)&=\int_a^b\sigma(y)(\hat{\gamma}(y,\boldsymbol{u}(t))-\gamma(y,\boldsymbol{u}(t)))\mathrm{d}y\\&=\int_a^b\sigma(y)\boldsymbol{C}(y)\mathrm{d}y(\hat{\boldsymbol{V}}(t)-\boldsymbol{V}(t))-\int_a^b\sigma(y)\boldsymbol{e}_0(y,t)\mathrm{d}y\\&=\boldsymbol{\Sigma}\boldsymbol{D}\boldsymbol{e}_d(t)-\rho(t)\end{aligned}\tag{6.7}$$

其中，$\boldsymbol{\Sigma}=\int_a^b\sigma(y)\boldsymbol{C}(y)\mathrm{d}y$，$\rho(t)=\int_a^b\sigma(y)\boldsymbol{e}_0(y,t)\mathrm{d}y$，$\sigma(y)$ 为定义在区间 $[a,b]$

上的预先指定的基函数。观测误差动态系统可构造为

$$\dot{\boldsymbol{e}}_d(t)=(\boldsymbol{A}+\boldsymbol{K}_d\boldsymbol{\Sigma}\boldsymbol{D})\boldsymbol{e}_d(t)+\boldsymbol{G}\tilde{\boldsymbol{F}}(t)-\Delta\boldsymbol{A}\boldsymbol{x}(t)-\Delta\boldsymbol{B}\boldsymbol{u}(t)-\boldsymbol{K}_d\boldsymbol{\rho}(t) \tag{6.8}$$

传统的基于自适应观测器的故障诊断方法通常假设故障为定值，即 $\dot{\boldsymbol{F}}(t)=0$，因此故障估计误差的一阶导数可计算为 $\dot{\tilde{\boldsymbol{F}}}(t)=\dot{\hat{\boldsymbol{F}}}(t)$。此外，当处理不确定系统时，通常的方法是设定输出或状态反馈作为系统的输入，这就为后续的容错控制器设计带来了一系列的困难。在本章中，设计了一个增广的观测误差动态系统[6]，利用未知输入观测器的思想将不确定输入和PDF逼近误差考虑为未知干扰。自适应故障估计算法为

$$\dot{\hat{\boldsymbol{F}}}(t)=\boldsymbol{\Gamma}\boldsymbol{\varepsilon}(t) \tag{6.9}$$

其中，$\boldsymbol{\Gamma}$ 为具有合适维度的增益矩阵。故障估计误差动态系统可构造为

$$\dot{\tilde{\boldsymbol{F}}}(t)=\boldsymbol{\Gamma}\boldsymbol{\Sigma}\boldsymbol{D}\boldsymbol{e}_d(t)-\boldsymbol{\Gamma}\boldsymbol{\rho}(t)-\dot{\boldsymbol{F}}(t) \tag{6.10}$$

增广观测误差动态系统构造为

$$\begin{aligned}\dot{\bar{\boldsymbol{e}}}(t)&=\bar{\boldsymbol{A}}\bar{\boldsymbol{e}}(t)+\bar{\boldsymbol{B}}\boldsymbol{v}(t)\\ \tilde{\boldsymbol{F}}(t)&=\bar{\boldsymbol{I}}\bar{\boldsymbol{e}}(t)\end{aligned} \tag{6.11}$$

其中

$$\bar{\boldsymbol{e}}(t)=\begin{bmatrix}\boldsymbol{e}_d(t)\\ \tilde{\boldsymbol{F}}\end{bmatrix},\ \boldsymbol{v}(t)=\begin{bmatrix}\boldsymbol{x}(t)\\ \boldsymbol{u}(t)\\ \dot{\boldsymbol{F}}(t)\\ \boldsymbol{\rho}(t)\end{bmatrix},\ \bar{\boldsymbol{A}}=\begin{bmatrix}\boldsymbol{A}+\boldsymbol{K}_d\boldsymbol{\Sigma}\boldsymbol{D} & \boldsymbol{G}\\ \boldsymbol{\Gamma}\boldsymbol{\Sigma}\boldsymbol{D} & \boldsymbol{0}\end{bmatrix}$$

$$\bar{\boldsymbol{B}}=\begin{bmatrix}-\Delta\boldsymbol{A} & -\Delta\boldsymbol{B} & \boldsymbol{0} & -\boldsymbol{K}_d\\ \boldsymbol{0} & \boldsymbol{0} & -\boldsymbol{I} & -\boldsymbol{\Gamma}\end{bmatrix}$$

式中，$\bar{\boldsymbol{I}}=[\boldsymbol{0}\ \ \boldsymbol{I}]$，$\bar{\boldsymbol{A}}$ 可分解为 $\bar{\boldsymbol{A}}=\bar{\boldsymbol{A}}_1+\bar{\boldsymbol{L}}\bar{\boldsymbol{C}}$，即

$$\bar{\boldsymbol{A}}_1=\begin{bmatrix}\boldsymbol{A} & \boldsymbol{G}\\ \boldsymbol{0} & \boldsymbol{0}\end{bmatrix}\in\mathbf{R}^{(m+r)\times(m+r)},\ \bar{\boldsymbol{L}}=\begin{bmatrix}\boldsymbol{K}_d\\ \boldsymbol{\Gamma}\end{bmatrix}\in\mathbf{R}^{(m+r)\times r},\ \bar{\boldsymbol{C}}=\begin{bmatrix}\boldsymbol{\Sigma}\boldsymbol{D} & \boldsymbol{0}\end{bmatrix}\in\mathbf{R}^{r\times(m+r)}。$$

引理 6.2（连续系统有界实引理[3]）连续线性系统

$$\begin{cases}\dot{\boldsymbol{x}}(t)=\boldsymbol{A}\boldsymbol{x}(t)+\boldsymbol{B}\boldsymbol{\omega}(t)\\ \boldsymbol{y}(t)=\boldsymbol{C}\boldsymbol{x}(t)+\boldsymbol{D}\boldsymbol{\omega}(t)\end{cases}$$

满足 $\boldsymbol{H}_\infty$ 性能指标 $\|\boldsymbol{y}(t)\|_2<\gamma\|\boldsymbol{\omega}(t)\|_2$，当且仅当存在正定对称矩阵 $\boldsymbol{P}$ 满足如下LMI。

$$\begin{bmatrix} \boldsymbol{PA}+\boldsymbol{A}^{\mathrm{T}}\boldsymbol{P} & \boldsymbol{PB} & \boldsymbol{C}^{\mathrm{T}} \\ * & -\gamma\boldsymbol{I} & \boldsymbol{D}^{\mathrm{T}} \\ * & * & -\gamma\boldsymbol{I} \end{bmatrix}<0$$

引理 6.3（α 稳定裕度区域极点配置引理[4]）当且仅当存在正定对称矩阵 $\boldsymbol{P}\in\mathbf{R}^{n\times n}$ 满足如下 LMI 时，给定矩阵 $\boldsymbol{A}\in\mathbf{R}^{n\times n}$ 的特征值位于区域 D_α 内。

$$\boldsymbol{A}^{\mathrm{T}}\boldsymbol{P}+\boldsymbol{PA}+2\alpha\boldsymbol{P}<0$$

定理 6.1　对于 SDC 系统[见式(6.4)]，当假设 6.1 成立时，对参数 $\gamma,\alpha>0$ 及给定常量 $\delta>0$，存在一个正定对称矩阵 $\bar{\boldsymbol{P}}=\begin{bmatrix} \boldsymbol{P}_{11} & \boldsymbol{P}_{12} \\ \boldsymbol{P}_{21} & \boldsymbol{P}_{22} \end{bmatrix}\in\mathbf{R}^{(m+r)\times(m+r)}$ 及矩阵 $\bar{\boldsymbol{Y}}=\begin{bmatrix} \bar{\boldsymbol{Y}}_1 \\ \bar{\boldsymbol{Y}}_2 \end{bmatrix}\in\mathbf{R}^{(m+r)\times r}$ 使得如下线性矩阵不等式成立，则求得增益矩阵 $\boldsymbol{K}_d$ 和 $\boldsymbol{\varGamma}$，使增广观测误差动态系统式（6.11）稳定，并且满足 $\boldsymbol{H}_\infty$ 性能指标 $\|\bar{\boldsymbol{e}}(t)\|_2<\gamma\|\boldsymbol{v}(t)\|_2$。

$$\boldsymbol{\varPhi}=\begin{bmatrix} \varphi_{11} & \varphi_{12} & \boldsymbol{0} & \boldsymbol{0} & -\boldsymbol{P}_{12} & -\bar{\boldsymbol{Y}}_1 & \boldsymbol{I} & \boldsymbol{P}_{11}\boldsymbol{E} \\ * & \varphi_{22} & \boldsymbol{0} & \boldsymbol{0} & -\boldsymbol{P}_{22} & -\bar{\boldsymbol{Y}}_2 & \boldsymbol{I} & \boldsymbol{P}_{21}\boldsymbol{E} \\ * & * & \varphi_{33} & \boldsymbol{0} & \boldsymbol{0} & \boldsymbol{0} & \boldsymbol{0} & \boldsymbol{0} \\ * & * & * & \varphi_{44} & \boldsymbol{0} & \boldsymbol{0} & \boldsymbol{0} & \boldsymbol{0} \\ * & * & * & * & -\gamma\boldsymbol{I} & \boldsymbol{0} & \boldsymbol{0} & \boldsymbol{0} \\ * & * & * & * & * & -\gamma\boldsymbol{I} & \boldsymbol{0} & \boldsymbol{0} \\ * & * & * & * & * & * & -\gamma\boldsymbol{I} & \boldsymbol{0} \\ * & * & * & * & * & * & * & -\delta\boldsymbol{I} \end{bmatrix}<0 \tag{6.12}$$

$$\overline{\boldsymbol{P}\boldsymbol{A}}_1+\bar{\boldsymbol{A}}_1^{\mathrm{T}}\bar{\boldsymbol{P}}+\overline{\boldsymbol{Y}\boldsymbol{C}}+\bar{\boldsymbol{C}}^{\mathrm{T}}\bar{\boldsymbol{Y}}^{\mathrm{T}}+2\alpha\bar{\boldsymbol{P}}<0 \tag{6.13}$$

其中，$\bar{\boldsymbol{Y}}=\overline{\boldsymbol{PL}}$，$\varphi_{11}=\boldsymbol{P}_{11}\boldsymbol{A}+\boldsymbol{A}^{\mathrm{T}}\boldsymbol{P}_{11}+\bar{\boldsymbol{Y}}_1\boldsymbol{\varSigma D}+(\bar{\boldsymbol{Y}}_1\boldsymbol{\varSigma D})^{\mathrm{T}}$，$\varphi_{12}=\boldsymbol{P}_{11}\boldsymbol{G}+\boldsymbol{A}^{\mathrm{T}}\boldsymbol{P}_{12}+(\bar{\boldsymbol{Y}}_2\boldsymbol{\varSigma D})^{\mathrm{T}}$，$\varphi_{22}=\boldsymbol{P}_{21}\boldsymbol{G}+\boldsymbol{G}^{\mathrm{T}}\boldsymbol{P}_{12}$，$\varphi_{33}=-\gamma\boldsymbol{I}+\delta\boldsymbol{H}_1^{\mathrm{T}}\boldsymbol{H}_1$，$\varphi_{44}=-\gamma\boldsymbol{I}+\delta\boldsymbol{H}_2^{\mathrm{T}}\boldsymbol{H}_2$。

证明：假设引理 6.2～引理 6.3 成立，由式（6.11）可得如下的 LMI。

$$\boldsymbol{\varPhi}_1=\begin{bmatrix} \varphi_1 & \overline{\boldsymbol{PB}} & \boldsymbol{I} \\ * & -\gamma\boldsymbol{I} & \boldsymbol{0} \\ * & * & -\gamma\boldsymbol{I} \end{bmatrix}<0 \tag{6.14}$$

$$\overline{\boldsymbol{P}\boldsymbol{A}}_1+\bar{\boldsymbol{A}}_1^{\mathrm{T}}\bar{\boldsymbol{P}}+\overline{\boldsymbol{Y}\boldsymbol{C}}+\bar{\boldsymbol{C}}^{\mathrm{T}}\bar{\boldsymbol{Y}}^{\mathrm{T}}+2\alpha\bar{\boldsymbol{P}}<0 \tag{6.15}$$

其中，$\varphi_1=\overline{\boldsymbol{P}\boldsymbol{A}}_1+\bar{\boldsymbol{A}}_1^{\mathrm{T}}\bar{\boldsymbol{P}}+\overline{\boldsymbol{Y}\boldsymbol{C}}+\bar{\boldsymbol{C}}^{\mathrm{T}}\bar{\boldsymbol{Y}}^{\mathrm{T}}$，$\bar{\boldsymbol{Y}}=\overline{\boldsymbol{PL}}$。将 $\bar{\boldsymbol{A}}_1$、$\bar{\boldsymbol{B}}$、$\bar{\boldsymbol{C}}$、$\bar{\boldsymbol{P}}$ 和 $\bar{\boldsymbol{Y}}$ 代入式（6.14）得

$$\boldsymbol{\Phi}_1=\begin{bmatrix}\varphi_{11} & \varphi_{12} & -\boldsymbol{P}_{11}\Delta\boldsymbol{A} & -\boldsymbol{P}_{11}\Delta\boldsymbol{B} & -\boldsymbol{P}_{12} & -\bar{\boldsymbol{Y}}_1 & \boldsymbol{I}\\ * & \varphi_{22} & -\boldsymbol{P}_{21}\Delta\boldsymbol{A} & -\boldsymbol{P}_{21}\Delta\boldsymbol{B} & -\boldsymbol{P}_{22} & -\bar{\boldsymbol{Y}}_2 & \boldsymbol{I}\\ * & * & -\gamma\boldsymbol{I} & \boldsymbol{0} & \boldsymbol{0} & \boldsymbol{0} & \boldsymbol{0}\\ * & * & * & -\gamma\boldsymbol{I} & \boldsymbol{0} & \boldsymbol{0} & \boldsymbol{0}\\ * & * & * & * & -\gamma\boldsymbol{I} & \boldsymbol{0} & \boldsymbol{0}\\ * & * & * & * & * & -\gamma\boldsymbol{I} & \boldsymbol{0}\\ * & * & * & * & * & * & -\gamma\boldsymbol{I}\end{bmatrix}<0$$

$\boldsymbol{\Phi}_1$ 可分解为 $\boldsymbol{\Phi}_1=\boldsymbol{\Phi}_{11}+\boldsymbol{\Phi}_{12}$，其中

$$\boldsymbol{\Phi}_{11}=\begin{bmatrix}\varphi_{11} & \varphi_{12} & \boldsymbol{0} & \boldsymbol{0} & -\boldsymbol{P}_{12} & -\bar{\boldsymbol{Y}}_1 & \boldsymbol{I}\\ * & \varphi_{22} & \boldsymbol{0} & \boldsymbol{0} & -\boldsymbol{P}_{22} & -\bar{\boldsymbol{Y}}_2 & \boldsymbol{I}\\ * & * & -\gamma\boldsymbol{I} & \boldsymbol{0} & \boldsymbol{0} & \boldsymbol{0} & \boldsymbol{0}\\ * & * & * & -\gamma\boldsymbol{I} & \boldsymbol{0} & \boldsymbol{0} & \boldsymbol{0}\\ * & * & * & * & -\gamma\boldsymbol{I} & \boldsymbol{0} & \boldsymbol{0}\\ * & * & * & * & * & -\gamma\boldsymbol{I} & \boldsymbol{0}\\ * & * & * & * & * & * & -\gamma\boldsymbol{I}\end{bmatrix}$$

由 $[\Delta\boldsymbol{A},\Delta\boldsymbol{B}]=\boldsymbol{E}\boldsymbol{N}(t)[\boldsymbol{H}_1,\boldsymbol{H}_2]$，可得

$$\boldsymbol{\Phi}_{12}=\begin{bmatrix}-\boldsymbol{P}_{11}\boldsymbol{E}\\ -\boldsymbol{P}_{21}\boldsymbol{E}\\ \boldsymbol{0}\\ \boldsymbol{0}\\ \boldsymbol{0}\\ \boldsymbol{0}\\ \boldsymbol{0}\end{bmatrix}\boldsymbol{N}\begin{bmatrix}\boldsymbol{0}\,\boldsymbol{0}\,\boldsymbol{H}_1\ \boldsymbol{H}_2\ \boldsymbol{0}\,\boldsymbol{0}\,\boldsymbol{0}\end{bmatrix}+\begin{bmatrix}\boldsymbol{0}\\ \boldsymbol{0}\\ \boldsymbol{H}_1^{\mathrm{T}}\\ \boldsymbol{H}_2^{\mathrm{T}}\\ \boldsymbol{0}\\ \boldsymbol{0}\\ \boldsymbol{0}\end{bmatrix}\boldsymbol{N}\begin{bmatrix}-(\boldsymbol{P}_{11}\boldsymbol{E})^{\mathrm{T}}\ -(\boldsymbol{P}_{21}\boldsymbol{E})^{\mathrm{T}}\ \boldsymbol{0}\,\boldsymbol{0}\,\boldsymbol{0}\,\boldsymbol{0}\,\boldsymbol{0}\end{bmatrix}$$

由引理 6.1 可知

$$\boldsymbol{\Phi}_{12}\leqslant\delta^{-1}\begin{bmatrix}\boldsymbol{P}_{11}\boldsymbol{E}\\ \boldsymbol{P}_{21}\boldsymbol{E}\\ \boldsymbol{0}\\ \boldsymbol{0}\\ \boldsymbol{0}\\ \boldsymbol{0}\\ \boldsymbol{0}\end{bmatrix}\begin{bmatrix}(\boldsymbol{P}_{11}\boldsymbol{E})^{\mathrm{T}}\ (\boldsymbol{P}_{21}\boldsymbol{E})^{\mathrm{T}}\ \boldsymbol{0}\,\boldsymbol{0}\,\boldsymbol{0}\,\boldsymbol{0}\,\boldsymbol{0}\end{bmatrix}+\delta\begin{bmatrix}\boldsymbol{0}\\ \boldsymbol{0}\\ \boldsymbol{H}_1^{\mathrm{T}}\\ \boldsymbol{H}_2^{\mathrm{T}}\\ \boldsymbol{0}\\ \boldsymbol{0}\\ \boldsymbol{0}\end{bmatrix}\begin{bmatrix}\boldsymbol{0}\,\boldsymbol{0}\,\boldsymbol{H}_1\ \boldsymbol{H}_2\ \boldsymbol{0}\,\boldsymbol{0}\,\boldsymbol{0}\end{bmatrix}=\boldsymbol{\Phi}_{13}$$

由 Schur 补引理可知，$\boldsymbol{\Phi}=\boldsymbol{\Phi}_{11}+\boldsymbol{\Phi}_{13}$ 成立，则 $\boldsymbol{\Phi}<0$ 等价于 $\boldsymbol{\Phi}_1<0$。

证毕。

当 $\bar{\boldsymbol{P}}$ 和 $\bar{\boldsymbol{Y}}$ 通过定理 6.1 计算得到后，增益矩阵 $\boldsymbol{K}_d$ 和 $\boldsymbol{\Gamma}$ 可由 $\bar{\boldsymbol{L}}=\bar{\boldsymbol{P}}^{-1}\bar{\boldsymbol{Y}}$ 得出，这样就实现了鲁棒故障诊断。

注释 6.2　定理 6.1 可以保证增广观测误差动态系统的稳定。同时，状态观测误差和故障估计误差以稳定裕度指数 α 收敛，并且满足 $\boldsymbol{H}_\infty$性能指标。有界实引理保证了观测误差动态系统的稳定，区域极点配置引理使得特征值落在复平面 $-\alpha$ 左侧区域，提高了诊断误差动态系统的可靠性。

6.4　滑模容错控制

由 6.3 节提出的算法估计出故障后，需要设计容错控制器使得故障发生后的输出 PDF 仍可以满足跟踪期望分布的性能要求。由于模型不确定性的存在，完美的跟踪不可能存在。由于滑模容错控制对不确定系统具有良好的鲁棒性，本节设计了一个滑模容错控制器使得在有限时间内 PDF 跟踪误差收敛到滑模面，且保证了跟踪误差动态系统稳定。期望的目标 PDF 为

$$\gamma_g(y)=\boldsymbol{C}(y)\boldsymbol{V}_g+\boldsymbol{T}(y) \tag{6.16}$$

其中，$\boldsymbol{V}_g$ 为期望权值向量。定义权值跟踪误差为 $\boldsymbol{e}_v(t)=\boldsymbol{V}(t)-\boldsymbol{V}_g$ ，其中 $\boldsymbol{V}_g=\boldsymbol{D}\boldsymbol{x}_g$ 且 $\boldsymbol{x}_g=\boldsymbol{D}^{+}\boldsymbol{V}_g$ 为期望状态，$\boldsymbol{D}^{+}$ 为 $\boldsymbol{D}$ 的广义逆矩阵。状态跟踪误差动态系统可构造为

$$\begin{aligned}\dot{\boldsymbol{e}}_x(t)&=\dot{\boldsymbol{x}}(t)-\dot{\boldsymbol{x}}_g\\&=\dot{\boldsymbol{x}}(t)\\&=(\boldsymbol{A}+\Delta\boldsymbol{A})\boldsymbol{x}(t)+(\boldsymbol{B}+\Delta\boldsymbol{B})\boldsymbol{u}(t)+\boldsymbol{G}\boldsymbol{F}(t)\\&=(\boldsymbol{A}+\Delta\boldsymbol{A})\boldsymbol{x}(t)-(\boldsymbol{A}+\Delta\boldsymbol{A})\boldsymbol{x}_g+\\&\quad\ (\boldsymbol{A}+\Delta\boldsymbol{A})\boldsymbol{x}_g+(\boldsymbol{B}+\Delta\boldsymbol{B})\boldsymbol{u}(t)+\boldsymbol{G}\boldsymbol{F}(t)\\&=(\boldsymbol{A}+\Delta\boldsymbol{A})\boldsymbol{e}_x(t)+(\boldsymbol{A}+\Delta\boldsymbol{A})\boldsymbol{x}_g+(\boldsymbol{B}+\Delta\boldsymbol{B})\boldsymbol{u}(t)+\boldsymbol{G}\boldsymbol{F}(t)\end{aligned} \tag{6.17}$$

其中，$\boldsymbol{e}_x(t)=\boldsymbol{x}(t)-\boldsymbol{x}_g$ 。

对于滑模容错控制，需要满足两个要求：系统状态的可达性与滑动模态的趋于稳定性。通过设计滑模控制律，状态滑动点可以从任意位置在有

限时间内到达切换平面。因此，可以通过设计合适的切换函数实现滑动模态的渐近稳定。滑模控制律设计为

$$\boldsymbol{u}(t)=\boldsymbol{u}_{\text{eq}}(t)+\boldsymbol{u}_n(t) \tag{6.18}$$

其中，$\boldsymbol{u}_{\text{eq}}(t)$ 为等效控制部分以保证滑动区域的存在；$\boldsymbol{u}_n(t)$ 反映了滑模控制的不连续性使得系统状态可以从任意位置趋向滑模区域。

当设计切换函数时，可利用的信息是已知的确定性的系统矩阵。假设 $\Delta\boldsymbol{A}=0$ 及 $\Delta\boldsymbol{B}=0$，则跟踪误差动态系统为

$$\dot{\boldsymbol{e}}_x(t)=\boldsymbol{A}\boldsymbol{e}_x(t)+\boldsymbol{B}\boldsymbol{u}(t)+\boldsymbol{A}\boldsymbol{x}_g+\boldsymbol{G}\boldsymbol{F}(t) \tag{6.19}$$

由式（6.19）可设计如下的积分型切换函数。

$$\boldsymbol{s}(t)=\boldsymbol{L}\boldsymbol{e}_x(t)-\int_0^t \boldsymbol{L}(\boldsymbol{A}+\boldsymbol{B}\boldsymbol{K})\boldsymbol{e}_x(\tau)\mathrm{d}\tau \tag{6.20}$$

其中，矩阵 $\boldsymbol{K}$ 的选取使得矩阵 $\boldsymbol{A}+\boldsymbol{B}\boldsymbol{K}$ 为 Hurwitz 矩阵，且 $\boldsymbol{L}$ 使得矩阵 $\boldsymbol{L}\boldsymbol{B}$ 为非奇异矩阵。

注释 6.3 若 $\boldsymbol{B}$ 为非奇异矩阵，则 $\boldsymbol{L}$ 可为单位阵。

通过等效控制方法，当 $\dot{\boldsymbol{s}}(t)=0$ 时可获得等效控制部分为

$$\boldsymbol{u}_{\text{eq}}(t)=\boldsymbol{K}\boldsymbol{e}_x(t)-\boldsymbol{L}^*\boldsymbol{A}\boldsymbol{x}_g-\boldsymbol{L}^*\boldsymbol{G}\boldsymbol{F}(t) \tag{6.21}$$

其中，$\boldsymbol{L}^*=(\boldsymbol{L}\boldsymbol{B})^{-1}\boldsymbol{L}$。将式（6.21）代入式（6.4）和式（6.17），故障发生后的闭环动态系统和跟踪误差动态系统可分别构造为

$$\dot{\boldsymbol{x}}(t)=(\boldsymbol{A}+\Delta\boldsymbol{A})\boldsymbol{x}(t)+(\boldsymbol{B}+\Delta\boldsymbol{B})\boldsymbol{K}\boldsymbol{e}_x(t)-(\boldsymbol{B}+\Delta\boldsymbol{B})\boldsymbol{L}^*\boldsymbol{A}\boldsymbol{x}_g+(\boldsymbol{I}-\boldsymbol{B}\boldsymbol{L}^*-\Delta\boldsymbol{B}\boldsymbol{L}^*)\boldsymbol{G}\boldsymbol{F}(t) \tag{6.22}$$

$$\begin{aligned}\dot{\boldsymbol{e}}_x(t)=&(\boldsymbol{A}+\Delta\boldsymbol{A}+\boldsymbol{B}\boldsymbol{K}+\Delta\boldsymbol{B}\boldsymbol{K})\boldsymbol{e}_x(t)+(\boldsymbol{A}+\Delta\boldsymbol{A}-\boldsymbol{B}\boldsymbol{L}^*\boldsymbol{A}-\Delta\boldsymbol{B}\boldsymbol{L}^*\boldsymbol{A})\boldsymbol{x}_g+\\&(\boldsymbol{I}-\boldsymbol{B}\boldsymbol{L}^*-\Delta\boldsymbol{B}\boldsymbol{L}^*)\boldsymbol{G}\boldsymbol{F}(t)\end{aligned} \tag{6.23}$$

定义新的增广状态向量为 $\boldsymbol{z}(t)=[\boldsymbol{e}_x^{\mathrm{T}}(t)\ \boldsymbol{x}^{\mathrm{T}}(t)]^{\mathrm{T}}$，则

$$\dot{\boldsymbol{z}}(t)=\boldsymbol{A}_z\boldsymbol{z}(t)+\boldsymbol{A}_x\boldsymbol{x}_g+\boldsymbol{A}_f\boldsymbol{F}(t) \tag{6.24}$$

其中，$\boldsymbol{A}_z=\begin{bmatrix}\tilde{\boldsymbol{A}}+\tilde{\boldsymbol{B}}\boldsymbol{K} & \boldsymbol{0}\\ \tilde{\boldsymbol{B}}\boldsymbol{K} & \tilde{\boldsymbol{A}}\end{bmatrix}$，$\boldsymbol{A}_x=\begin{bmatrix}\tilde{\boldsymbol{A}}+\tilde{\boldsymbol{B}}\boldsymbol{L}^*\boldsymbol{A}\\ -\tilde{\boldsymbol{B}}\boldsymbol{L}^*\boldsymbol{A}\end{bmatrix}$，$\boldsymbol{A}_f=\begin{bmatrix}\boldsymbol{G}-\tilde{\boldsymbol{B}}\boldsymbol{L}^*\boldsymbol{G}\\ \boldsymbol{G}-\tilde{\boldsymbol{B}}\boldsymbol{L}^*\boldsymbol{G}\end{bmatrix}$，$\tilde{\boldsymbol{A}}=\boldsymbol{A}+\Delta\boldsymbol{A}$，$\tilde{\boldsymbol{B}}=\boldsymbol{B}+\Delta\boldsymbol{B}$。

定理 6.2 对于不确定 SDC 系统式（6.4），可选取积分型切换函数式(6.20)。假设存在正定对称矩阵 $\boldsymbol{P}=\begin{bmatrix}\boldsymbol{P}_1 & \boldsymbol{0}\\ \boldsymbol{0} & \boldsymbol{P}_2\end{bmatrix}$ 和 $\boldsymbol{K}$ 使得如下的LMI成立，

则闭环动态系统式（6.22）和滑模跟踪误差动态系统式（6.23）稳定，其中 η_1 和 η_2 为给定常数。

$$\boldsymbol{\Phi}=\begin{bmatrix} \boldsymbol{M}_1 & \boldsymbol{Y}_1\boldsymbol{B}^{\mathrm{T}} & \boldsymbol{M}_2 & \boldsymbol{M}_3 & (\boldsymbol{H}_1\boldsymbol{X}_1+\boldsymbol{H}_2\boldsymbol{Y}_1)^{\mathrm{T}} & (\boldsymbol{H}_2\boldsymbol{Y}_1)^{\mathrm{T}} \\ * & \boldsymbol{M}_4 & \boldsymbol{BL}^*\boldsymbol{A} & \boldsymbol{M}_3 & \boldsymbol{0} & (\boldsymbol{H}_1\boldsymbol{X}_2)^{\mathrm{T}} \\ * & * & -\eta_1^2\boldsymbol{I} & \boldsymbol{0} & (\boldsymbol{H}_1-\boldsymbol{H}_2\boldsymbol{L}^*\boldsymbol{A})^{\mathrm{T}} & (\boldsymbol{H}_2\boldsymbol{L}^*\boldsymbol{A})^{\mathrm{T}} \\ * & * & * & -\eta_2^2\boldsymbol{I} & (\boldsymbol{H}_2\boldsymbol{L}^*\boldsymbol{G})^{\mathrm{T}} & (\boldsymbol{H}_2\boldsymbol{L}^*\boldsymbol{G})^{\mathrm{T}} \\ * & * & * & * & -\delta\boldsymbol{I} & \boldsymbol{0} \\ * & * & * & * & * & -\delta\boldsymbol{I} \end{bmatrix}<0 \quad (6.25)$$

其中

$$\boldsymbol{M}_1=\boldsymbol{X}_1\boldsymbol{A}^{\mathrm{T}}+\boldsymbol{AX}_1+\boldsymbol{Y}_1^{\mathrm{T}}\boldsymbol{B}^{\mathrm{T}}+\boldsymbol{BY}_1+\delta\boldsymbol{EE}^{\mathrm{T}}+\lambda\boldsymbol{I},\ \boldsymbol{M}_2=\boldsymbol{A}-\boldsymbol{BL}^*\boldsymbol{A},$$

$$\boldsymbol{M}_3=\boldsymbol{G}-\boldsymbol{BL}^*\boldsymbol{G},\ \boldsymbol{M}_4=\boldsymbol{AX}_2+\boldsymbol{X}_2\boldsymbol{A}^{\mathrm{T}}+\delta\boldsymbol{EE}^{\mathrm{T}},\ \boldsymbol{X}=\boldsymbol{P}^{-1}=\begin{bmatrix}\boldsymbol{X}_1 & \boldsymbol{0}\\ \boldsymbol{0} & \boldsymbol{X}_2\end{bmatrix},$$

$$\boldsymbol{X}_1=\boldsymbol{P}_1^{-1},\ \boldsymbol{X}_2=\boldsymbol{P}_2^{-1},\ \boldsymbol{Y}_1=\boldsymbol{KX}_1,\ \boldsymbol{L}^*=(\boldsymbol{LB})^{-1}\boldsymbol{L}。$$

证明：选取 Lyapunov 函数为 $\Pi_1(t)=\boldsymbol{z}^{\mathrm{T}}(t)\boldsymbol{Pz}(t)$，则其一阶导数为

$$\begin{aligned}\dot{\Pi}_1(t)&=\boldsymbol{z}^{\mathrm{T}}(t)(\boldsymbol{A}_z^{\mathrm{T}}\boldsymbol{P}+\boldsymbol{PA}_z)\boldsymbol{z}(t)+2\boldsymbol{z}^{\mathrm{T}}(t)\boldsymbol{PA}_x\boldsymbol{x}_g+2\boldsymbol{z}^{\mathrm{T}}(t)\boldsymbol{PA}_f\boldsymbol{F}(t)\\ &\leqslant \boldsymbol{z}^{\mathrm{T}}(t)\boldsymbol{\Phi}_0\boldsymbol{z}(t)+\eta_1^2\boldsymbol{x}_g^{\mathrm{T}}\boldsymbol{x}_g+\eta_2^2\boldsymbol{F}^{\mathrm{T}}(t)\boldsymbol{F}(t)\end{aligned}$$

其中，$\boldsymbol{\Phi}_0=\boldsymbol{A}_z^{\mathrm{T}}\boldsymbol{P}+\boldsymbol{PA}_z+\dfrac{1}{\eta_1^2}\boldsymbol{PA}_x\boldsymbol{A}_x^{\mathrm{T}}\boldsymbol{P}+\dfrac{1}{\eta_2^2}\boldsymbol{PA}_f\boldsymbol{A}_f^{\mathrm{T}}\boldsymbol{P}$。$\boldsymbol{\Phi}_0$ 分别左乘右乘 $\boldsymbol{X}=\boldsymbol{P}^{-1}$，则 $\boldsymbol{\Phi}_0$ 可变换为 $\boldsymbol{\Phi}_0=\boldsymbol{\Phi}_1+\boldsymbol{\Phi}_2$。

$$\boldsymbol{\Phi}_1=\begin{bmatrix} \boldsymbol{M}_{11} & \boldsymbol{Y}_1^{\mathrm{T}}\boldsymbol{B}^{\mathrm{T}} & \boldsymbol{M}_{12} & \boldsymbol{M}_{13} \\ * & \boldsymbol{AX}_2+\boldsymbol{X}_2\boldsymbol{A}^{\mathrm{T}} & \boldsymbol{BL}^*\boldsymbol{A} & \boldsymbol{M}_{13} \\ * & * & -\eta_1^2\boldsymbol{I} & \boldsymbol{0} \\ * & * & * & -\eta_1^2\boldsymbol{I} \end{bmatrix}$$

其中，$\boldsymbol{M}_{11}=\boldsymbol{AX}_1+\boldsymbol{X}_1\boldsymbol{A}^{\mathrm{T}}+\boldsymbol{Y}_1^{\mathrm{T}}\boldsymbol{B}^{\mathrm{T}}+\boldsymbol{BY}_1$，$\boldsymbol{M}_{12}=\boldsymbol{A}-\boldsymbol{BL}^*\boldsymbol{A}$，$\boldsymbol{M}_{13}=\boldsymbol{G}-\boldsymbol{BL}^*\boldsymbol{G}$，$\boldsymbol{Y}_1=\boldsymbol{KP}_1^{-1}$。

$$\boldsymbol{\Phi}_2=\begin{bmatrix} \boldsymbol{M}_{21} & \boldsymbol{Y}_1^{\mathrm{T}}\Delta\boldsymbol{B}^{\mathrm{T}} & \boldsymbol{M}_{22} & \boldsymbol{M}_{22} \\ * & \Delta\boldsymbol{AX}_2+\boldsymbol{X}_2\Delta\boldsymbol{A}^{\mathrm{T}} & \Delta\boldsymbol{BL}^*\boldsymbol{A} & \boldsymbol{M}_{22} \\ * & * & \boldsymbol{0} & \boldsymbol{0} \\ * & * & * & \boldsymbol{0} \end{bmatrix}$$

其中，$\boldsymbol{M}_{21}=\boldsymbol{X}_1\Delta\boldsymbol{A}^{\mathrm{T}}+\boldsymbol{Y}_1^{\mathrm{T}}\Delta\boldsymbol{B}^{\mathrm{T}}+\Delta\boldsymbol{AX}_1+\Delta\boldsymbol{BY}_1$，$\boldsymbol{M}_{22}=\Delta\boldsymbol{A}-\Delta\boldsymbol{BL}^*\boldsymbol{A}$，$\boldsymbol{M}_{23}=\Delta\boldsymbol{BL}^*\boldsymbol{G}$。由引理 6.1 可得

$$\boldsymbol{\Phi}_2 \leqslant \delta \begin{bmatrix} \boldsymbol{E} & \mathbf{0} \\ \mathbf{0} & \boldsymbol{E} \\ \mathbf{0} & \mathbf{0} \\ \mathbf{0} & \mathbf{0} \end{bmatrix} \begin{bmatrix} \boldsymbol{E}^{\mathrm{T}} & \mathbf{0} & \mathbf{0} & \mathbf{0} \\ \mathbf{0} & \boldsymbol{E}^{\mathrm{T}} & \mathbf{0} & \mathbf{0} \end{bmatrix} + \delta^{-1} \begin{bmatrix} (\boldsymbol{H}_1\boldsymbol{X}_1 + \boldsymbol{H}_2\boldsymbol{Y}_1)^{\mathrm{T}} & (\boldsymbol{H}_2\boldsymbol{Y}_1)^{\mathrm{T}} \\ \mathbf{0} & (\boldsymbol{H}_1\boldsymbol{X}_2)^{\mathrm{T}} \\ (\boldsymbol{H}_1 - \boldsymbol{H}_2\boldsymbol{L}^*\boldsymbol{A})^{\mathrm{T}} & (\boldsymbol{H}_2\boldsymbol{L}^*\boldsymbol{A})^{\mathrm{T}} \\ (\boldsymbol{H}_2\boldsymbol{L}^*\boldsymbol{G})^{\mathrm{T}} & (\boldsymbol{H}_2\boldsymbol{L}^*\boldsymbol{G})^{\mathrm{T}} \end{bmatrix} \times$$

$$\begin{bmatrix} \boldsymbol{H}_1\boldsymbol{X}_1 + \boldsymbol{H}_2\boldsymbol{Y} & \mathbf{0} & \boldsymbol{H}_1 - \boldsymbol{H}_2\boldsymbol{L}^*\boldsymbol{A} & \boldsymbol{H}_2\boldsymbol{L}^*\boldsymbol{G} \\ \boldsymbol{H}_2\boldsymbol{Y}_1 & \boldsymbol{H}_1\boldsymbol{X}_2 & \boldsymbol{H}_2\boldsymbol{L}^*\boldsymbol{A} & \boldsymbol{H}_2\boldsymbol{L}^*\boldsymbol{G} \end{bmatrix}$$

由 Schur 补引理可进一步变换得到

$$\boldsymbol{\Phi}_0 \leqslant \boldsymbol{\Phi}_3 = \begin{bmatrix} \boldsymbol{M}_{31} & \boldsymbol{Y}_1\boldsymbol{B}^{\mathrm{T}} & \boldsymbol{M}_{12} & \boldsymbol{M}_{13} & (\boldsymbol{H}_1\boldsymbol{X}_1 + \boldsymbol{H}_2\boldsymbol{Y}_1)^{\mathrm{T}} & (\boldsymbol{H}_2\boldsymbol{Y}_1)^{\mathrm{T}} \\ * & \boldsymbol{A}\boldsymbol{X}_2 + \boldsymbol{X}_2\boldsymbol{A}^{\mathrm{T}} & \boldsymbol{B}\boldsymbol{L}^*\boldsymbol{A} & \boldsymbol{M}_3 & \mathbf{0} & (\boldsymbol{H}_1\boldsymbol{X}_2)^{\mathrm{T}} \\ * & * & -\eta_1^2\boldsymbol{I} & \mathbf{0} & (\boldsymbol{H}_1 - \boldsymbol{H}_2\boldsymbol{L}^*\boldsymbol{A})^{\mathrm{T}} & (\boldsymbol{H}_2\boldsymbol{L}^*\boldsymbol{A})^{\mathrm{T}} \\ * & * & * & -\eta_2^2\boldsymbol{I} & (\boldsymbol{H}_2\boldsymbol{L}^*\boldsymbol{G})^{\mathrm{T}} & (\boldsymbol{H}_2\boldsymbol{L}^*\boldsymbol{G})^{\mathrm{T}} \\ * & * & * & * & -\delta\boldsymbol{I} & \mathbf{0} \\ * & * & * & * & * & -\delta\boldsymbol{I} \end{bmatrix}$$

其中，$\boldsymbol{M}_{31} = \boldsymbol{X}_1\boldsymbol{A}^{\mathrm{T}} + \boldsymbol{Y}_1^{\mathrm{T}}\boldsymbol{B}^{\mathrm{T}} + \boldsymbol{A}\boldsymbol{X}_1 + \boldsymbol{B}\boldsymbol{Y}_1 + \delta\boldsymbol{E}\boldsymbol{E}^{\mathrm{T}}$。将 $\lambda\boldsymbol{I}$ 加到 $\boldsymbol{M}_{31}$，即 $\boldsymbol{M}_1 = \boldsymbol{M}_{31} + \lambda\boldsymbol{I}$，则可得到 $\boldsymbol{\Phi}$，其中 $\boldsymbol{X} = \boldsymbol{P}^{-1}$，$\boldsymbol{Y}_1 = \boldsymbol{K}\boldsymbol{X}_1$。当 $\boldsymbol{\Phi} < 0$ 成立时，可以得到 $\boldsymbol{\Phi}_0 < -\lambda\boldsymbol{I}$，使得

$$\dot{\Pi}_1(t) < -\lambda\boldsymbol{z}^{\mathrm{T}}(t)\boldsymbol{z}(t) + \eta_1^2\boldsymbol{x}_g^{\mathrm{T}}\boldsymbol{x}_g + \eta_2^2\boldsymbol{F}^{\mathrm{T}}(t)\boldsymbol{F}(t)$$

成立。因此，当满足 $\|\boldsymbol{z}(t)\|^2 > \dfrac{4\eta_1^2\boldsymbol{x}_g^{\mathrm{T}}\boldsymbol{x}_g + \eta_2^2\boldsymbol{M}^2}{4\lambda}$ 时，$\dot{\Pi}_1(t) < 0$ 成立，使得 $\|\boldsymbol{z}(t)\|^2 \leqslant \dfrac{4\eta_1^2\boldsymbol{x}_g^{\mathrm{T}}\boldsymbol{x}_g + \eta_2^2\boldsymbol{M}^2}{4\lambda}$，那么故障发生容错控制介入后的闭环动态系统式（6.22）和滑模跟踪误差动态系统式（6.23）稳定。

证毕。

为了保证状态轨迹从任意位置在有限时间内可以到达切换面，设计如下的滑动模态切换控制律。

$$\boldsymbol{u}_n(t) = \begin{cases} -\beta\dfrac{\boldsymbol{s}(t)}{\|\boldsymbol{s}(t)\|^2} & \boldsymbol{s}(t) \neq 0 \\ 0 & \boldsymbol{s}(t) = 0 \end{cases} \tag{6.26}$$

其中，$\beta > 0$ 为一个较小的常数。

定理 6.3 对于不确定 SDC 系统式（6.4），选取积分型切换函数式

（6.20），滑动模态切换控制律式（6.26）可以保证系统状态轨迹在有限时间到达切换面 $\boldsymbol{s}(t)=0$ 。

证明：选取 Lyapunov 函数为 $\Pi_2(t)=\dfrac{1}{2}\boldsymbol{s}^{\mathrm{T}}(t)(\boldsymbol{L}\overline{\boldsymbol{B}})^{-1}\boldsymbol{s}(t)$，则其一阶导数为

$$
\begin{aligned}
\dot{\Pi}_2(t)&=\boldsymbol{s}^{\mathrm{T}}(t)(\boldsymbol{LB})^{-1}\dot{\boldsymbol{s}}(t)\\
&=\boldsymbol{s}^{\mathrm{T}}(t)(\boldsymbol{LB})^{-1}\boldsymbol{L}(\boldsymbol{Ae}_x(t)+\boldsymbol{Bu}(t)+\boldsymbol{G}\hat{\boldsymbol{F}}(t)+\boldsymbol{Ax}_g)-\boldsymbol{s}^{\mathrm{T}}(t)(\boldsymbol{L}\overline{\boldsymbol{B}})^{-1}\boldsymbol{L}(\boldsymbol{A}+\boldsymbol{BK})\boldsymbol{e}_x(t)\\
&=\boldsymbol{s}^{\mathrm{T}}(t)(\boldsymbol{LB})^{-1}\boldsymbol{LBu}_n(t)\\
&=-\beta\frac{\boldsymbol{s}^{\mathrm{T}}(t)\boldsymbol{s}(t)}{\|\boldsymbol{s}(t)\|^2}=-\beta<0
\end{aligned}
$$

因此系统状态轨迹可在有限时间内到达切换平面。

证毕。

将状态的估计值 $\hat{\boldsymbol{x}}(t)$ 和故障的估计值 $\hat{\boldsymbol{F}}(t)$ 代入式（6.21）分别替代 $\boldsymbol{x}(t)$ 和 $\boldsymbol{F}(t)$，可得到实际的滑模容错控制器为

$$
\begin{aligned}
\boldsymbol{u}(t)&=\boldsymbol{u}_{\mathrm{eq}}(t)+\boldsymbol{u}_n(t)\\
&=\begin{cases}\boldsymbol{K}(\hat{\boldsymbol{x}}(t)-\boldsymbol{x}_g)-\boldsymbol{L}^*\boldsymbol{Ax}_g-\boldsymbol{L}^*\boldsymbol{G}\hat{\boldsymbol{F}}(t)-\beta\dfrac{\boldsymbol{s}(t)}{\|\boldsymbol{s}(t)\|^2} & \boldsymbol{s}(t)\neq 0\\ \boldsymbol{K}(\hat{\boldsymbol{x}}(t)-\boldsymbol{x}_g)-\boldsymbol{L}^*\boldsymbol{Ax}_g-\boldsymbol{L}^*\boldsymbol{G}\hat{\boldsymbol{F}}(t) & \boldsymbol{s}(t)=0\end{cases}
\end{aligned}\tag{6.27}
$$

注释 6.4　与本章控制器设计算法不同，文献[5]中利用输出 PDF 跟踪误差的积分设计了增广控制输入，但是完美的跟踪仍不能实现。文献[5]的控制目标是在有限时间的任意瞬时分布跟踪误差满足一定上界。

6.5　仿真实例

为了验证所提出算法的有效性，考虑文献[2]中提出的典型的造纸机实例，如图 6.1 所示。白水池中的絮凝纤维和填充物是填充物输入、纤维输入和诸如助留剂等化学添加剂输入控制的主要目标。在作为实例的造纸机湿

端控制系统中，在相关给水系统中的纤维长度分布、网格孔径分布及絮凝粒尺寸分布都受到一些未知环境变化的影响，这些影响可被视为建模时的模型不确定性。因此，需要设计故障诊断和容错控制算法使得发生故障的造纸系统仍可以稳定地工作，并且故障发生后的系统性能仍能尽可能地接近期望性能。

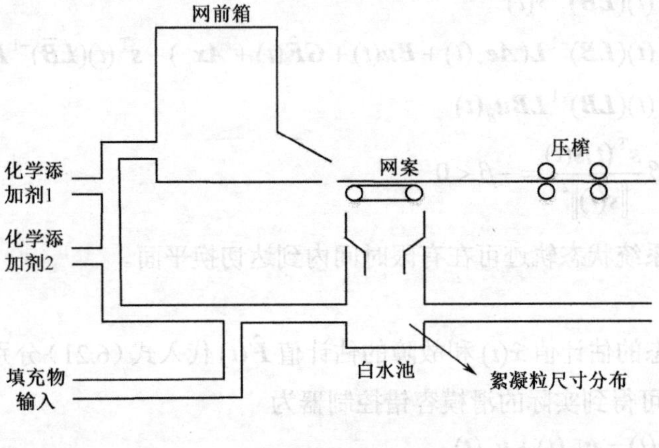

图 6.1　造纸机湿端示意

这里考虑两个不同的系统，其输出 PDF 由如下的 B 样条函数 $\phi_i(y)$ $(i=1,2,3,4)$ 逼近。

$$\phi_1(y)=\frac{1}{2}(y+3)^2 I_1+(-y^2-3y-1.5)I_2+\frac{1}{2}(y-0)^2 I_3$$

$$\phi_2(y)=\frac{1}{2}(y+2)^2 I_2+(-y^2-y-0.5)I_3+\frac{1}{2}(y-1)^2 I_4$$

$$\phi_3(y)=\frac{1}{2}(y+1)^2 I_3+(-y^2+y-0.5)I_4+\frac{1}{2}(y-2)^2 I_5$$

$$\phi_4(y)=\frac{1}{2}(y+0)^2 I_4+(-y^2+3y-1.5)I_5+\frac{1}{2}(y-3)^2 I_6$$

其中

$$I_i=\begin{cases}1 & y\in[i-4,i-3]\\ 0 & 其他\end{cases}$$

定义 PDF 逼近误差 $e_0(y,t)=a\sin(\Omega_y)$，$\Omega_y\in[0,2\pi]$，其中 a 为定义在 $[0,0.02]$ 上的随机数。初始权值向量和期望权值向量分别选取为 $V_0=[0.1\ \ 0.1\ \ 0.1]^{\mathrm{T}}$，$V_g=[0.3\ \ 0.6\ \ 0.1]^{\mathrm{T}}$。$H_\infty$ 性能指标为 $\gamma=2.8$，稳定裕度指数 $\alpha=0.2$。设定采样时间为 $0.1\mathrm{s}$，总仿真时间为 $50\mathrm{s}$。

6.5.1　仿真实例 1

通过子空间辨识算法[2]可求得系统模型参数矩阵为

$$A=\begin{bmatrix}-5 & 2 & 0\\ 0.8 & -4 & 0\\ 0 & 2 & -3\end{bmatrix},\ B=\begin{bmatrix}0.5 & 0.3 & 0\\ 0 & 0.9 & 0.1\\ -0.5 & -0.2 & 0.1\end{bmatrix},\ G=\begin{bmatrix}3\\ -1\\ -1.5\end{bmatrix},\ E=\begin{bmatrix}-0.02\\ -0.01\\ -0.1\end{bmatrix},$$

$H_1=\begin{bmatrix}0.1 & 0.1 & -0.2\end{bmatrix}$，$H_2=\begin{bmatrix}-0.1 & 0.1 & -0.1\end{bmatrix}$。

$N(t)$ 为在 $[-0.3\ \ 0.3]$ 上服从均匀分布的时变函数。为了验证算法，假设时变故障为

$$F(t)=\begin{cases}0 & t\leqslant 10\text{s}\\ 0.5+0.1\times(t-10) & 10\text{s}<t\leqslant 15\text{s}\\ 2-\mathrm{e}^{-0.55\times(t-15)} & 15\text{s}<t\leqslant 30\text{s}\\ 1 & t>30\text{s}\end{cases}$$

由定理 6.1 和定理 6.2 的 LMI 可计算得到增益矩阵为

$$\Gamma=4.2498,\quad K_d=[-0.5554\ \ 0.0734\ \ -1.2572]^{\mathrm{T}}$$

$$K=\begin{bmatrix}0.5961 & -0.0516 & -0.3993\\ -0.2223 & 0.6177 & -0.0393\\ -0.7705 & 0.2770 & 0.2732\end{bmatrix}$$

并且相应的正定对称矩阵 $\bar{P}$ 和矩阵 P_1、P_2 为

$$\bar{P}=\begin{bmatrix}2.9419 & 2.5300 & 1.5729 & -1.2620\\ 2.5300 & 5.3751 & 1.9460 & -0.9499\\ 1.5729 & 1.9460 & 2.8944 & 0.4480\\ -1.2620 & -0.9499 & 0.4480 & 1.8436\end{bmatrix}$$

$$P_1=\begin{bmatrix}0.3448 & -0.1097 & 0.0012\\ -0.1097 & 0.2975 & -0.0601\\ 0.0012 & -0.0601 & 0.1910\end{bmatrix}$$

$$P_2=\begin{bmatrix}0.3710 & -0.1098 & -0.0154\\ -0.1098 & 0.3356 & -0.0611\\ -0.0154 & -0.0611 & 0.2094\end{bmatrix}$$

故障诊断的结果如图 6.2 所示，从图中可以看到故障的估计快速、准确地跟踪上了故障真值的变化，得到了理想的故障诊断结果。当故障发生

时，利用故障估计信息重构控制器，容错控制介入系统消除故障对系统的影响。图 6.3 为整个容错控制过程控制输入 $\boldsymbol{u}(t)$的响应。有容错控制和无容错控制时初始 PDF、期望 PDF 及最终 PDF 分别如图 6.4 和图 6.5 所示。图 6.5 清楚地表明了故障对系统性能的影响。图 6.6 为有容错控制的输出

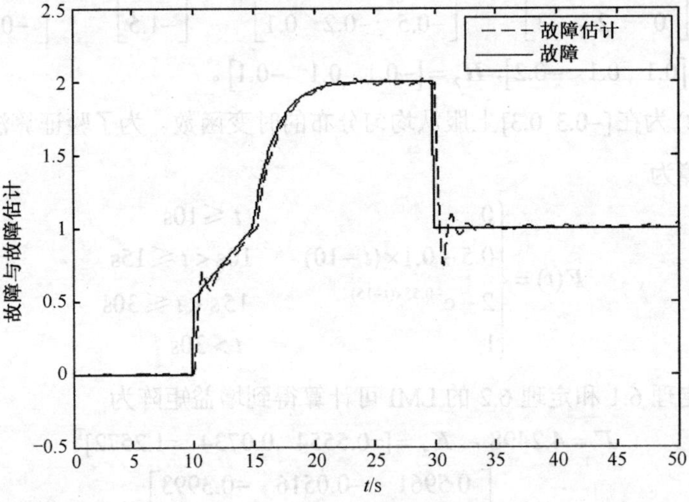

图 6.2　系统 1 的故障诊断结果

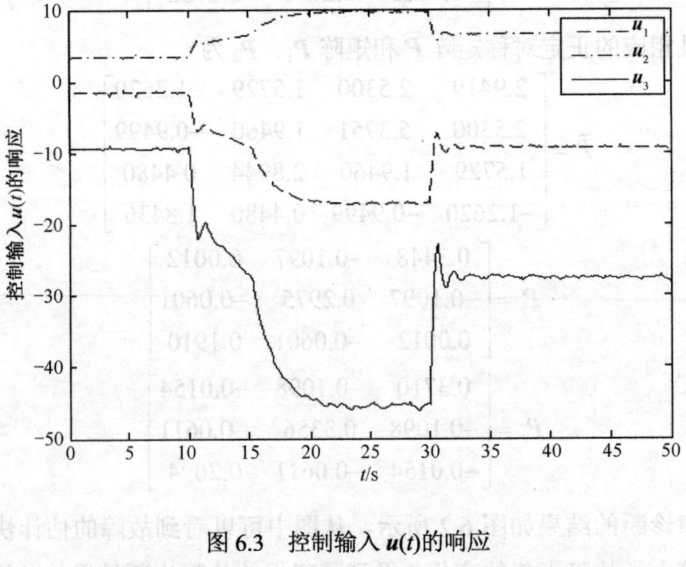

图 6.3　控制输入 $\boldsymbol{u}(t)$的响应

PDF 全过程的 3D 图像，表明了故障发生前后控制器的控制作用。从上述图像中可以得出，实际的输出 PDF 仍能够很好地跟踪期望 PDF 满足性能要求，故障引起的性能下降得到了补偿。

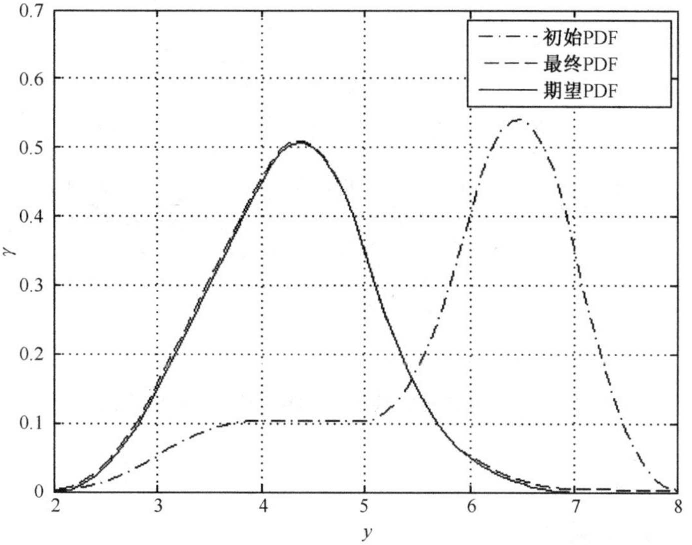

图 6.4　故障发生后有容错控制的输出 PDF

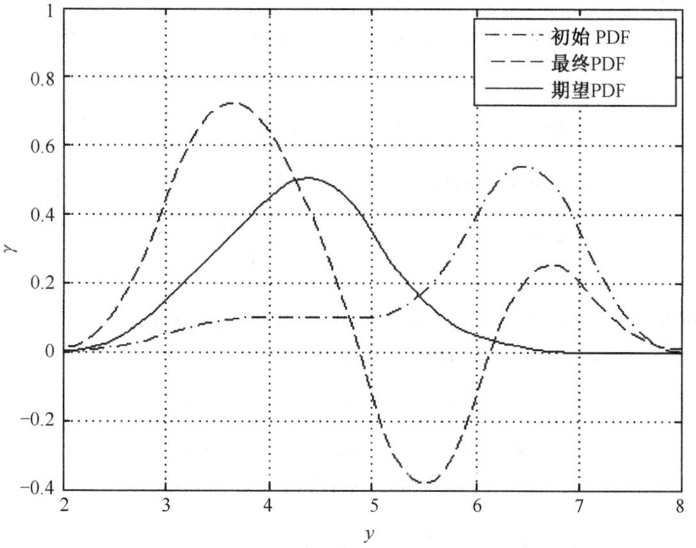

图 6.5　故障发生后无容错控制的输出 PDF

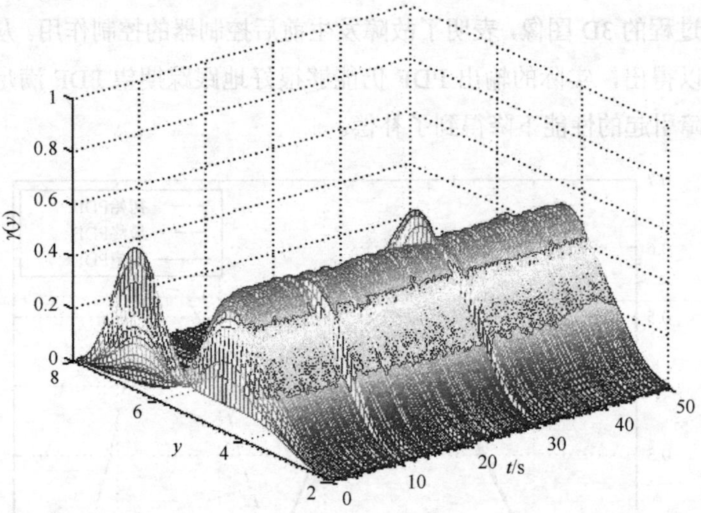

图 6.6　有容错控制的输出 PDF 全过程的 3D 图像

6.5.2　仿真实例 2

对于系统 2，系统模型参数矩阵为

$$\boldsymbol{A}=\begin{bmatrix}-3.8 & 1.5 & -0.5\\ 0.5 & -3 & 1\\ -0.3 & 0.7 & -2.4\end{bmatrix},\ \boldsymbol{B}=\begin{bmatrix}0.12 & 1.12 & -0.22\\ -0.61 & -0.66 & 1.73\\ 0.76 & -0.6 & 0.98\end{bmatrix}$$

其他参数矩阵与式（6.1）相同。假设时变故障形式为

$$\boldsymbol{F}(t)=\begin{cases}0 & t<15\text{s}\\ 0.5+0.06\times\sin(t-15) & t\geqslant 15\text{s}\end{cases}$$

由定理 6.1 和定理 6.2 的 LMI 可计算得到增益矩阵为

$$\boldsymbol{\Gamma}=8.8114,\ \boldsymbol{K}_d=[-0.5134\ \ 0.3398\ \ -0.8710]^{\mathrm{T}}$$

$$\boldsymbol{K}=\begin{bmatrix}0.0019 & 0.1186 & 0.0599\\ 0.2227 & -0.1006 & 0.1490\\ 0.1338 & 0.0509 & 0.1270\end{bmatrix}$$

并且相应的正定对称矩阵 $\bar{\boldsymbol{P}}$ 和矩阵 $\boldsymbol{P}_1$、$\boldsymbol{P}_2$ 为

$$\bar{\boldsymbol{P}}=\begin{bmatrix}13.3651 & 13.9891 & 7.7293 & -1.0935\\ 13.9891 & 19.4083 & 9.4826 & -0.1174\\ 7.7293 & 9.4826 & 7.5700 & 0.7219\\ -1.0935 & -0.1174 & 0.7219 & 2.0501\end{bmatrix}$$

$$\boldsymbol{P}_1=\begin{bmatrix}0.2362 & -0.0714 & 0.0203\\ -0.0714 & 0.2047 & -0.0689\\ 0.0203 & -0.0689 & 0.1599\end{bmatrix}$$

$$\boldsymbol{P}_2=\begin{bmatrix}0.2501 & -0.0723 & 0.0268\\ -0.0723 & 0.2118 & -0.0613\\ 0.0268 & -0.0613 & 0.1672\end{bmatrix}$$

故障诊断的结果如图 6.7 所示。有容错控制的初始 PDF、期望 PDF 和最终 PDF 如图 6.8 所示。图 6.9 和图 6.10 分别给出无容错控制和有容错控制输出 PDF 全过程的 3D 图像。通过对比图 6.9 和图 6.10 可知，当第 15s 出现故障后，容错控制器快速介入系统进行控制，输出 PDF 能够跟踪到期望 PDF。

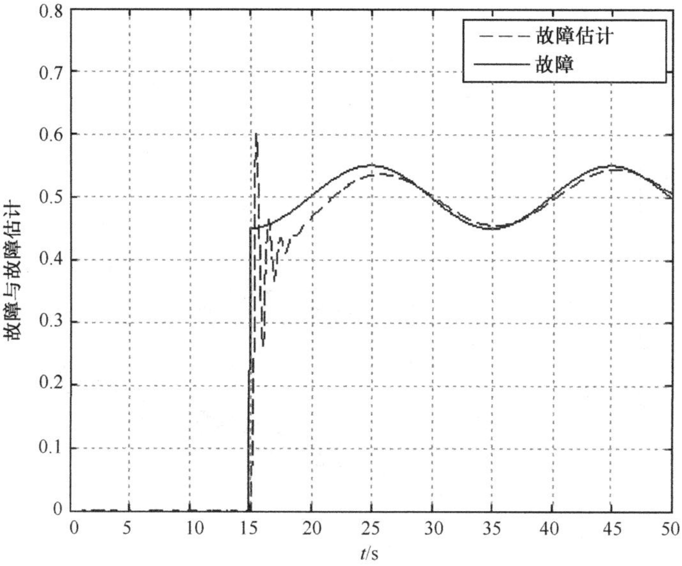

图 6.7　系统 2 的故障诊断结果

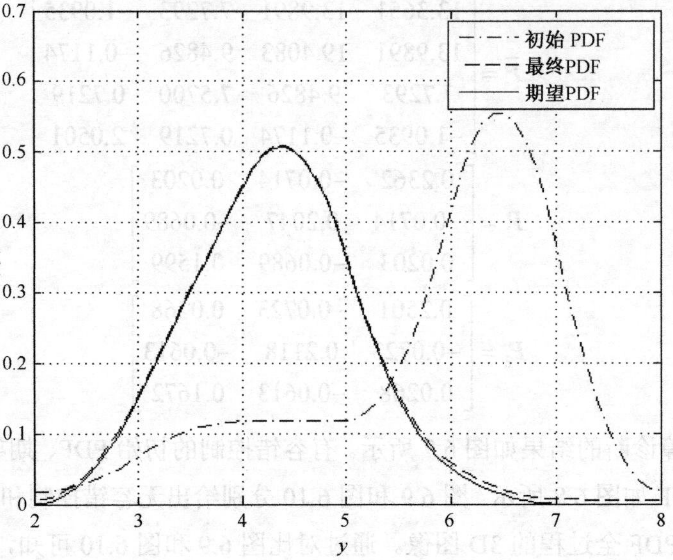

图 6.8　故障发生后有容错控制的输出 PDF

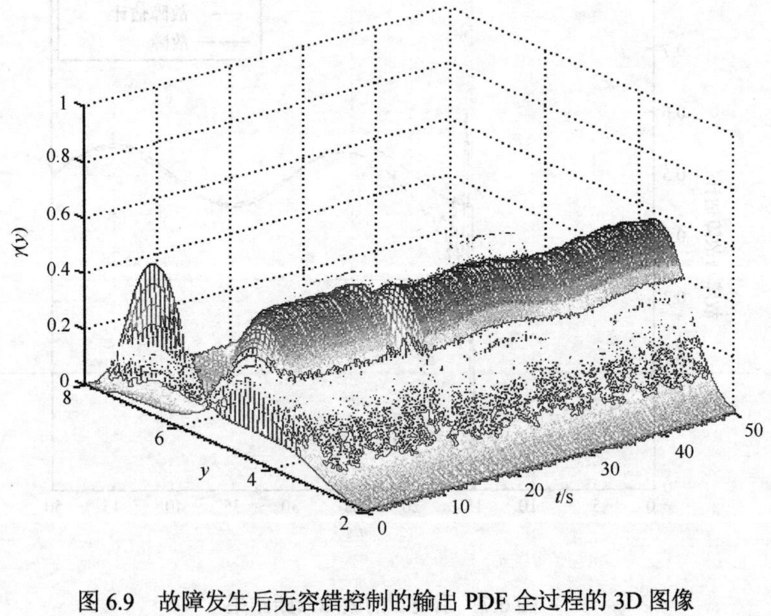

图 6.9　故障发生后无容错控制的输出 PDF 全过程的 3D 图像

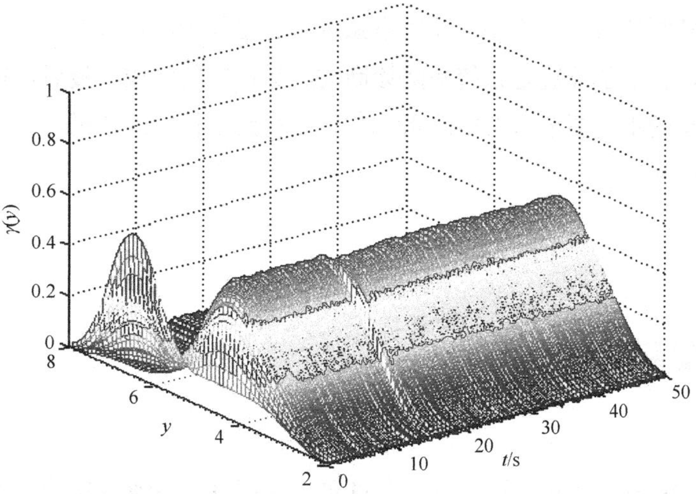

图 6.10　故障发生后有容错控制的输出 PDF 全过程的 3D 图像

由上述两个不同的仿真实例可知，本章所提出的故障诊断与容错控制算法针对两个不同的有 PDF 逼近误差的不确定 SDC 系统可以有效地精确估计两种不同的复杂时变故障。滑模容错控制器利用状态变量的跟踪误差作为反馈，由于模型不确定性及 PDF 逼近误差的存在，精确地跟踪期望 PDF 几乎不可能实现，因此容错控制的目标是消除故障和模型不确定性引起的性能恶化。以上仿真结果证明，容错控制算法可以保证系统出现故障后的性能要求。

6.6 结论

本章针对带有 PDF 逼近误差的非高斯不确定 SDC 系统进行研究。首先，构造了故障诊断观测器，将观测误差动态系统中的不确定输入和 PDF 逼近误差视为未知外源扰动，以获得增广的观测误差动态系统，并给出了此系统稳定且满足 H_∞ 性能指标的证明。然后，利用故障估计的信息，设计了滑模容错控制使得分布跟踪误差动态系统和容错控制闭环系统稳定；利用这种算法，实现了不确定系统故障诊断与容错控制的集成。最后，针对两种不同系统的不同复杂时变故障形式的仿真得到了很好的结果，验证了算法的有效性和适用性。

参考文献

[1] Zhong M Y, Ding S X, Lam J, et al. An LMI approach to design robust fault detection filter for uncertain LTI systems [J]. Automatica, 2003, 39(3): 543-550.

[2] Wang H. Bounded Dynamic Stochastic Systems: Modeling and Control [M]. London: Springer-Verlag, 2000.

[3] M Chilali, P Gahinet, P Apkarian. Robust pole placement in LMI regions [J]. IEEE Transactions on Automatic Control, 1999, 44(12): 2257-2270.

[4] 秦记峰. 非高斯随机分布系统的集成故障诊断与容错控制 [D]. 郑州：郑州大学，2012.

[5] Zhou J, Li G T, Wang H. Robust tracking controller design for non-Gaussian singular uncertainty stochastic distribution systems [J]. Automatica, 2014, 50(4): 1296-1303.

[6] 张柯，姜斌. 基于故障诊断观测器的输出反馈容错控制设计 [J]. 自动化学报，2010，36(2)：274-281.

第 7 章

07

非高斯非线性随机分布控制系统的统计信息跟踪容错控制

本章对一类非线性随机分布控制系统进行了故障诊断与统计信息容错控制研究。与其他容错控制问题不同的是，本章提出的跟踪目标为统计信息量。利用线性矩阵不等式方法计算故障诊断所需的观测器增益和自适应调节律增益。基于故障估计信息和其他测量信息，提出了一种基于统计信息跟踪目标的主动容错控制方案。

7.1 引言

现代控制系统正朝着规模化、复杂化的方向发展，如化学反应器[1]、近空间超音速飞行器[2-3]和液压伺服系统[4-5]。系统在发生故障后，产品的质量可能会受到影响，并且可能会造成巨大的损失。因此，为了改善随机分布控制系统的可靠性和安全性，随机动态系统的故障诊断和容错控制问题越来越受到人们的重视。目前关于随机动态系统的故障诊断和容错控制的研究大多针对线性随机系统。事实上，非线性随机动态系统在工业生产过程中得到了广泛的应用。非线性随机动态系统的复杂性使得故障诊断和容错控制变得更加困难[6-9]。

对于大多数随机系统，考虑更多的是系统的概率密度函数而不是系统的实际输出值[10, 11]。输出概率密度函数的控制模型也称为随机分布控制系统，在文献[10]中有定义。随机分布控制系统的控制目标是控制输出概率密度函数的形状[12]。为了得到随机分布控制系统的一些易于处理的控制器设计算法，文献[9-13]提出了基于输出概率密度函数 B 样条模型的概率密度函数的追踪控制策略。在文献[13]中，提出了一种新的动态随机系统控制框架——统计跟踪控制。统计跟踪控制的目标是确保系统输出的概率密度函数的统计信息能够跟踪给定的统计信息函数。通常需要控制系统输出概率密度函数的统计信息。例如，造纸过程中纸浆均匀度的控制、颗粒均匀度控制和火焰分布控制。到目前为止，许多重要的诊断技术已经被成功地应用到实际的生产过程中。这些故障诊断方法大致可以分为两个主要方向：一个方向是基于观测器或过滤器的方法。残差信号由观测器或滤波器产生，用于检测和估计故障[14-16]。另一个方向包括系统识别技术[17]和统计方法[6]。在上述随机控制方法和故障诊断算法的基础上，提出了一种新的基于系统输出统计信息的非高斯非线性系统故障诊断算法。对于非高斯非线性系统，故障诊断的目标是利用统计信息获取故障信息。对于非高斯随机系统，均值和方差不足以描述其统计特性。因此，本章采用均值和熵作为驱动统计信息。

在文献[18]中，给出了一种基于 PI 跟踪控制的非高斯时滞随机分布控制系统的容错控制方案；在文献[19]中研究了一类带时滞的不确定转换非线性系统的容错控制问题；文献[20]提出了一种适用于非高斯奇异随机分布控制系统的最小熵容错控制算法；文献[21]研究了一类具有马尔可夫跳变参数、传感器和执行器故障和输出干扰的随机系统的容错控制问题。然而，设计用于容错控制的滑模控制器很少。滑模控制 [22, 23]是一种重要的非线性控制方法，具有对参数变化不敏感、鲁棒性强等特点[24, 25]。本章提出了一种基于滑模控制的容错控制方案。

本章的主要内容和贡献总结如下。

（1）不同于其他的容错控制问题，统计信息函数作为跟踪目标，可以更好地描述非高斯变量的随机特性。

（2）本章考虑了一般的时变故障情况。

（3）提出了一种基于滑模跟踪控制的容错控制方案，使故障发生后的统计信息跟踪目标统计信息函数。仿真结果表明，本算法比文献[26]中的 PI 控制算法有更好的容错效果。

7.2 统计信息和系统模型描述

对于具有随机输出 $\eta(t)\in[a,b]$ 的复杂的非高斯非线性随机分布控制系统，$\eta(t)$ 的分布形状在任何时刻 t 都由控制输入信号 $\boldsymbol{u}(t)$ 控制。然后 $\eta(t)$ 可以通过它的条件概率密度函数 $\gamma(y,\boldsymbol{u}(t))$ 描述，其中 y 是定义区间内的变量。统计信息性能指标可以定义为 $\int_{\alpha}^{\beta}\delta(\gamma,\boldsymbol{u}(t))\mathrm{d}y$，其中

$$\delta(\gamma,\boldsymbol{u}(t))=\boldsymbol{Q}_1\gamma(y,\boldsymbol{u}(t))\ln(\gamma,\boldsymbol{u}(t))+\boldsymbol{Q}_2 y\gamma(y,\boldsymbol{u}(t)) \tag{7.1}$$

其中，$\boldsymbol{Q}_1$ 和 $\boldsymbol{Q}_2$ 是权值向量。在式（7.1）中，第一项代表熵，第二项是输出变量的平均值。在本章中，构造的线性神经网络模型 $\delta(\gamma,\boldsymbol{u}(t))$ 为

$$\delta(\gamma,\boldsymbol{u}(t))=\sum_{i=1}^{n}w_i(t)\phi_i(y)=\boldsymbol{C}(y)\boldsymbol{V}(t)+\boldsymbol{L}(y)+\varepsilon(y,t) \tag{7.2}$$

其中，$\phi_i(y)(i=1,2,\cdots,n)$ 是预先指定的基函数；$w_i(t)(i=1,2,\cdots,n)$ 是近似权值；$\varepsilon(y,t)$ 是近似误差的影响，在这里可以忽略不计；$\boldsymbol{C}(y)$、$\boldsymbol{V}(t)$ 和 $\boldsymbol{L}(y)$ 描述如下。

$$\begin{aligned}
&\boldsymbol{C}(y)=[\phi_1(y)-\frac{\phi_n(y)b_1}{b_n},\phi_2(y)-\frac{\phi_n(y)b_2}{b_n},\dots,\phi_{n-1}(y)-\frac{\phi_n(y)b_{n-1}}{b_n}]\\
&\boldsymbol{V}(t)=[w_1(t),w_2(t),\cdots,w_{n-1}(t)]^{\mathrm{T}}\\
&\boldsymbol{L}(y)=\frac{\phi_n(y)}{b_n}
\end{aligned} \tag{7.3}$$

其中，$b_i=\int_a^b\phi_i(y)\mathrm{d}y\ (i=1,2,\cdots,n)$。

考虑如下非高斯非线性随机分布控制系统。

$$\begin{aligned}&\dot{\boldsymbol{x}}(t)=\boldsymbol{A}\boldsymbol{x}(t)+\boldsymbol{B}\boldsymbol{u}(t)+\boldsymbol{H}g(\boldsymbol{x}(t))+\boldsymbol{G}\boldsymbol{F}(t)\\&\boldsymbol{V}(t)=\boldsymbol{D}\boldsymbol{x}(t)\\&\delta(\gamma,\boldsymbol{u}(t))=\boldsymbol{C}(y)\boldsymbol{V}(t)+\boldsymbol{L}(y)\end{aligned}\tag{7.4}$$

其中，$\boldsymbol{x}(t)\in\mathbf{R}^n$ 是状态向量；$\boldsymbol{u}(t)\in\mathbf{R}^n$ 是控制输入；$\boldsymbol{V}(t)\in\mathbf{R}^m$ 是权向量并且 $\boldsymbol{F}(t)$ 是故障向量；$\boldsymbol{G}\boldsymbol{F}(t)$ 是附加的故障项；$\boldsymbol{A}$、$\boldsymbol{B}$、$\boldsymbol{H}$、$\boldsymbol{G}$、$\boldsymbol{D}$ 是具有适当维度的已知的系统参数矩阵。

假设 7.1 $g(\boldsymbol{x}(t))$ 是非线性函数，假设满足 $g(0)=0$，并且对于任意的 $x_1(t)$ 和 $x_2(t)$ 满足下面的 Lipschitz 条件。

$$\|g(x_1(t))-g(x_2(t))\|\leqslant\|\boldsymbol{U}_1(x_1(t)-x_2(t))\|\tag{7.5}$$

其中，$\boldsymbol{U}_1$ 是已知的 Lipschitz 常数。

7.3 故障检测

故障检测的目的是利用统计信息判断故障是否发生，基于式（7.4）的结构，构造了如下的故障检测观测器。

$$\begin{aligned}&\dot{\hat{\boldsymbol{x}}}(t)=\boldsymbol{A}\hat{\boldsymbol{x}}(t)+\boldsymbol{B}\boldsymbol{u}(t)+\boldsymbol{H}g(\hat{\boldsymbol{x}}(t))+\boldsymbol{L}_1\varepsilon(t)\\&\hat{\boldsymbol{V}}(t)=\boldsymbol{D}\hat{\boldsymbol{x}}(t)\\&\hat{\delta}(\gamma,\boldsymbol{u}(t))=\boldsymbol{C}(y)\hat{\boldsymbol{V}}(t)+\boldsymbol{L}(y)\\&\varepsilon(t)=\int_a^b(\delta(\gamma,\boldsymbol{u}(t))-\hat{\delta}(\gamma,\boldsymbol{u}(t)))\mathrm{d}y\end{aligned}\tag{7.6}$$

其中，$\hat{\boldsymbol{x}}(t)$ 是状态向量的检测观测器；$\hat{\boldsymbol{V}}(t)$ 是权向量的估计值；$\hat{\delta}(\gamma,\boldsymbol{u}(t))$ 是统计信息函数的估计；$\varepsilon(t)$ 是残差，表示为被测统计信息与估计的统计信息函数之差的积分；$\boldsymbol{L}_1$ 为该故障检测观测器设计的自适应增益。

观测误差向量表示为

$$\boldsymbol{e}(t)=\boldsymbol{x}(t)-\hat{\boldsymbol{x}}(t)\tag{7.7}$$

由式（7.4）与式（7.7）可知，在式（7.4）中无故障发生时，可以得到

$$\begin{aligned}\dot{\boldsymbol{e}}(t)&=\dot{\boldsymbol{x}}(t)-\dot{\hat{\boldsymbol{x}}}(t)\\&=(\boldsymbol{A}-\boldsymbol{L}_1\boldsymbol{D}\boldsymbol{\Sigma})\boldsymbol{e}(t)+\boldsymbol{H}(g(\boldsymbol{x}(t))-g(\hat{\boldsymbol{x}}(t)))+\boldsymbol{G}\boldsymbol{F}(t)\end{aligned}\tag{7.8}$$

注意到残差 $\varepsilon(t)$ 仍然是 $\boldsymbol{e}(t)$、$\boldsymbol{x}(t)$ 和 $\hat{\boldsymbol{x}}(t)$ 的非线性函数，可以得到

$$\begin{aligned}\varepsilon(t) &= \int_a^b (\delta(\gamma,\boldsymbol{u}(t)) - \hat{\delta}(\gamma,\boldsymbol{u}(t)))\mathrm{d}y \\ &= \int_a^b \boldsymbol{C}(y)(\boldsymbol{V}(t) - \hat{\boldsymbol{V}}(t))\mathrm{d}y \\ &= \boldsymbol{D}\int_a^b \boldsymbol{C}(y)\mathrm{d}y\boldsymbol{e}(t) \\ &= \boldsymbol{D\Sigma e}(t)\end{aligned} \tag{7.9}$$

这里 $\int_a^b \boldsymbol{C}(y)\mathrm{d}y = \boldsymbol{\Sigma}$，并且假定 $(\boldsymbol{A},\boldsymbol{\Sigma})$ 是可观测的。

定理 7.1　对任意的参数 $\lambda > 0$，假设存在 $\boldsymbol{P}_1 > 0$、$\boldsymbol{R} > 0$，常数 $\eta > 0$，使下列线性矩阵不等式成立。

$$\begin{bmatrix} \Pi_0 + \eta\boldsymbol{I} & \lambda\boldsymbol{P}_1\boldsymbol{H} \\ * & -\boldsymbol{I} \end{bmatrix} < 0 \tag{7.10}$$

其中，$\Pi_0 = (\boldsymbol{A} - \boldsymbol{L}_1\boldsymbol{D\Sigma})^{\mathrm{T}}\boldsymbol{P}_1 + \boldsymbol{P}_1(\boldsymbol{A} - \boldsymbol{L}_1\boldsymbol{D\Sigma}) + \frac{1}{\lambda^2}\boldsymbol{U}_1^{\mathrm{T}}\boldsymbol{U}_1$，在没有 $\boldsymbol{F}$ 的情况下，具有增益 $\boldsymbol{L}_1 = \boldsymbol{P}_1^{-1}\boldsymbol{R}$ 的观测误差动态系统式（7.8）是趋于稳定的。

证明： 定义下面的李雅普诺夫函数

$$\pi = \boldsymbol{e}^{\mathrm{T}}\boldsymbol{P}_1\boldsymbol{e} + \frac{1}{\lambda^2}\int_0^t [\|\boldsymbol{U}_1\boldsymbol{e}(\tau)\|^2 - \|g(\boldsymbol{x}(\tau)) - g(\hat{\boldsymbol{x}}(\tau))\|^2]\mathrm{d}\tau \tag{7.11}$$

结果表明 π 的一阶导数可以表示为

$$\begin{aligned}\dot{\pi} &= \dot{\boldsymbol{e}}^{\mathrm{T}}\boldsymbol{P}_1\boldsymbol{e} + \boldsymbol{e}^{\mathrm{T}}\boldsymbol{P}_1\dot{\boldsymbol{e}} + \\ &\quad \frac{1}{\lambda^2}[\|\boldsymbol{U}_1\boldsymbol{e}(t)\|^2 - \|g(\boldsymbol{x}(t)) - g(\hat{\boldsymbol{x}}(t))\|^2] \\ &= \boldsymbol{e}^{\mathrm{T}}[(\boldsymbol{A} - \boldsymbol{L}_1\boldsymbol{D\Sigma})^{\mathrm{T}}\boldsymbol{P}_1 + \boldsymbol{P}_1(\boldsymbol{A} - \boldsymbol{L}_1\boldsymbol{D\Sigma})]\boldsymbol{e} + \\ &\quad \frac{1}{\lambda^2}\boldsymbol{e}^{\mathrm{T}}\boldsymbol{U}_1^{\mathrm{T}}\boldsymbol{U}_1\boldsymbol{e} + 2\boldsymbol{e}^{\mathrm{T}}\boldsymbol{P}_1\boldsymbol{H}[g(\boldsymbol{x}(t)) - g(\hat{\boldsymbol{x}}(t))] - \\ &\quad \frac{1}{\lambda^2}\|g(\boldsymbol{x}(t)) - g(\hat{\boldsymbol{x}}(t))\|^2\end{aligned} \tag{7.12}$$

通过应用下面的 Young 不等式

$$2\boldsymbol{a}^{\mathrm{T}}\boldsymbol{b} \leqslant \beta\boldsymbol{a}^{\mathrm{T}}\boldsymbol{a} + \frac{1}{\beta}\boldsymbol{b}^{\mathrm{T}}\boldsymbol{b} \quad \forall \boldsymbol{a},\boldsymbol{b} \in R^n, \beta > 0 \tag{7.13}$$

可以进一步得到

$$\dot{\pi} \leqslant [(\boldsymbol{A}-\boldsymbol{L}_1\boldsymbol{D\Sigma})^{\mathrm{T}}\boldsymbol{P}_1^{\mathrm{T}}+\boldsymbol{P}_1(\boldsymbol{A}-\boldsymbol{L}_1\boldsymbol{D\Sigma})+ \\ \frac{1}{\lambda^2}\boldsymbol{U}_1^{\mathrm{T}}\boldsymbol{U}_1+\lambda^2\boldsymbol{P}_1\boldsymbol{HH}^{\mathrm{T}}\boldsymbol{P}_1^{\mathrm{T}}]\boldsymbol{e} \tag{7.14}$$

根据定理 7.1，可以得到不等式 $\dot{\pi} \leqslant -\eta\|\boldsymbol{e}(t)\|^2 \leqslant 0$，而后就可以写成 $\lim\limits_{t\to\infty}\boldsymbol{e}(t)=0$，意味着式（7.4）在没有故障发生时，系统式（7.8）是趋于稳定的。

7.4 故障诊断

故障诊断的目的是在检测到故障后估计出故障的大小。为此，可以构造如下的故障诊断观测器。

$$\begin{aligned} &\dot{\boldsymbol{x}}_m(t)=\boldsymbol{A}\boldsymbol{x}_m(t)+\boldsymbol{B}\boldsymbol{u}(t)+\boldsymbol{L}_m\varepsilon_m(t)+\boldsymbol{H}g(\boldsymbol{x}_m(t))+\boldsymbol{G}\boldsymbol{F}_m(t) \\ &\boldsymbol{V}_m(t)=\boldsymbol{D}\boldsymbol{x}_m(t) \\ &\dot{\boldsymbol{F}}_m=-\boldsymbol{\Lambda}_1\boldsymbol{F}_m(t)+\boldsymbol{\Lambda}_2\varepsilon_m(t) \\ &\delta_m(\gamma,u(t))=\boldsymbol{C}(y)\boldsymbol{V}_m(t)+\boldsymbol{L}(y) \\ &\varepsilon_m(t)=\int_a^b(\delta(\gamma,\boldsymbol{u}(t))-\delta_m(\gamma,\boldsymbol{u}(t)))\mathrm{d}y \end{aligned} \tag{7.15}$$

其中，$\boldsymbol{x}_m(t)$ 是故障诊断观测器的状态向量；$\boldsymbol{V}_m(t)$ 是权向量的估计；$\delta_m(\gamma,\boldsymbol{u}(t))$ 是统计信息的估计；$\varepsilon_m(t)$ 是残差；$\boldsymbol{L}_m$ 是为故障诊断观测器设计的自适应增益；$\boldsymbol{\Lambda}_1$和$\boldsymbol{\Lambda}_2$ 是学习算子。

诊断误差向量和故障误差向量表示为$\boldsymbol{e}_m(t)=\boldsymbol{x}(t)-\boldsymbol{x}_m(t)$，$\tilde{\boldsymbol{F}}(t)=\boldsymbol{F}(t)-\boldsymbol{F}_m(t)$。由式（7.4）和式（7.15）可得到如下形式的观测误差动态系统。

$$\begin{aligned} \dot{\boldsymbol{e}}_m(t)&=\dot{\boldsymbol{x}}(t)-\dot{\boldsymbol{x}}_m(t) \\ &=(\boldsymbol{A}-\boldsymbol{L}_m\boldsymbol{D\Sigma})\boldsymbol{e}_m(t)+\boldsymbol{H}(g(\boldsymbol{x}(t))-g(\boldsymbol{x}_m(t)))+\boldsymbol{G}\tilde{\boldsymbol{F}}(t) \end{aligned} \tag{7.16}$$

$$\dot{\tilde{\boldsymbol{F}}}(t)=\dot{\boldsymbol{F}}(t)-\dot{\boldsymbol{F}}_m(t)=\dot{\boldsymbol{F}}(t)+\boldsymbol{\Lambda}_1\boldsymbol{F}(t)-\boldsymbol{\Lambda}_1\tilde{\boldsymbol{F}}(t)-\boldsymbol{\Lambda}_2\boldsymbol{D\Sigma}\boldsymbol{e}_m(t) \tag{7.17}$$

假定存在正常数 $a_1>0$ 和 $a_2>0$ 使不等式$\|\boldsymbol{F}(t)\|\leqslant a_1$ 和 $\|\dot{\boldsymbol{F}}(t)\|\leqslant a_2$ 成立。

定理 7.2 对参数 $\lambda_1>0$，$\beta_1>0$ 和 $\beta_2>0$，假定存在矩阵 $\boldsymbol{P}>0$，$\boldsymbol{\Lambda}_1>0$，$\boldsymbol{\Lambda}_2>0$，常数 $\kappa>0$，使下面的线性矩阵不等式成立。

$$\begin{bmatrix} \boldsymbol{\Pi}_0+\kappa\boldsymbol{I} & \boldsymbol{PG}-\boldsymbol{\Sigma}^{\mathrm{T}}\boldsymbol{D}^{\mathrm{T}}\boldsymbol{\Lambda}_2^{\mathrm{T}} & \lambda_1\boldsymbol{PH} \\ * & -2\boldsymbol{\Lambda}_1^{\mathrm{T}}+\dfrac{1}{\beta_1}\boldsymbol{I}+\dfrac{1}{\beta_2}\boldsymbol{I} & \boldsymbol{0} \\ * & * & -\boldsymbol{I} \end{bmatrix}<0 \tag{7.18}$$

其中，$\boldsymbol{\Pi}_0=(\boldsymbol{A}-\boldsymbol{L}_m\boldsymbol{D\Sigma})^{\mathrm{T}}\boldsymbol{P}+\boldsymbol{P}(\boldsymbol{A}-\boldsymbol{L}_m\boldsymbol{D\Sigma})+\dfrac{1}{\lambda_1^2}\boldsymbol{U}_1^{\mathrm{T}}\boldsymbol{U}_1$，当故障发生时，观测器误差动态系统式（7.16）是稳定的。

证明：定义下面的李雅普诺夫函数

$$\pi_1=\pi+\tilde{\boldsymbol{F}}^{\mathrm{T}}\tilde{\boldsymbol{F}}$$

π_1 的导数可以表示为

$$\begin{aligned}\dot{\pi}_1&=\dot{\pi}+2\dot{\tilde{\boldsymbol{F}}}^{\mathrm{T}}\tilde{\boldsymbol{F}}\\&=\boldsymbol{e}_m^{\mathrm{T}}[(\boldsymbol{A}-\boldsymbol{L}_m\boldsymbol{D\Sigma})^{\mathrm{T}}\boldsymbol{P}+\boldsymbol{P}(\boldsymbol{A}-\boldsymbol{L}_m\boldsymbol{D\Sigma})]\boldsymbol{e}_m+\\&\quad\frac{1}{\lambda_1^2}\boldsymbol{e}_m^{\mathrm{T}}\boldsymbol{U}_1^{\mathrm{T}}\boldsymbol{U}_1\boldsymbol{e}_m+2\boldsymbol{e}_m^{\mathrm{T}}\boldsymbol{PH}[g(\boldsymbol{x}(t))-g(\hat{\boldsymbol{x}}(t))]-\\&\quad\frac{1}{\lambda_1^2}\|g(\boldsymbol{x}(t))-g(\hat{\boldsymbol{x}}(t))\|^2+2\boldsymbol{e}_m^{\mathrm{T}}\boldsymbol{PG}\tilde{\boldsymbol{F}}-\\&\quad2\tilde{\boldsymbol{F}}^{T}\boldsymbol{\Lambda}_1^{\mathrm{T}}\tilde{\boldsymbol{F}}-2\boldsymbol{e}_m^{\mathrm{T}}\boldsymbol{\Sigma}^{\mathrm{T}}\boldsymbol{D}^{\mathrm{T}}\boldsymbol{\Lambda}_2^{\mathrm{T}}\tilde{\boldsymbol{F}}+2\tilde{\boldsymbol{F}}^{\mathrm{T}}\boldsymbol{\Lambda}_1\boldsymbol{F}+2\tilde{\boldsymbol{F}}^{\mathrm{T}}\dot{\boldsymbol{F}}\end{aligned} \tag{7.19}$$

结合式（7.13）和式（7.19），可以进一步得到

$$\begin{aligned}\dot{\pi}_1&\leqslant\boldsymbol{e}_m^{\mathrm{T}}[(\boldsymbol{A}-\boldsymbol{L}_m\boldsymbol{D\Sigma})^{\mathrm{T}}\boldsymbol{P}+\boldsymbol{P}(\boldsymbol{A}-\boldsymbol{L}_m\boldsymbol{D\Sigma})+\\&\quad\frac{1}{\lambda_1^2}\boldsymbol{U}_1^{\mathrm{T}}\boldsymbol{U}_1+\lambda_1^2\boldsymbol{PHH}^{\mathrm{T}}\boldsymbol{P}^{\mathrm{T}}]\boldsymbol{e}_m+2\boldsymbol{e}_m^{\mathrm{T}}\boldsymbol{PG}\tilde{\boldsymbol{F}}-\\&\quad2\tilde{\boldsymbol{F}}^{\mathrm{T}}\boldsymbol{\Lambda}_1^{\mathrm{T}}\tilde{\boldsymbol{F}}-2\boldsymbol{e}_m^{\mathrm{T}}\boldsymbol{\Sigma}^{\mathrm{T}}\boldsymbol{D}^{\mathrm{T}}\boldsymbol{\Lambda}_2^{\mathrm{T}}\tilde{\boldsymbol{F}}+\frac{1}{\beta_1}\tilde{\boldsymbol{F}}^{\mathrm{T}}\tilde{\boldsymbol{F}}+\\&\quad\beta_1\boldsymbol{F}^{\mathrm{T}}\boldsymbol{\Lambda}_1^{\mathrm{T}}\boldsymbol{\Lambda}_1\boldsymbol{F}+\frac{1}{\beta_2}\tilde{\boldsymbol{F}}^{\mathrm{T}}\tilde{\boldsymbol{F}}+\beta_2\dot{\boldsymbol{F}}^{\mathrm{T}}\dot{\boldsymbol{F}}\\&=[\boldsymbol{e}_m^{\mathrm{T}}\quad\tilde{\boldsymbol{F}}^{\mathrm{T}}]\boldsymbol{\Psi}\begin{bmatrix}\boldsymbol{e}_m\\\tilde{\boldsymbol{F}}\end{bmatrix}+\beta_1a_1^2\|\boldsymbol{\Lambda}_1\|^2+\beta_2a_2^2\end{aligned} \tag{7.20}$$

其中

$$\boldsymbol{\Psi}=\begin{bmatrix}\boldsymbol{\Pi}_0+\lambda_1^2\boldsymbol{PHH}^{\mathrm{T}}\boldsymbol{P}^{\mathrm{T}} & \boldsymbol{PG}-\boldsymbol{\Sigma}^{\mathrm{T}}\boldsymbol{D}^{\mathrm{T}}\boldsymbol{\Lambda}_2^{\mathrm{T}}\\ * & -2\boldsymbol{\Lambda}_1^{\mathrm{T}}+\dfrac{1}{\beta_1}\boldsymbol{I}+\dfrac{1}{\beta_2}\boldsymbol{I}\end{bmatrix}$$

从定理 7.2 可以得到 $\boldsymbol{\Psi}<\mathrm{diag}\{-\kappa\boldsymbol{I},0\}$，并且可以得到 π_1 的一阶导数如下。

$$\dot{\pi}_1 \leqslant -\kappa\|\boldsymbol{e}_m\|^2 + \beta_1 a_1^2 \|\boldsymbol{\Lambda}_1\|^2 + \beta_2 a_2^2 \tag{7.21}$$

当满足下面的不等式时，可以得到 $\dot{\pi}_1 \leqslant 0$。

$$\|\boldsymbol{e}_m\|^2 \geqslant \frac{1}{\kappa}(\beta_1 a_1^2 \|\boldsymbol{\Lambda}_1\|^2 + \beta_2 a_2^2) \tag{7.22}$$

7.5 滑模容错跟踪控制

权值误差向量表示为 $\boldsymbol{e}_v(t) = \boldsymbol{V}(t) - \boldsymbol{V}_g(t)$，其中，$\boldsymbol{V}_g(t)$ 是期望权向量，并且 $\boldsymbol{V}_g(t) = \boldsymbol{D}\boldsymbol{x}_g(t)$，其中 $\boldsymbol{x}_g(t)$ 是期望状态向量。

权值误差动态系统为

$$\begin{aligned}
\dot{\boldsymbol{e}}_v(t) &= \dot{\boldsymbol{V}}(t) - \dot{\boldsymbol{V}}_g(t) \\
&= \boldsymbol{D}[\boldsymbol{A}\boldsymbol{x}(t) + \boldsymbol{B}\boldsymbol{u}(t) + \boldsymbol{H}g(\boldsymbol{x}(t)) + \boldsymbol{G}\boldsymbol{F}(t)] - \boldsymbol{D}\boldsymbol{A}\boldsymbol{x}_g(t) + \boldsymbol{D}\boldsymbol{A}\boldsymbol{x}_g(t) \\
&= \boldsymbol{D}\boldsymbol{A}\boldsymbol{D}^{-1}\boldsymbol{D}\boldsymbol{x}(t) + \boldsymbol{D}\boldsymbol{B}\boldsymbol{u}(t) + \boldsymbol{D}\boldsymbol{H}g(\boldsymbol{x}(t)) + \boldsymbol{D}\boldsymbol{G}\boldsymbol{F}(t) - \\
&\quad \boldsymbol{D}\boldsymbol{A}\boldsymbol{D}^{-1}\boldsymbol{D}\boldsymbol{x}_g(t) + \boldsymbol{D}\boldsymbol{A}\boldsymbol{D}^{-1}\boldsymbol{D}\boldsymbol{x}_g(t) \\
&= \boldsymbol{D}\boldsymbol{A}\boldsymbol{D}^{-1}(\boldsymbol{D}\boldsymbol{x}(t) - \boldsymbol{D}\boldsymbol{x}_g(t)) + \boldsymbol{D}\boldsymbol{B}\boldsymbol{u}(t) + \boldsymbol{D}\boldsymbol{H}g(\boldsymbol{x}(t)) + \boldsymbol{D}\boldsymbol{G}\boldsymbol{F}(t) + \boldsymbol{D}\boldsymbol{A}\boldsymbol{D}^{-1}\boldsymbol{D}\boldsymbol{x}_g(t) \\
&= \bar{\boldsymbol{A}}\boldsymbol{e}_v(t) + \bar{\boldsymbol{B}}\boldsymbol{u}(t) + \bar{\boldsymbol{H}}g(\boldsymbol{x}(t)) + \bar{\boldsymbol{G}}\boldsymbol{F}(t) + \bar{\boldsymbol{A}}\boldsymbol{D}\boldsymbol{x}_g(t)
\end{aligned} \tag{7.23}$$

其中，$\bar{\boldsymbol{A}} = \boldsymbol{D}\boldsymbol{A}\boldsymbol{D}^{-1}$，$\bar{\boldsymbol{B}} = \boldsymbol{D}\boldsymbol{B}$，$\bar{\boldsymbol{H}} = \boldsymbol{D}\boldsymbol{H}$，$\bar{\boldsymbol{G}} = \boldsymbol{D}\boldsymbol{G}$。

对于式（7.4），滑模面设计为

$$\boldsymbol{S}(t) = \boldsymbol{W}\boldsymbol{e}_v(t) - \int_0^t \boldsymbol{W}(\bar{\boldsymbol{A}} + \bar{\boldsymbol{B}}\boldsymbol{K})\boldsymbol{e}_v(\tau)\mathrm{d}\tau \tag{7.24}$$

其中，$\bar{\boldsymbol{A}} + \bar{\boldsymbol{B}}\boldsymbol{K}$ 是赫尔维兹矩阵，选择 $\boldsymbol{W}$ 使 $\boldsymbol{W}\bar{\boldsymbol{B}}$ 非奇异。

事实上，$\boldsymbol{S}(t)$ 接近零意味着系统动态将被驱动到期望的滑模面[11]，误差动态系统的状态轨迹到达滑动面，已知 $\boldsymbol{S}(t) = 0$ 和 $\dot{\boldsymbol{S}}(t) = 0$，可以得到等效的控制器

$$\boldsymbol{u}_{\mathrm{eq}}(t) = (\boldsymbol{W}\bar{\boldsymbol{B}})^{-1}\boldsymbol{W}(\bar{\boldsymbol{B}}\boldsymbol{K}\boldsymbol{e}_v(t) - \bar{\boldsymbol{H}}g(\boldsymbol{x}(t)) - \bar{\boldsymbol{G}}\boldsymbol{F}(t) - \bar{\boldsymbol{A}}\boldsymbol{D}\boldsymbol{x}_g(t)) \tag{7.25}$$

由式（7.23）和式（7.25）可以得到式（7.26）：

$$\begin{aligned}\dot{\boldsymbol{e}}_v(t) &= \dot{\boldsymbol{V}}(t) - \dot{\boldsymbol{V}}_g(t) \\ &= \bar{\boldsymbol{A}}\boldsymbol{e}_v(t) + \bar{\boldsymbol{B}}(\boldsymbol{W}\bar{\boldsymbol{B}})^{-1}\boldsymbol{W}(\bar{\boldsymbol{B}}\boldsymbol{K}\boldsymbol{e}_v(t) - \bar{\boldsymbol{H}}g(\boldsymbol{x}(t)) - \\ &\quad \bar{\boldsymbol{G}}\boldsymbol{F}(t) - \bar{\boldsymbol{A}}\boldsymbol{D}\boldsymbol{x}_g(t)) + \bar{\boldsymbol{H}}g(\boldsymbol{x}(t)) + \bar{\boldsymbol{G}}\boldsymbol{F}(t) + \bar{\boldsymbol{A}}\boldsymbol{D}\boldsymbol{x}_g(t)\end{aligned} \tag{7.26}$$

如果存在矩阵 $\boldsymbol{P}_2$、$\boldsymbol{Q}_2$ 使下面的不等式成立，则误差系统式（7.26）是稳定的。

$$(\bar{\boldsymbol{A}} + \bar{\boldsymbol{B}}\boldsymbol{K})^{\mathrm{T}}\boldsymbol{P}_2 + \boldsymbol{P}_2(\bar{\boldsymbol{A}} + \bar{\boldsymbol{B}}\boldsymbol{K}) + \boldsymbol{Q}_2 < 0 \tag{7.27}$$

证明： 选择如下的李雅普诺夫函数

$$\Pi = \boldsymbol{e}_v^{\mathrm{T}}(t)\boldsymbol{P}_2\boldsymbol{e}_v(t) \tag{7.28}$$

此外，可以获得

$$\begin{aligned}\dot{\Pi} &= \dot{\boldsymbol{e}}_v^{\mathrm{T}}(t)\boldsymbol{P}_2\boldsymbol{e}_v(t) + \boldsymbol{e}^{\mathrm{T}}{}_v(t)\boldsymbol{P}_2\dot{\boldsymbol{e}}_v(t) \\ &= \dot{\boldsymbol{e}}_v^{\mathrm{T}}(t)[(\bar{\boldsymbol{A}} + \bar{\boldsymbol{B}}\boldsymbol{K})^{\mathrm{T}}\boldsymbol{P}_2 + \boldsymbol{P}_2(\bar{\boldsymbol{A}} + \bar{\boldsymbol{B}}\boldsymbol{K})]\boldsymbol{e}_v(t) + \\ &\quad 2\boldsymbol{e}^{\mathrm{T}}{}_v(t)\boldsymbol{P}_2[\boldsymbol{I} - \bar{\boldsymbol{B}}(\boldsymbol{W}\bar{\boldsymbol{B}})^{-1}\boldsymbol{W}][\bar{\boldsymbol{H}}g(\boldsymbol{x}(t)) + \boldsymbol{G}\boldsymbol{F} + \boldsymbol{A}\boldsymbol{D}\boldsymbol{x}_g(t)] \\ &\leqslant -\boldsymbol{e}_v^{\mathrm{T}}(t)\boldsymbol{Q}_2\boldsymbol{e}_v(t) + 2\boldsymbol{e}^{\mathrm{T}}{}_v(t)\boldsymbol{P}_2[\boldsymbol{I} - \bar{\boldsymbol{B}}(\boldsymbol{W}\bar{\boldsymbol{B}})^{-1}\boldsymbol{W}][\bar{\boldsymbol{H}}g(\boldsymbol{x}(t)) + \bar{\boldsymbol{G}}\boldsymbol{F} + \bar{\boldsymbol{A}}\boldsymbol{D}\boldsymbol{x}_g(t)] \\ &\leqslant -\boldsymbol{e}_v^{\mathrm{T}}(t)\boldsymbol{Q}_2\boldsymbol{e}_v(t) + 2\|\boldsymbol{e}_v(t)\|\|\boldsymbol{P}_2\|\|\boldsymbol{I} - \bar{\boldsymbol{B}}(\boldsymbol{W}\bar{\boldsymbol{B}})^{-1}\boldsymbol{W}\|\|\bar{\boldsymbol{H}}\|\|g(\boldsymbol{x}(t))\| + \\ &\quad \|\boldsymbol{e}_v(t)\|\|\boldsymbol{P}_2\|\|\boldsymbol{I} - \bar{\boldsymbol{B}}(\boldsymbol{W}\bar{\boldsymbol{B}})^{-1}\boldsymbol{W}\|(\|\bar{\boldsymbol{G}}\|\|\boldsymbol{F}\| + \|\bar{\boldsymbol{A}}\|\|\boldsymbol{v}_g(t)\|) \\ &\leqslant -\boldsymbol{e}_v^{\mathrm{T}}(t)\boldsymbol{Q}_2\boldsymbol{e}_v(t) + 2\varsigma\|\boldsymbol{e}_v(t)\|\|\boldsymbol{P}_2\|\|\boldsymbol{I} - \bar{\boldsymbol{B}}(\boldsymbol{W}\bar{\boldsymbol{B}})^{-1}\boldsymbol{W}\|\|\bar{\boldsymbol{H}}\|\|\boldsymbol{x}(t)\| + \\ &\quad \|\boldsymbol{e}_v(t)\|\|\boldsymbol{P}_2\|\|\boldsymbol{I} - \bar{\boldsymbol{B}}(\boldsymbol{W}\bar{\boldsymbol{B}})^{-1}\boldsymbol{W}\|(\|\bar{\boldsymbol{G}}\|\|\boldsymbol{F}\| + \|\bar{\boldsymbol{A}}\|\|\boldsymbol{v}_g(t)\| \\ &\leqslant -\boldsymbol{e}_v^{\mathrm{T}}(t)\boldsymbol{Q}_2\boldsymbol{e}_v(t) + 2\varsigma\|\boldsymbol{e}_v(t)\|\|\boldsymbol{P}_2\|\|\boldsymbol{I} - \bar{\boldsymbol{B}}(\boldsymbol{W}\bar{\boldsymbol{B}})^{-1}\boldsymbol{W}\|\|\bar{\boldsymbol{H}}\|\|\|(\boldsymbol{D})^{-1}\| \\ &\quad (\|\boldsymbol{e}_v(t)\| + \|\boldsymbol{v}_g(t)\|) + \|\boldsymbol{e}_v(t)\|\|\boldsymbol{P}_2\|\|\boldsymbol{I} - \bar{\boldsymbol{B}}(\boldsymbol{W}\bar{\boldsymbol{B}})^{-1}\boldsymbol{W}\|(\|\bar{\boldsymbol{G}}\|\|\boldsymbol{F}\| + \\ &\quad \|\bar{\boldsymbol{A}}\|\|\boldsymbol{v}_g(t)\|)_v(t)\|\|\boldsymbol{P}_2\|\|\boldsymbol{I} - \bar{\boldsymbol{B}}(\boldsymbol{W}\bar{\boldsymbol{B}})^{-1}\boldsymbol{W}\|(\|\bar{\boldsymbol{G}}\|\|\boldsymbol{F}\| + \|\bar{\boldsymbol{A}}\|\|\boldsymbol{v}_g(t)\|) \\ &\leqslant -\lambda_{\min(\boldsymbol{Q}_2)}\|\boldsymbol{e}_v(t)\|^2 + \\ &\quad 2\varsigma\|\boldsymbol{e}_v(t)\|\|\boldsymbol{P}_2\|\|\boldsymbol{I} - \bar{\boldsymbol{B}}(\boldsymbol{W}\bar{\boldsymbol{B}})^{-1}\boldsymbol{W}\|\|\bar{\boldsymbol{H}}\|\|\|(\boldsymbol{D})^{-1}\|(\|\boldsymbol{e}_v(t)\| + \|\boldsymbol{v}_g(t)\|) + \\ &\quad \|\boldsymbol{e}_v(t)\|\|\boldsymbol{P}_2\|\|\boldsymbol{I} - \bar{\boldsymbol{B}}(\boldsymbol{W}\bar{\boldsymbol{B}})^{-1}\boldsymbol{W}\|(\|\bar{\boldsymbol{G}}\|\|\boldsymbol{F}\| + \|\bar{\boldsymbol{A}}\|\|\boldsymbol{v}_g(t)\|) \\ &= -b_1\|\boldsymbol{e}_v(t)\|^2 + 2b_2\|\boldsymbol{e}_v(t)\|n\end{aligned} \tag{7.29}$$

其中

$$b_1 = \lambda_{\min(Q_2)} - 2\varsigma \| \boldsymbol{P}_2 \| \| \boldsymbol{I} - \bar{\boldsymbol{B}}(\boldsymbol{W}\bar{\boldsymbol{B}})^{-1}\boldsymbol{W} \| \| (\boldsymbol{D})^{-1} \|$$

$$b_2 = \| \boldsymbol{P}_2 \| \| \boldsymbol{I} - \bar{\boldsymbol{B}}(\boldsymbol{W}\bar{\boldsymbol{B}})^{-1}\boldsymbol{W} \| (2\varsigma \| \bar{\boldsymbol{H}} \| \| (\boldsymbol{D})^{-1} \| \| \boldsymbol{v}_g(t) \| + \| \bar{\boldsymbol{G}} \| \| \boldsymbol{F} \| + \| \bar{\boldsymbol{A}} \| \| \boldsymbol{v}_g(t) \|)$$

当下列不等式$\|\boldsymbol{e}_v(t)\| \geqslant \dfrac{2b_2}{b_1}$成立时，可以得到$\dot{\Pi} \leqslant 0$。

无论初始状态如何，轨迹都应该单调地向滑动面移动并在有限时间内穿过它。因此，选择滑动控制律为

$$\boldsymbol{u}_n(t) = \begin{cases} \dfrac{-\alpha \boldsymbol{S}(t)}{\|\boldsymbol{S}(t)\|} & \boldsymbol{S}(t) \neq 0 \\ 0 & \boldsymbol{S}(t) = 0 \end{cases} \tag{7.30}$$

其中，$\alpha > 0$为给定常数。

定理 7.3 对于追踪误差系统式（7.23），选择滑动面函数式（7.24）和滑动控制律式（7.30），以确保系统状态轨迹在有限的时间内到达切换面。

证明：选择如下的李雅普诺夫函数。

$$\Pi_1 = \frac{1}{2}\boldsymbol{S}^{\mathrm{T}}(t)(\boldsymbol{W}\bar{\boldsymbol{B}})^{-1}\boldsymbol{S}(t) \tag{7.31}$$

Π_1的一阶导数可以表示如下。

$$\begin{aligned} \dot{\Pi}_1 &= \boldsymbol{S}^{\mathrm{T}}(t)(\boldsymbol{W}\bar{\boldsymbol{B}})^{-1}\dot{\boldsymbol{S}}(t) \\ &= \boldsymbol{S}^{\mathrm{T}}(t)(\boldsymbol{W}\bar{\boldsymbol{B}})^{-1}[\boldsymbol{W}\dot{\boldsymbol{e}}_v(t) - \boldsymbol{W}(\bar{\boldsymbol{A}} + \bar{\boldsymbol{B}}\boldsymbol{K})\boldsymbol{e}_v(t)] \\ &= \boldsymbol{S}^{\mathrm{T}}(t)(\boldsymbol{W}\bar{\boldsymbol{B}})^{-1}[\boldsymbol{W}(\bar{\boldsymbol{A}}\boldsymbol{e}_v(t) + \bar{\boldsymbol{B}}\boldsymbol{u}(t) + \bar{\boldsymbol{H}}g(\boldsymbol{x}(t)) + \\ &\quad \bar{\boldsymbol{G}}\boldsymbol{F} + \bar{\boldsymbol{A}}\boldsymbol{D}\boldsymbol{x}_g(t))] - \boldsymbol{S}^{\mathrm{T}}(t)(\boldsymbol{W}\bar{\boldsymbol{B}})^{-1}\boldsymbol{W}(\bar{\boldsymbol{A}} + \bar{\boldsymbol{B}}\boldsymbol{K})\boldsymbol{e}_v(t) \\ &= -\boldsymbol{S}^{\mathrm{T}}(t)(\boldsymbol{W}\bar{\boldsymbol{B}})^{-1}\boldsymbol{W}\bar{\boldsymbol{B}}\boldsymbol{u}_n(t) \\ &= -\alpha < 0 \end{aligned} \tag{7.32}$$

用$\boldsymbol{F}_m(t)$代替$\boldsymbol{F}(t)$，实际的容错跟踪控制器可以构造如下。

$$\begin{aligned} \boldsymbol{u}(t) &= \boldsymbol{u}_{\mathrm{eq}}(t) + \boldsymbol{u}_n(t) \\ &= (\boldsymbol{W}\bar{\boldsymbol{B}})^{-1}\boldsymbol{W}[\bar{\boldsymbol{B}}\boldsymbol{K}(\boldsymbol{V}_m(t) - \boldsymbol{V}_g(t)) - \bar{\boldsymbol{H}}g(\boldsymbol{x}_m(t)) - \bar{\boldsymbol{G}}\boldsymbol{F}_m(t) - \bar{\boldsymbol{A}}\boldsymbol{V}_g(t)] - \frac{\alpha \boldsymbol{S}(t)}{\|\boldsymbol{S}(t)\|} \end{aligned} \tag{7.33}$$

其中，$\boldsymbol{S}(t) \neq 0$。

7.6 仿真实例

以连续搅拌反应器为例[26]，将该方法应用于分子量分布过程的动态建模与控制。

具体数学模型如下。

$$\begin{aligned}\dot{\boldsymbol{I}}(t)&=\frac{\boldsymbol{I}_0}{\theta}\boldsymbol{M}(t)-\boldsymbol{K}_d\boldsymbol{I}(t)+\boldsymbol{K}_p\sin(0.8\boldsymbol{I}(t))+\boldsymbol{K}_I\,\boldsymbol{u}_1(t)\\ \dot{\boldsymbol{M}}(t)&-\frac{\boldsymbol{M}_0}{\theta}\boldsymbol{M}(t)-2\boldsymbol{K}_i\boldsymbol{I}(t)+\boldsymbol{K}_{\mathrm{trm}}\sin(0.8\boldsymbol{M}(t))+\boldsymbol{K}_M\boldsymbol{u}_2(t)\end{aligned}\tag{7.34}$$

其中，$\theta=\dfrac{\boldsymbol{V}}{\boldsymbol{F}}$是反应物平均的停留时间（s），$\boldsymbol{V}$是集装箱的体积（mL），$\boldsymbol{F}$是总进料的流量（$\mathrm{mL\cdot s^{-1}}$）；$\boldsymbol{I}_0$是引发剂的初始浓度（$\mathrm{mol\cdot mL^{-1}}$）；$\boldsymbol{I}$是引发剂的浓度（$\mathrm{mol\cdot mL^{-1}}$）；$\boldsymbol{M}_0$是单体的初始浓度（$\mathrm{mol\cdot mL^{-1}}$）；$\boldsymbol{M}$是单体浓度（$\mathrm{mol\cdot mL^{-1}}$）；$\boldsymbol{K}_d$、$\boldsymbol{K}_i$、$\boldsymbol{K}_p$、$\boldsymbol{K}_{\mathrm{trm}}$是反应速率常数；$\boldsymbol{K}_I$、$\boldsymbol{K}_M$是与控制输入相关的常数；$\boldsymbol{u}_1(t)$、$\boldsymbol{u}_2(t)$是控制输入。

基于此，分子量分布就可以描述为式（7.4）所示的形式。其中，状态向量$\boldsymbol{x}(t)=\left[\boldsymbol{I}(t)\quad \boldsymbol{M}(t)\right]^{\mathrm{T}}$，系统参数矩阵为

$$\boldsymbol{A}=\begin{bmatrix}-0.5 & 0.3\\ 0 & -1.3\end{bmatrix},\ \boldsymbol{B}=\begin{bmatrix}0.2 & 0\\ 0 & -0.3\end{bmatrix},\ \boldsymbol{G}=\begin{bmatrix}0.5\\ 0\end{bmatrix}$$

$$\boldsymbol{H}=\begin{bmatrix}0.1 & 0\\ 0 & 0.1\end{bmatrix},\ \boldsymbol{D}=\begin{bmatrix}1 & 0\\ 0 & 1\end{bmatrix}$$

$$g(\boldsymbol{x}(t))=\sin(0.8\boldsymbol{x}(t))$$

$$\boldsymbol{V}_g=\begin{bmatrix}0.2\\ -0.09\end{bmatrix}$$

统计信息函数可以近似为下面的 B 样条的形式$B_i(y)(i=1,2,3)$。

$$B_1(y)=(\frac{1}{6}y^3+\frac{3}{2}y^2+\frac{9}{2}y+\frac{9}{2})I_1+(-\frac{1}{2}y^3-\frac{5}{2}y^2-\frac{7}{2}y-\frac{5}{6})I_2+(\frac{1}{2}y^3+\frac{1}{2}y^2-\frac{1}{2}y+\frac{1}{6})I_3+(-\frac{1}{6}y^3+\frac{1}{2}y^2-\frac{1}{2}y+\frac{1}{6})I_4$$

$$B_2(y)=(\frac{1}{6}y^3+y^2+2y+\frac{4}{3})I_2+(-\frac{1}{2}y^3-y^2+\frac{2}{3})I_3+(\frac{1}{2}y^3-y^2+\frac{2}{3})I_4+(-\frac{1}{6}y^3+y^2-2y+\frac{4}{3})I_5$$

$$B_3(y)=(\frac{1}{6}y^3+\frac{1}{2}y^2+\frac{1}{2}y+\frac{1}{6})I_3+(-\frac{1}{2}y^3+\frac{1}{2}y^2+\frac{1}{2}y+\frac{1}{6})I_4+(\frac{1}{2}y^3-\frac{5}{2}y^2+\frac{7}{2}y-\frac{5}{6})I_5+(-\frac{1}{6}y^3+\frac{3}{2}y^2-\frac{9}{2}y+\frac{9}{2})I_6$$

$$I_i=\begin{cases}1 & y\in[i-4,i-3]\\ 0 & \text{其他}\end{cases}$$

其中，$i=1,2,3,4,5,6$。

通过求解线性矩阵不等式（7.10），可以得到

$$\boldsymbol{L}_1=\begin{bmatrix}1.0843\\-0.7896\end{bmatrix},\ \boldsymbol{P}_1=\begin{bmatrix}1.8666 & 0.0033\\0.0033 & 1.8650\end{bmatrix}$$

通过求解线性矩阵不等式（7.18），可以得到

$$\boldsymbol{L}=\begin{bmatrix}82.3982\\-0.2384\end{bmatrix},\ \boldsymbol{\Lambda}_1=0.01,\ \boldsymbol{\Lambda}_2=12.654$$

$$\boldsymbol{P}=\begin{bmatrix}27.6621 & 27.6104\\27.6104 & 196.2344\end{bmatrix}$$

由定理 7.3 可以得到

$$\boldsymbol{K}=\begin{bmatrix}-2.3232 & -0.2384\\1.8830 & 4.3671\end{bmatrix},\ \boldsymbol{P}_2=\begin{bmatrix}11.9632 & 0.1389\\0.1389 & 4.4648\end{bmatrix}$$

选取矩阵$\boldsymbol{W}$

$$\boldsymbol{W}=\begin{bmatrix}1 & -0.01\\-0.01 & 1\end{bmatrix}$$

假定该故障构造如下。

$$
\boldsymbol{F}(t)=\begin{cases}0 & t<10\\ 2 & 10\leqslant t<40\\ 0.05t & 40\leqslant t<60\\ 4-\exp(-0.35(t-60)) & t\geqslant 60\end{cases}
$$

图 7.1 显示可以检测到故障。图 7.2 给出了故障诊断的结果，可以看出故障估计可以跟踪故障的变化。图 7.3 和图 7.4 是最终的和期望的统计信息函数，以及使用滑模跟踪控制的容错控制的统计信息函数 3D 图像。从图 7.3 和图 7.4 可以看出，故障在发生后的统计信息函数仍然可以跟踪给定的统计信息函数，它表明在图 7.3 中具有良好的容错控制效果。图 7.5 和图 7.6 显示了当无故障时的统计信息函数和期望的统计信息函数 3D 图像，它们表明当系统中没有故障时统计信息函数能够很好地跟踪期望的统计信息函数。

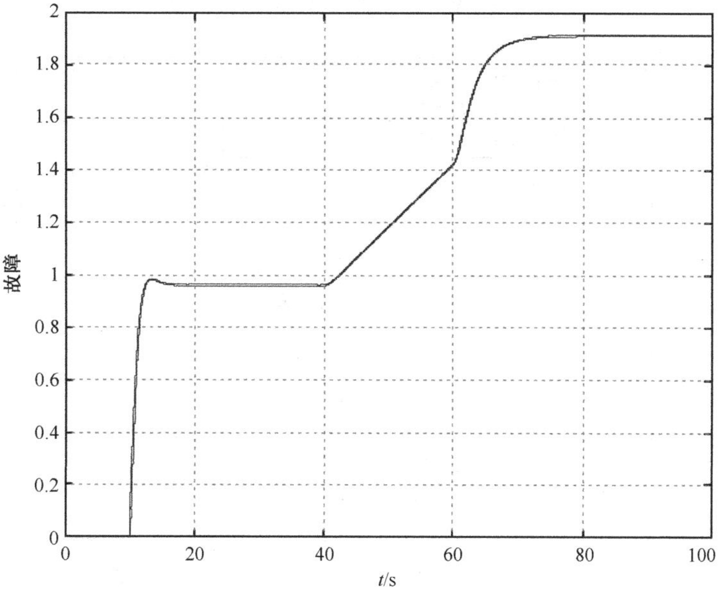

图 7.1　故障检测信号

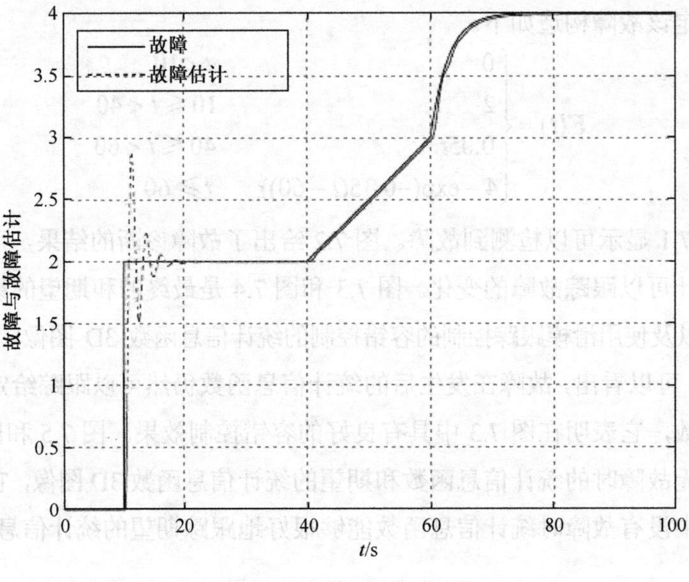

图 7.2　故障诊断结果

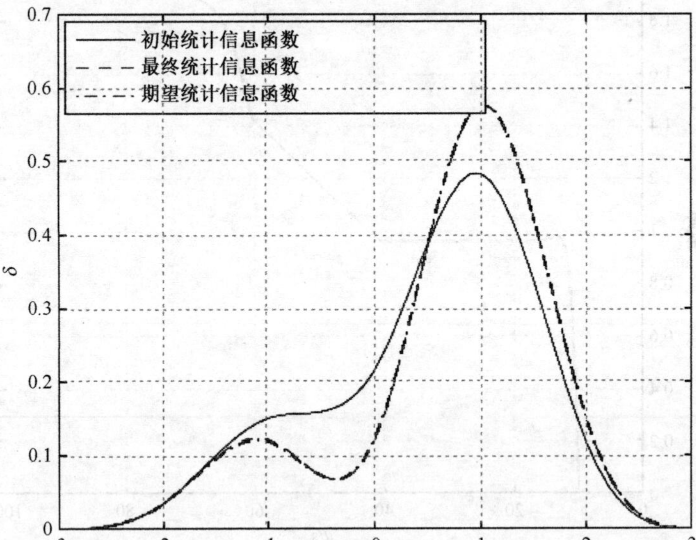

图 7.3　基于滑模控制的最终的统计信息函数和期望的统计信息函数

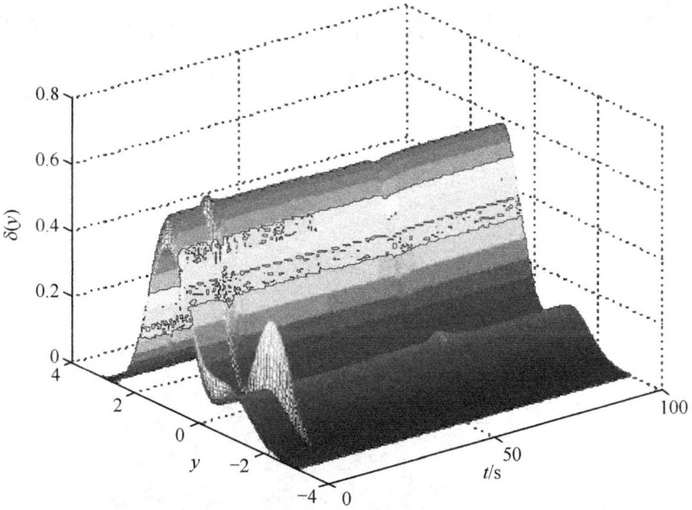

图 7.4　基于滑模控制实现容错控制的统计信息函数 3D 图像

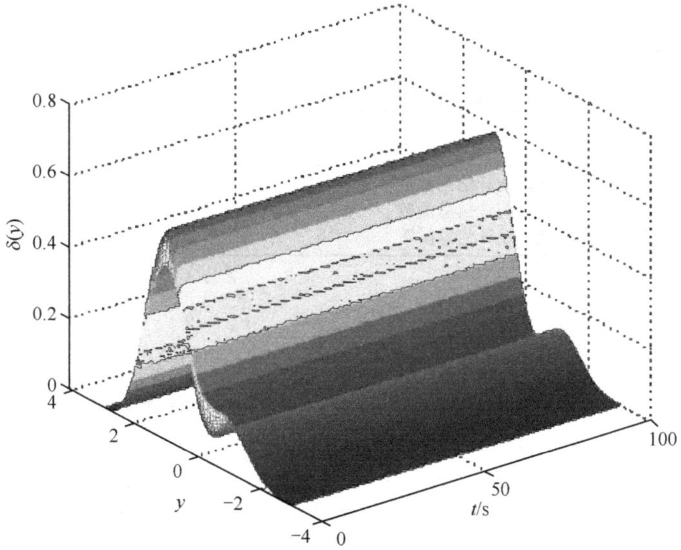

图 7.5　当无故障时的统计信息函数 3D 图像

为了进一步说明所提出的容错控制方法的有效性，本章还与文献[26]中提出的 PI 容错控制算法进行了比较。图 7.7 和图 7.8 是最终的和期望的统计信息函数，以及使用 PI 控制的容错控制的统计信息函数 3D 图像。将图 7.4

和图 7.8 进行了比较，结果表明本章提出的算法具有较好的容错控制效果。

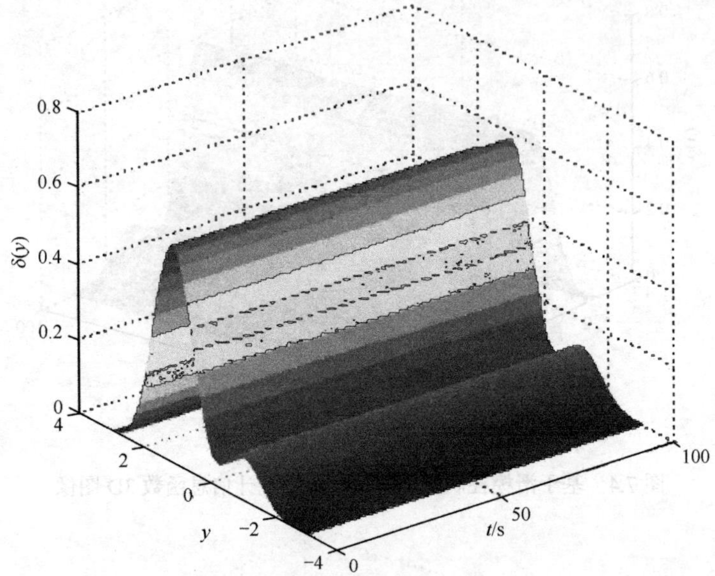

图 7.6　期望的统计信息函数 3D 图像

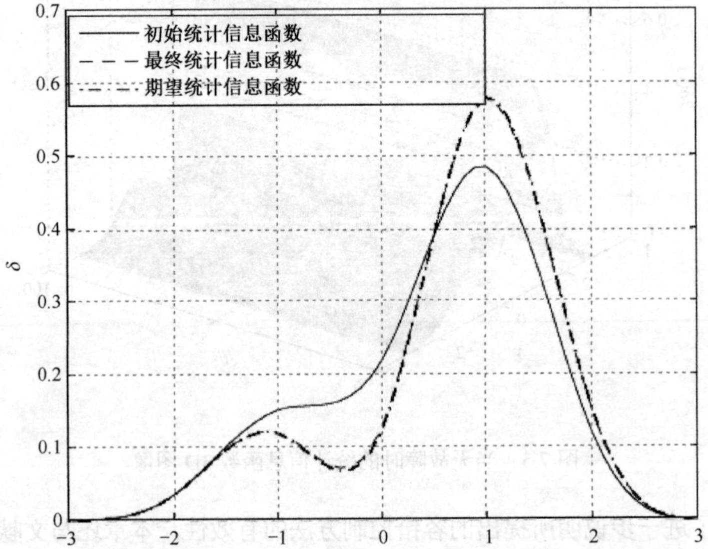

图 7.7　利用 PI 控制实现容错控制的最终的统计信息函数和期望的统计信息函数

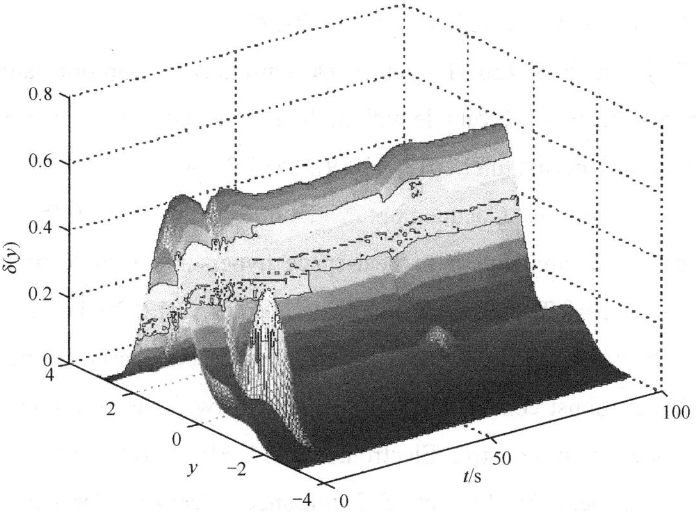

图 7.8　利用 PI 控制实现容错控制的统计信息函数 3D 图像

7.7　结论

本章研究一类非线性随机分布控制系统的故障诊断和统计信息容错跟踪控制问题。与其他容错控制问题不同的是，本章以统计信息函数作为跟踪目标。利用线性矩阵不等式方法计算故障诊断所需的观测器增益和自适应调整规则。基于故障估计信息和其他测量信息，进行了统计信息跟踪容错控制设计，使发生故障后系统的统计信息仍能跟踪期望的统计信息。最后，通过计算机仿真验证了本章所提出算法的有效性。

参考文献

[1] C Botre, M Mansouri, M Nounou, et al. Kernel PLS based GLRT method for fault detection of chemical processes [J]. Journal of Loss Prevention in

the Process Industries, 2016, 43(1): 212-224.

[2] Xu D Z, Jiang B, Liu H T, et al. Decentralized asymptotic fault tolerant control of near space vehicle with high order actuator dynamics [J]. Journal of the Franklin Institute, 2013, 350(9): 2519-2534.

[3] Shen Q, Jiang B, Cocquempot V. Fault-tolerant control for T-S fuzzy systems with application to near-space hypersonic vehicle with actuator faults [J]. IEEE Transactions on Fuzzy Systems, 2012, 20(4): 652-665.

[4] Yao J Y, Jiao Z X, Ma D W. Extended-state observer-based output feedback nonlinear robust control of hydraulic systems with backstepping [J]. IEEE Transactions on Industrial Electronics, 2014, 61(11): 6285-6293.

[5] Yao J Y, Deng W X. Active disturbance rejection adaptive control of hydraulic servo systems [J]. IEEE Transactions on Industrial Electronics, 2017, 64(10): 8023-8032.

[6] Zhao Y, Liu P, Wang Z P, et al. Electric vehicle battery fault diagnosis based on statistical method [J]. Energy Procedia, 2017, 105(3): 2366-2371.

[7] Liu X X, Gao Z W. Robust finite-time fault estimation for stochastic nonlinear systems with Brownian motions [J]. Journal of the Franklin Institute, 2017, 354(6): 2500-2523.

[8] Li G, Zhao Q. Adaptive fault-tolerant shape control for nonlinear Lipschitz stochastic distribution systems [J]. Journal of the Franklin Institute, 2017, 354(10): 4013-4033.

[9] Yao L N, Qin J F, Wang A P, et al. Fault diagnosis and fault-tolerant control for non-Gaussian nonlinear stochastic systems using a rational square-root approximation model [J]. IET Control Theory, 2013, 7(1): 116-124.

[10] Wang H. Bounded Dynamic Stochastic Systems: Modeling and Control [M]. Springer-Verlag, London, 2000.

[11] Cao S Y, Yi Y, Guo L. Anti-disturbance fault diagnosis for non-Gaussian stochastic distribution systems with multiple disturbances [J]. Neurocomputing, 2014, 136(1): 315-320.

[12] Yao L N, Feng L. Fault diagnosis and fault tolerant control for non-Gaussian time-delayed singular stochastic distribution systems [J]. International Journal of Control, Automation and Systems, 2016, 14(2): 435-442.

[13] Yi Y, Guo L, Wang H. Adaptive statistic tracking control based on two-step neural networks with time delays [J]. IEEE Transactions on Neural Networks, 2009, 20(3): 420-429.

[14] Qiu A B, Gu J P, Wen C B, et al. Selftriggered fault estimation and fault tolerant control for networked control systems [J]. Neurocomputing, 2018, 272(10): 629-637.

[15] Li G, Zhao Q. Adaptive fault-tolerant shape control for nonlinear Lipschitz stochastic distribution systems [J]. Journal of the Franklin Institute, 2017, 354(10): 4013-4033.

[16] Wang Z H, Shi P, Lim C C. H_-/H_∞ fault detection observer in finite frequency domain for linear parameter-varying descriptor systems [J]. Automatica, 2017, 86(1): 38-45.

[17] Loza A F D, Cieslak J, Henry D, et al. Output tracking of systems subjected to perturbations and a class of actuator faults based on HOSM observation and identification [J]. Automatica, 2015, 59(1): 200-205.

[18] Yao L N, Peng B. Fault diagnosis and fault tolerant control for the non-Gaussian time-delayed stochastic distribution control system [J]. Journal of the Franklin Institute, 2014, 351(3): 1577-1595.

[19] Xiang Z R, Wang R H, Chen Q W. Fault tolerant control of switched nonlinear systems with time delay under asynchronous switching [J]. International Journal of Applied Mathematics and Computer Science, 2010, 20(3): 497-506.

[20] Yao L N, Lei C H, Guan Y C, et al. Minimum entropy fault-tolerant control for non-Gaussian singular stochastic distribution systems [J]. IET Control Theory and Applications, 2016, 10(10): 1194-1201.

[21] Ci H Y, Gao H J, Shi P, et al. Fault-tolerant control of Markovian jump stochastic systems via the augmented sliding mode observer approach [J]. Automatica, 2014, 50(7): 1825-1834.

[22] Zhang Q L, Li L, Yan X G, et al. Spurgeon. Sliding mode control for singular stochastic Markovian jump systems with uncertainties [J]. Automatica, 2017, 79(1): 27-34.

[23] Wu L G, Gao Y B, Liu J X, et al. Eventtriggered sliding mode control of stochastic systems via output feedback [J]. Automatica, 2017, 82(1): 79-92.

[24] Gao Q, Feng G, Xi Z Y, et al. A new design of robust H_∞ sliding mode control for uncertain stochastic T-S fuzzy time-delay systems [J]. IEEE Transactions on Cybernetics, 2014, 44(9): 1556-1566.

[25] Wang Y Y, Xia Y Q, Li H Y, et al. A new integral sliding mode design method for nonlinear stochastic systems [J]. Automatica, 2018, 90(12): 304-309.

[26] Yao L N, Yin Z Y, Qin J F. Integrated fault diagnosis and fault tolerant control algorithm for non-Gaussian stochastic distribution systems [J]. Transactions of Beijing Institute of Technology, 2014, 34(1): 96-101.

第 8 章

08

基于模糊建模的非高斯非线性奇异随机分布控制系统的故障诊断与容错控制

本章提出了一种基于模糊建模的非高斯非线性奇异随机分布控制系统的故障诊断和容错控制算法。采用线性模糊逻辑模型来逼近输出概率密度函数，采用 Takagi-Sugeno 模糊模型描述模糊权重动态与控制输入之间的非线性关系，利用模糊故障诊断观测器进行故障诊断。基于故障估计和所需的 PDF 信息，设计了一种模糊容错控制器，使故障后的 PDF 仍然跟踪给定的分布。最后，对火焰形状分布控制系统进行了仿真，验证了算法的有效性，取得了满意的结果。

8.1 引言

众所周知，在许多实际应用中，系统的随机变量通常不服从高斯分布，通常需要控制变量 PDF 的形状。因此，有必要对非高斯 SDC 系统进行研究。随机分布控制理论是由王宏教授于 1996 年提出的[1]。随机分布系统的特点是系统输出的概率密度函数[2]。控制目标是当期望 PDF 预先知道时，使 SDC 系统的输出 PDF 的形状跟踪给定的分布[1,3-5]。在实际应用中，输入向量与权向量之间存在一些代数关系，导致权向量与控制输入之间存在奇异状态空间模型，这些系统称为奇异 SDC 系统。因此，奇异 SDC 系统具有保持实际系统结构的特点。

在许多形状控制方案中，采用模糊逻辑系统（Fuzzy Logic System，FLS）近似描述输入和输出 PDF 之间的动态关系，使 PDF 形状控制任务简化为模糊权值动态建模和控制问题。结果表明，模糊逻辑系统可以近似任何复杂的非线性项[6]。针对不同的实际问题，可以使用不同类型的模糊隶属度函数[7]。

Takagi-Sugeno（T-S）模糊模型可以使用代表底层系统的局部线性输入-输出关系的模糊 IF-THEN 规则来近似描述复杂的非线性系统，如奇异系统[8-10]、时滞系统[9]、大系统[11]、网络控制系统[12]和随机系统[13]。在文献[14]中提出了一种基于 T-S 模糊模型的抗干扰跟踪控制框架。考虑到 T-S 模糊模型逼近复杂非线性系统的优点，本章采用 T-S 模糊模型描述了非高斯奇异 SDC 系统的非线性动态。

无论是在理论领域还是在工业领域，对于复杂的控制系统来说，安全性和可靠性都是非常重要的。故障诊断和容错控制的研究已经引起了学术界的广泛关注：在文献[8，13，15-17]中研究了基于输出 PDF 的非高斯 SDC 系统的故障诊断问题；在文献[4]中，首先针对非高斯 SDC 系统提出了基于观测器的故障检测方法；在文献[18]中，提出了一种新的通用随机系统故障检测与诊断算法。在主动容错控制方面，文献[19]中利用故障诊断算法给出的信息，对控制律进行自适应调节；在文献[20]中，提出了一种非高斯时滞奇异 SDC 系统的故障诊断和容错控制算法。在实际中，大多数实际系统都是非线性的，任何系统的非线性都是不可避免的。因此，有必要考虑 SDC 系统的一般非线性动力学问题。非线性奇异 SDC 系统需要新的有效的故障诊断和容错控制方法。

在上述工作的基础上，本章进一步研究了广义 SDC 系统的故障诊断和容错控制。本章的主要贡献概括如下。

（1）首先利用线性模糊逻辑模型对输出的 PDF 进行逼近，然后用 T-S 模糊模型描述非高斯奇异随机分布控制系统的非线性动态。

（2）设计了一个模糊故障诊断观测器，用于估计故障的大小。值得注意的是，本章同时考虑了时变故障和常数故障。

（3）设计了一种模糊容错控制器，使故障后的 PDF 仍然能够跟踪给定的分布。

8.2　模型描述

对于动态随机系统，其输出 PDF 被定义为 $\gamma(y,\boldsymbol{u}(t))$，其中 $\boldsymbol{u}(t)$ 是控制输入。在文献[1，15-20]中采用不同的 B 样条函数，以下模糊逻辑系统被用于逼近 $\gamma(y,\boldsymbol{u}(t))$。

$$\gamma(y,\boldsymbol{u}(t))=\sum_{l=1}^{N}\omega_l(\boldsymbol{u}(t))\theta_l(y) \tag{8.1}$$

其中，$\omega_l(\boldsymbol{u}(t))(l=1,2,\cdots,N)$ 是相应的动态权值；$\theta_l(y)(l=1,2,\cdots,N)$ 是相应的模糊基函数。

$$\theta_l(y)=\frac{\prod_{i=1}^{n}\mu_{F_i^l}(y_i)}{\sum_{l=1}^{N}\prod_{i=1}^{n}\mu_{F_i^l}(y_i)}$$

$$\mu_{F_i^l}(y_i)=\alpha_i^l\exp[-\frac{1}{2}(\frac{y_i-\overline{y}_i^l}{\sigma_i^l})^2]$$

其中，$\mu_{F_i^l}(y_i)$ 是高斯隶属度函数，$\mu_{F_i^l}(y_i)$ 表示模糊语言术语项；α_i^l、$\overline{y}_i^l$、σ_i^l 是实值参数；N 是模糊 IF-THEN 规则的数量，n 是 FLS 输入变量的数量。

由于 $\gamma(y,\boldsymbol{u}(t))$ 是一个定义在 $[a,b]$ 上的概率密度函数，它应该满足以下条件。

$$\int_a^b\gamma(y,\boldsymbol{u}(t))\mathrm{d}y=\sum_{l=1}^{N}\omega_l(t)b_l=1 \tag{8.2}$$

其中，$b_l=\int_a^b \theta_l(y)\mathrm{d}y$。

由于约束条件需要满足式（8.2），因此只有 $N-1$ 个权值是独立的。式（8.1）可以重写为

$$\gamma(y,\boldsymbol{u}(t))=\boldsymbol{C}_0(y)\boldsymbol{V}(t)+\omega_N(t)\theta_N(y) \tag{8.3}$$

其中，$\boldsymbol{C}_0(y)=\left[\theta_1(y) \quad \cdots \quad \theta_{N-1}(y)\right]$，$\boldsymbol{V}(t)=\left[\omega_1(y) \quad \cdots \quad \omega_{N-1}(y)\right]^{\mathrm{T}}$。

由式（8.2）可以得到

$$\omega_N(t)=\frac{1}{b_N}(1-\boldsymbol{b}^{\mathrm{T}}\boldsymbol{V}(t)) \tag{8.4}$$

其中，$\boldsymbol{b}^{\mathrm{T}}=(b_1,b_2,\cdots,b_{N-1})\in R^{N-1}$

式（8.3）可以重新表示为

$$\gamma(y,\boldsymbol{u}(t))=\boldsymbol{C}(y)\boldsymbol{V}(t)+\boldsymbol{T}(y) \tag{8.5}$$

其中，$\boldsymbol{C}(y)=\boldsymbol{C}_0(y)-\frac{\theta_N(y)}{b_N}\boldsymbol{b}^{\mathrm{T}}$，$\boldsymbol{T}(y)=\frac{\theta_N(y)}{b_N}$。

该模糊模型采用模糊 IF-THEN 规则来描述，并将用于处理非线性系统的控制器设计问题。T-S 模糊模型的第 $\boldsymbol{i}$ 条规则如下。

规则 $\boldsymbol{i}$：IF ξ_1 is μ_{i1} $\cdots$ ξ_p is μ_{ip}，THEN

$$\begin{aligned}\boldsymbol{E}\dot{\boldsymbol{x}}(t)&=\boldsymbol{A}_i\boldsymbol{x}(t)+\boldsymbol{B}_i\boldsymbol{u}(t)+\boldsymbol{H}_i\boldsymbol{f}(t)\\ \boldsymbol{V}(t)&=\boldsymbol{D}_i\boldsymbol{x}(t)\end{aligned} \tag{8.6}$$

其中，$\boldsymbol{x}(t)$ 是状态向量；$\boldsymbol{u}(t)$ 是控制输入；$\boldsymbol{f}(t)$ 是潜在的故障向量；$\boldsymbol{V}(t)$ 是权值向量；$\boldsymbol{A}_i$、$\boldsymbol{B}_i$、$\boldsymbol{H}_i(i=1,2,\cdots,q)$ 和 $\boldsymbol{D}_i$ 是系统参数矩阵。假设 $\boldsymbol{B}_i(i=1,2,\cdots,q)$ 中至少一个是满秩，$\boldsymbol{E}\in\mathbf{R}^{n\times n}$ 是奇异矩阵，且 $\mathrm{rank}(\boldsymbol{E})=r<n$，$\xi_k(t)(k=1,2,\cdots,p)$ 是预先设定的变量，并且假设它是可测的，$\mu_{ik}(i=1,2,\cdots,q;\ k=1,2,\cdots,p)$ 是模糊集，q 是 IF-THEN 规则的数量，p 是预先设定变量的数量。

通过对各单个规则（局部模型）进行模糊融合，得到整体模糊模型如下。

$$\begin{aligned}\boldsymbol{E}\dot{\boldsymbol{x}}(t)&=\sum_{i=1}^{q}h_i(\boldsymbol{\xi}(t))[\boldsymbol{A}_i\boldsymbol{x}(t)+\boldsymbol{B}_i\boldsymbol{u}(t)+\boldsymbol{H}_i\boldsymbol{f}(t)]\\ \boldsymbol{V}(t)&=\sum_{i=1}^{q}h_i(\boldsymbol{\xi}(t))\boldsymbol{D}_i\boldsymbol{x}(t)\end{aligned} \tag{8.7}$$

其中，

$$\boldsymbol{\xi}(t)=[\xi_1(t),\xi_2(t),\cdots,\xi_p(t)]$$

$$h_i(\boldsymbol{\xi}(t))=\frac{\omega_i(\boldsymbol{\xi}(t))}{\sum_{i=1}^{q}\omega_i(\boldsymbol{\xi}(t))},\quad \omega_i(\boldsymbol{\xi}(t))=\prod_{k=1}^{p}\boldsymbol{u}_{ik}(\xi_k(t))$$

对于任意 t 下列两个不等式成立。

$$\omega_i(\boldsymbol{\xi}(t))\geqslant 0,\ \sum_{i=1}^{q}\omega_i(\boldsymbol{\xi}(t))>0\ (i=1,2,\cdots,q)$$

$$h_i(\boldsymbol{\xi}(t))\geqslant 0,\ \sum_{i=1}^{q}h_i(\boldsymbol{\xi}(t))=1\ (i=1,2,\cdots,q)$$

定义 8.1[8]　如果

$$\det(s\boldsymbol{E}-\sum_{i=1}^{q}h_i(\boldsymbol{\xi}(t))\boldsymbol{A}_i)\neq 0,\ \forall t\geqslant 0(i=1,2,\cdots,q) \tag{8.8}$$

则式（8.7）是规则的。

定义 8.2[8]　如果下式成立

$$\mathrm{rank}(\boldsymbol{E})=\deg(\det(s\boldsymbol{E}-\sum_{i=1}^{q}h_i(\boldsymbol{\xi}(t))\boldsymbol{A}_i)),\ \forall t\geqslant 0(i=1,2,\cdots,q) \tag{8.9}$$

则式（8.7）是无脉冲的。

考虑如下的参考模型

$$\begin{aligned}\boldsymbol{E}\dot{\boldsymbol{x}}_r(t)&=\boldsymbol{A}_r\boldsymbol{x}_r(t)+\boldsymbol{B}_r\boldsymbol{r}\\ \boldsymbol{V}_r(t)&=\boldsymbol{D}\boldsymbol{x}_r(t)\end{aligned} \tag{8.10}$$

其中，$\boldsymbol{x}_r(t)\in\mathbf{R}^{n\times 1}$ 是参考模型状态向量；$\boldsymbol{r}\in\mathbf{R}^{n\times 1}$ 是参考模型输入；$\boldsymbol{V}_r(t)\in\mathbf{R}^{(n-1)\times 1}$ 是参考模型的输出权重向量。

定义 $\boldsymbol{e}_d(t)$ 为

$$\boldsymbol{e}_d(t)=\boldsymbol{x}(t)-\boldsymbol{x}_r(t)$$

则对其求一阶导数可以得到

$$\begin{aligned}\boldsymbol{E}\dot{\boldsymbol{e}}_d(t)&=\boldsymbol{E}\dot{\boldsymbol{x}}(t)-\boldsymbol{E}\dot{\boldsymbol{x}}_r(t)\\ &=\sum_{i=1}^{q}h_i(\boldsymbol{\xi}(t))[\boldsymbol{A}_i\boldsymbol{e}_d(t)+(\boldsymbol{A}_i-\boldsymbol{A}_r)\boldsymbol{x}_r(t)+\boldsymbol{B}_i\boldsymbol{u}(t)-\boldsymbol{B}_r\boldsymbol{r}+\boldsymbol{H}_i\boldsymbol{f}(t)]\end{aligned} \tag{8.11}$$

8.3 故障检测

故障检测的目的是使用输入 $\boldsymbol{u}(t)$ 和输出 PDF $\gamma(y,\boldsymbol{u}(t))$ 来检测故障 $\boldsymbol{f}(t)$。模糊故障检测观测器构造如下。

规则 i：IF ξ_1 is μ_{i1} $\cdots$ ξ_p is μ_{ip}，THEN

$$\begin{aligned}
&\boldsymbol{E}\dot{\boldsymbol{x}}_m(t)=\boldsymbol{A}_i\boldsymbol{x}_m(t)+\boldsymbol{B}_i\boldsymbol{u}(t)+\boldsymbol{L}_{mi}\varepsilon_m(t)\\
&\boldsymbol{V}_m(t)=\boldsymbol{D}_i\boldsymbol{x}_m(t)\\
&\gamma_m(y_m,\boldsymbol{u}(t))=\boldsymbol{C}(y)\boldsymbol{V}_m+\boldsymbol{T}(y)\\
&\varepsilon_m(t)=\int_a^b\sigma(y)(\gamma(y,\boldsymbol{u}(t))-\gamma_m(y_m,\boldsymbol{u}(t)))\mathrm{d}y
\end{aligned}\tag{8.12}$$

其中，$\boldsymbol{x}_m(t)$ 是系统的状态估计；$\varepsilon_m(t)$ 是残差；$\boldsymbol{L}_{mi}(i=1,2,\cdots,q)$ 是观测器增益。

将全模糊状态观测器表示为

$$\begin{aligned}
&\boldsymbol{E}\dot{\boldsymbol{x}}_m(t)=\sum_{i=1}^{q}h_i(\xi(t))[\boldsymbol{A}_i\boldsymbol{x}_m(t)+\boldsymbol{B}_i\boldsymbol{u}(t)+\boldsymbol{L}_{mi}\varepsilon_m(t)]\\
&\boldsymbol{V}_m(t)=\sum_{i=1}^{q}h_i(\xi(t))\boldsymbol{D}_i\boldsymbol{x}_m(t)
\end{aligned}\tag{8.13}$$

观测器误差向量表示为

$$\boldsymbol{e}_m(t)=\boldsymbol{x}(t)-\boldsymbol{x}_m(t)\tag{8.14}$$

则可以得到

$$\varepsilon_m(t)=\sum_{i=1}^{q}h_i(\xi(t))\boldsymbol{\Sigma}\boldsymbol{D}_i\boldsymbol{e}_m\tag{8.15}$$

其中，$\boldsymbol{\Sigma}=\int_a^b\sigma(y)\boldsymbol{C}(y)\mathrm{d}y$。

由式（8.7）及式（8.13）～式（8.15）可以得到

$$\begin{aligned}
\boldsymbol{E}\dot{\boldsymbol{e}}_m(t)&=\boldsymbol{E}\dot{\boldsymbol{x}}(t)-\boldsymbol{E}\dot{\boldsymbol{x}}_m(t)\\
&=\sum_{i=1}^{q}h_i(\xi(t))\sum_{j=1}^{q}h_j(\xi(t))[(\boldsymbol{A}_i-\boldsymbol{L}_i\boldsymbol{\Sigma}\boldsymbol{D}_j)\boldsymbol{e}_m+\boldsymbol{H}_i\boldsymbol{f}(t)]
\end{aligned}\tag{8.16}$$

当在系统式（8.7）中没有故障发生（$\boldsymbol{f}(t)=0$）时，则误差动态系统式（8.16）可以重新写为

$$\boldsymbol{E}\dot{\boldsymbol{e}}_m(t)=\sum_{i=1}^{q}h_i(\xi(t))\sum_{j=1}^{q}h_j(\xi(t))(\boldsymbol{A}_i-\boldsymbol{L}_{mi}\boldsymbol{\Sigma}\boldsymbol{D}_j)\boldsymbol{e}_m \tag{8.17}$$

定理 8.1　如果存在一个共同的非奇异矩阵 $\boldsymbol{P}_1$ 满足下列 LMI，则观测误差动态系统式（8.17）趋于稳定。

$$\boldsymbol{E}^{\mathrm{T}}\boldsymbol{P}_1=\boldsymbol{P}_1^{\mathrm{T}}\boldsymbol{E}\geqslant 0 \tag{8.18}$$

$$(\boldsymbol{A}_i-\boldsymbol{L}_{mi}\boldsymbol{\Sigma}\boldsymbol{D}_j)^{\mathrm{T}}\boldsymbol{P}_1+\boldsymbol{P}_1^{\mathrm{T}}(\boldsymbol{A}_i-\boldsymbol{L}_{mi}\boldsymbol{\Sigma}\boldsymbol{D}_j)<0\quad(i=j=1,2,\cdots,q) \tag{8.19}$$

$$\begin{aligned}&(\boldsymbol{A}_i-\boldsymbol{L}_{mi}\boldsymbol{\Sigma}\boldsymbol{D}_j)^{\mathrm{T}}\boldsymbol{P}_1+\boldsymbol{P}_1^{\mathrm{T}}(\boldsymbol{A}_i-\boldsymbol{L}_{mi}\boldsymbol{\Sigma}\boldsymbol{D}_j)+\\&(\boldsymbol{A}_j-\boldsymbol{L}_{mj}\boldsymbol{\Sigma}\boldsymbol{D}_i)^{\mathrm{T}}\boldsymbol{P}_1+\boldsymbol{P}_1^{\mathrm{T}}(\boldsymbol{A}_j-\boldsymbol{L}_{mj}\boldsymbol{\Sigma}\boldsymbol{D}_i)<0\end{aligned}\quad(i<j) \tag{8.20}$$

证明：选择李雅普诺夫函数 $V_1(t)$ 为

$$V_1(t)=\boldsymbol{e}_m^{\mathrm{T}}\boldsymbol{E}^{\mathrm{T}}\boldsymbol{P}_1\boldsymbol{e}_m \tag{8.21}$$

结合式（8.17）～式（8.20），可以得到 $V_1(t)$ 的一阶导数为

$$\begin{aligned}\dot{V}_1(t)&=(\boldsymbol{E}\dot{\boldsymbol{e}}_m)^{\mathrm{T}}\boldsymbol{P}_1\boldsymbol{e}_m+\boldsymbol{e}_m^{\mathrm{T}}\boldsymbol{P}_1^{\mathrm{T}}\boldsymbol{E}\dot{\boldsymbol{e}}_m\\&=\sum_{i=1}^{q}h_i(\xi(t))\sum_{j=1}^{q}h_j(\xi(t))\{\boldsymbol{e}_m^{\mathrm{T}}[(\boldsymbol{A}_i-\boldsymbol{L}_{mi}\boldsymbol{\Sigma}\boldsymbol{D}_j)^{\mathrm{T}}\boldsymbol{P}+\\&\quad\boldsymbol{P}_1^{\mathrm{T}}(\boldsymbol{A}_i-\boldsymbol{L}_{mi}\boldsymbol{\Sigma}\boldsymbol{D}_j)]\boldsymbol{e}_m\}<0\end{aligned} \tag{8.22}$$

当系统正常工作没有故障时，可以证明 $\dot{V}_1(t)<0$，观测器误差动态系统式（8.17）是趋于稳定的。

8.4　故障诊断

为了估计故障的大小，需要进行故障诊断，构造模糊故障诊断观测器如下。

观测器规则 i：IF ξ_1 is μ_{i1} $\cdots$ ξ_p is μ_{ip}，THEN

$$\begin{aligned}
&\boldsymbol{E}\dot{\hat{\boldsymbol{x}}}(t)=\boldsymbol{A}_i\hat{\boldsymbol{x}}(t)+\boldsymbol{B}_i\boldsymbol{u}(t)+\boldsymbol{H}_i\hat{\boldsymbol{f}}(t)+\boldsymbol{L}_i\varepsilon(t)\\
&\hat{\boldsymbol{V}}(t)=\boldsymbol{D}_i\hat{\boldsymbol{x}}(t)\\
&\hat{\gamma}(\hat{y},\boldsymbol{u}(t))=\boldsymbol{C}(y)\hat{\boldsymbol{V}}+\boldsymbol{T}(y)\\
&\varepsilon(t)=\int_a^b\sigma(y)(\gamma(y,\boldsymbol{u}(t))-\hat{\gamma}(\hat{y},\boldsymbol{u}(t)))\mathrm{d}y\\
&\dot{\hat{\boldsymbol{f}}}(t)=-\boldsymbol{\Gamma}_{1i}\hat{\boldsymbol{f}}(t)+\boldsymbol{\Gamma}_{2i}\varepsilon(t)
\end{aligned}\tag{8.23}$$

其中，$\hat{\boldsymbol{x}}(t)$ 是系统的状态估计；$\varepsilon(t)$ 是残差信号；$\hat{\boldsymbol{f}}(t)$ 是 $\boldsymbol{f}(t)$ 的估计；$\boldsymbol{L}_i$（$i=1,2,\cdots,q$）是观测器增益向量；$\boldsymbol{\Gamma}_{1i}>0$（$i=1,2,\cdots,q$）和 $\boldsymbol{\Gamma}_{2i}$（$i=1,2,\cdots,q$）是学习律，则全状态模糊观测器可表示为

$$\begin{aligned}
&\boldsymbol{E}\dot{\hat{\boldsymbol{x}}}(t)=\sum_{i=1}^{q}h_i(\boldsymbol{\xi}(t))[\boldsymbol{A}_i\hat{\boldsymbol{x}}(t)+\boldsymbol{B}_i\boldsymbol{u}(t)+\boldsymbol{H}_i\hat{\boldsymbol{f}}(t)+\boldsymbol{L}_i\varepsilon(t)]\\
&\hat{\boldsymbol{V}}(t)=\sum_{i=1}^{q}h_i(\boldsymbol{\xi}(t))\boldsymbol{D}_i\hat{\boldsymbol{x}}(t)\\
&\dot{\hat{\boldsymbol{f}}}(t)=\sum_{i=1}^{q}h_i(\boldsymbol{\xi}(t))[-\boldsymbol{\Gamma}_{1i}\hat{\boldsymbol{f}}(t)+\boldsymbol{\Gamma}_{2i}\varepsilon(t)]
\end{aligned}\tag{8.24}$$

状态误差与故障估计误差定义如下。

$$\boldsymbol{e}_x(t)=\boldsymbol{x}(t)-\hat{\boldsymbol{x}}(t),\ \boldsymbol{e}_f(t)=\boldsymbol{f}(t)-\hat{\boldsymbol{f}}(t)\tag{8.25}$$

由式（8.7）、式（8.23）～式（8.25）可知，观测器误差动态系统为

$$\begin{aligned}
\boldsymbol{E}\dot{\boldsymbol{e}}_x(t)&=\boldsymbol{E}\dot{\boldsymbol{x}}(t)-\boldsymbol{E}\dot{\hat{\boldsymbol{x}}}(t)\\
&=\sum_{i=1}^{q}h_i(\boldsymbol{\xi}(t))\sum_{j=1}^{q}h_j(\boldsymbol{\xi}(t))[(\boldsymbol{A}_i-\boldsymbol{L}_i\boldsymbol{\Sigma}\boldsymbol{D}_j)\boldsymbol{e}_x+\boldsymbol{H}_i\boldsymbol{e}_f]
\end{aligned}\tag{8.26}$$

故障估计误差系统可以表示为

$$\begin{aligned}
\dot{\boldsymbol{e}}_f(t)&=\dot{\boldsymbol{f}}(t)-\dot{\hat{\boldsymbol{f}}}(t)\\
&=\sum_{i=1}^{q}h_i(\boldsymbol{\xi}(t))\sum_{j=1}^{q}h_j(\boldsymbol{\xi}(t))[\dot{\boldsymbol{f}}+\boldsymbol{\Gamma}_{1i}(\boldsymbol{f}-\boldsymbol{e}_f)-\boldsymbol{\Gamma}_{2i}\boldsymbol{\Sigma}\boldsymbol{D}_j\boldsymbol{e}_x]
\end{aligned}\tag{8.27}$$

假设存在正常数 $a_1>0$ 和 $a_2>0$，满足不等式 $\|\boldsymbol{f}(t)\|\leqslant a_1$ 和 $\|\dot{\boldsymbol{f}}(t)\|\leqslant a_2$。

定理 8.2 如果存在满足以下 LMI 的共同非奇异矩阵 $\boldsymbol{P}_2$，则观测误差动态系统式（8.26）是稳定的。

$$\boldsymbol{E}^{\mathrm{T}}\boldsymbol{P}_2=\boldsymbol{P}_2^{\mathrm{T}}\boldsymbol{E}\geqslant 0\tag{8.28}$$

$$\varDelta_{ii}<0\ (i=j=1,2,\cdots,q),\ \varDelta_{ij}+\varDelta_{ji}<0\ (i<j)\tag{8.29}$$

其中

$$\boldsymbol{\Delta}_{ij}=\begin{bmatrix}\boldsymbol{\Psi}_{11} & \boldsymbol{\Psi}_{12} & \mathbf{0} & \mathbf{0}\\ * & -2\boldsymbol{\Gamma}_{1i} & \boldsymbol{I} & \boldsymbol{I}\\ * & * & -\beta_1 & \mathbf{0}\\ * & * & * & -\beta_2\end{bmatrix}$$

证明：选择李雅普诺夫函数$V_2(t)$为

$$V_2(t)=\boldsymbol{e}_x^{\mathrm{T}}\boldsymbol{E}^{\mathrm{T}}\boldsymbol{P}_2\boldsymbol{e}_x+\boldsymbol{e}_f^{\mathrm{T}}\boldsymbol{e}_f \tag{8.30}$$

对其求一阶导数可以得到

$$\begin{aligned}\dot{V}_2(t)&=(\boldsymbol{E}\dot{\boldsymbol{e}}_x)^{\mathrm{T}}\boldsymbol{P}_2\boldsymbol{e}_x+\boldsymbol{e}_x^{\mathrm{T}}\boldsymbol{P}_2^{\mathrm{T}}\boldsymbol{E}\dot{\boldsymbol{e}}_x+2\boldsymbol{e}_f^{\mathrm{T}}\dot{\boldsymbol{e}}_f\\&=\sum_{i=1}^{q}h_i(\xi(t))\sum_{j=1}^{q}h_j(\xi(t))\{\boldsymbol{e}_x^{\mathrm{T}}[(\boldsymbol{A}_i-\boldsymbol{L}_i\boldsymbol{\Sigma}\boldsymbol{D}_j)^{\mathrm{T}}\boldsymbol{P}_2+\\&\quad\boldsymbol{P}_2^{\mathrm{T}}(\boldsymbol{A}_i-\boldsymbol{L}_i\boldsymbol{\Sigma}\boldsymbol{D}_j)]\boldsymbol{e}_x+2\boldsymbol{e}_x^{\mathrm{T}}(\boldsymbol{P}_2^{\mathrm{T}}\boldsymbol{H}_i-\boldsymbol{D}_j^{\mathrm{T}}\boldsymbol{\Sigma}^{\mathrm{T}}\boldsymbol{\Gamma}_{2i}^{\mathrm{T}})\boldsymbol{e}_f-\\&\quad 2\boldsymbol{e}_f^{\mathrm{T}}\boldsymbol{\Gamma}_{1i}\boldsymbol{e}_f+2\boldsymbol{e}_f^{\mathrm{T}}\boldsymbol{\Gamma}_{1i}\boldsymbol{f}+2\boldsymbol{e}_f^{\mathrm{T}}\dot{\boldsymbol{f}}\}\end{aligned} \tag{8.31}$$

通过应用不等式$2\boldsymbol{a}^{\mathrm{T}}\boldsymbol{b}\leqslant\alpha\boldsymbol{a}^{\mathrm{T}}\boldsymbol{a}+\dfrac{1}{\alpha}\boldsymbol{b}^{\mathrm{T}}\boldsymbol{b}$（$\forall\boldsymbol{a},\boldsymbol{b}\in R^n$；$\alpha>0$），则可以进一步得到

$$\begin{aligned}2\boldsymbol{e}_f^{\mathrm{T}}\boldsymbol{\Gamma}_{1i}\boldsymbol{f}&\leqslant\frac{1}{\beta_1}\boldsymbol{e}_f^{\mathrm{T}}\boldsymbol{e}_f+\beta_1\boldsymbol{f}^{\mathrm{T}}\boldsymbol{\Gamma}_{1i}^{\mathrm{T}}\boldsymbol{\Gamma}_{1i}\boldsymbol{f}\\&\leqslant\frac{1}{\beta_1}\boldsymbol{e}_f^{\mathrm{T}}\boldsymbol{e}_f+\beta_1a_1^2\|\boldsymbol{\Gamma}_{1i}\|^2\quad(\beta_1>0)\\2\boldsymbol{e}_f^{\mathrm{T}}\dot{\boldsymbol{f}}&\leqslant\frac{1}{\beta_2}\boldsymbol{e}_f^{\mathrm{T}}\boldsymbol{e}_f+\beta_2\dot{\boldsymbol{f}}^{\mathrm{T}}\dot{\boldsymbol{f}}\\&\leqslant\frac{1}{\beta_2}\boldsymbol{e}_f^{\mathrm{T}}\boldsymbol{e}_f+\beta_2a_2^2\quad(\beta_2>0)\end{aligned} \tag{8.32}$$

通过结合式（8.30）～式（8.32），可得到

$$\begin{aligned}\dot{V}_2(t)&\leqslant\sum_{i=1}^{q}h_i(\xi(t))\sum_{j=1}^{q}h_j(\xi(t))\{\boldsymbol{e}_x^{\mathrm{T}}[(\boldsymbol{A}_i-\boldsymbol{L}_i\boldsymbol{\Sigma}\boldsymbol{D}_j)^{\mathrm{T}}\boldsymbol{P}_2+\\&\quad\boldsymbol{P}_2^{\mathrm{T}}(\boldsymbol{A}_i-\boldsymbol{L}_i\boldsymbol{\Sigma}\boldsymbol{D}_j)]\boldsymbol{e}_x+2\boldsymbol{e}_x^{\mathrm{T}}(\boldsymbol{P}_2^{\mathrm{T}}\boldsymbol{H}_i-\boldsymbol{B}_j^{\mathrm{T}}\boldsymbol{\Sigma}^{\mathrm{T}}\boldsymbol{\Gamma}_{2i}^{\mathrm{T}})\boldsymbol{e}_f+\\&\quad\boldsymbol{e}_f^{\mathrm{T}}(-2\boldsymbol{\Gamma}_{1i}+\frac{1}{\beta_1}\boldsymbol{I}+\frac{1}{\beta_2}\boldsymbol{I})\boldsymbol{e}_f+\beta_1a_1^2\|\boldsymbol{\Gamma}_{1i}\|^2+\beta_2a_2^2\}\\&=\sum_{i=1}^{q}h_i(\xi(t))\sum_{j=1}^{q}h_j(\xi(t))\{\overline{\boldsymbol{e}}^{\mathrm{T}}\boldsymbol{\Phi}_1\overline{\boldsymbol{e}}+\boldsymbol{\Omega}_2\}\\&\leqslant\sum_{i=1}^{q}h_i(\xi(t))\sum_{j=1}^{q}h_j(\xi(t))\{\lambda_{\max}(\boldsymbol{\Phi}_1)\|\overline{\boldsymbol{e}}\|^2+\boldsymbol{\Omega}_2\}\end{aligned} \tag{8.33}$$

其中，

$$\bar{\boldsymbol{e}}^{\mathrm{T}}(t)=\left[\boldsymbol{e}_x^{\mathrm{T}}(t)\quad \boldsymbol{e}_f^{\mathrm{T}}(t)\right],\ \boldsymbol{\Phi}_1=\begin{bmatrix}\boldsymbol{\Psi}_{11} & \boldsymbol{\Psi}_{12}\\ ** & \boldsymbol{\Psi}_{22}\end{bmatrix}$$

$$\boldsymbol{\Psi}_{11}=(\boldsymbol{A}_i-\boldsymbol{L}_i\boldsymbol{\Sigma}\boldsymbol{D}_j)^{\mathrm{T}}\boldsymbol{P}_2+\boldsymbol{P}_2^{\mathrm{T}}(\boldsymbol{A}_i-\boldsymbol{L}_i\boldsymbol{\Sigma}\boldsymbol{D}_j),\qquad \boldsymbol{\Omega}_2=\beta_1 a_1^2\,\|\boldsymbol{\Gamma}_{1i}\|^2+\beta_2 a_2^2$$

$$\boldsymbol{\Psi}_{12}=\boldsymbol{P}_2^{\mathrm{T}}\boldsymbol{H}_i-\boldsymbol{D}_j^{\mathrm{T}}\boldsymbol{\Sigma}^{\mathrm{T}}\boldsymbol{\Gamma}_{2i}^{\mathrm{T}},\ \boldsymbol{\Psi}_{22}=-2\boldsymbol{\Gamma}_{1i}+\frac{1}{\beta_1}\boldsymbol{I}+\frac{1}{\beta_2}\boldsymbol{I}$$

通过对式（8.29）应用 Schur 补引理，可以得到：当下列不等式成立时，$\boldsymbol{\Phi}_1<0$。

$$\|\bar{\boldsymbol{e}}(t)\|>\sqrt{\frac{\boldsymbol{\Omega}_2}{-\lambda_{\max}(\boldsymbol{\Phi}_1)}}$$

可以进一步证明 $\dot{V}_2(t)\leqslant 0$，则观测器误差动态系统式（8.26）是稳定的。

8.5 容错控制

当式（8.7）无故障发生时，可得到

$$\begin{aligned}\boldsymbol{E}\dot{\boldsymbol{e}}_d(t)&=\boldsymbol{E}\dot{\boldsymbol{x}}(t)-\boldsymbol{E}\dot{\boldsymbol{x}}_r(t)\\&=\sum_{i=1}^{q}h_i(\xi(t))[\boldsymbol{A}_i\boldsymbol{e}_d(t)+(\boldsymbol{A}_i-\boldsymbol{A}_r)\boldsymbol{x}_r(t)+\boldsymbol{B}_i\boldsymbol{u}(t)-\boldsymbol{B}_r\boldsymbol{r}]\end{aligned}\tag{8.34}$$

考虑以下的反馈控制器

$$\boldsymbol{u}_N=-\sum_{i=1}^{q}h_i(\xi(t))\bar{\boldsymbol{B}}^{-1}[(\boldsymbol{A}_i-\boldsymbol{A}_r)\boldsymbol{x}_r-\boldsymbol{B}_r\boldsymbol{r}]\tag{8.35}$$

其中，$\bar{\boldsymbol{B}}=\sum_{i=1}^{q}h_i(\xi(t))\boldsymbol{B}_i$，可得到如下的状态跟踪误差动态系统。

$$\boldsymbol{E}\dot{\boldsymbol{e}}_d(t)=\sum_{i=1}^{q}h_i(\xi(t))\boldsymbol{A}_i\boldsymbol{e}_d(t)\tag{8.36}$$

当式（8.7）发生故障时，为了补偿系统故障造成的性能损失，使故障发生后的 PDF 仍能跟踪给定的分布，设计了模糊容错控制器如下。

$$\boldsymbol{u}(t)=\boldsymbol{u}_N(t)+\boldsymbol{u}_{\mathrm{ad}}(t)\tag{8.37}$$

其中，$\boldsymbol{u}_{\mathrm{ad}}(t)$ 是自适应控制补偿项，它在无故障时是零向量。补偿控制器

$\boldsymbol{u}_{\mathrm{ad}}(t)$ 定义为

$$\boldsymbol{u}_{\mathrm{ad}}=-\sum_{i=1}^{q}h_i(\xi(t))\bar{\boldsymbol{B}}^{-1}\boldsymbol{H}_i\hat{\boldsymbol{f}}(t) \tag{8.38}$$

由式（8.34）～式（8.35）、式（8.37）～式（8.38），误差动态系统可以进一步表示为

$$\boldsymbol{E}\dot{\boldsymbol{e}}_d(t)=\sum_{i=1}^{q}h_i(\xi(t))[\boldsymbol{A}_i\boldsymbol{e}_d(t)-\boldsymbol{H}_i\boldsymbol{e}_f(t)] \tag{8.39}$$

根据定理 8.2，可以知道 $\boldsymbol{e}_f(t)$ 是有界的。假设存在一个常数 $d_3>0$，使不等式 $\|\boldsymbol{e}_f(t)\|\leqslant d_3$ 成立。

定理 8.3　如果存在共同的非奇异矩阵 $\boldsymbol{P}_3$ 和 $\boldsymbol{Q}_3$，使下列不等式成立，则跟踪误差动态系统式（8.39）是稳定的。

$$\boldsymbol{E}^{\mathrm{T}}\boldsymbol{P}_3=\boldsymbol{P}_3^{\mathrm{T}}\boldsymbol{E}\geqslant 0 \tag{8.40}$$

$$\boldsymbol{A}_i^{\mathrm{T}}\boldsymbol{P}_3+\boldsymbol{P}_3\boldsymbol{A}_i+\boldsymbol{Q}_3\leqslant 0\quad (i=1,2,\cdots,q) \tag{8.41}$$

证明：选择李雅普诺夫函数如下。

$$V_3(t)=\boldsymbol{e}_d^{\mathrm{T}}(t)\boldsymbol{E}^{\mathrm{T}}\boldsymbol{P}_3\boldsymbol{e}_d(t) \tag{8.42}$$

对 $V_3(t)$ 求一阶导数可得

$$\begin{aligned}\dot{V}_3(t)&=\sum_{i=1}^{q}h_i(\xi(t))[\boldsymbol{e}_d^{\mathrm{T}}(t)(\boldsymbol{A}_i^{\mathrm{T}}\boldsymbol{P}_3+\boldsymbol{P}_3^{\mathrm{T}}\boldsymbol{A}_i)\boldsymbol{e}_d(t)-2\boldsymbol{e}_d^{\mathrm{T}}(t)\boldsymbol{P}_3^{\mathrm{T}}\boldsymbol{H}_i\boldsymbol{e}_f(t)]\\&\leqslant\sum_{i=1}^{q}h_i(\xi(t))[-\boldsymbol{e}_d^{\mathrm{T}}(t)\boldsymbol{Q}_3\boldsymbol{e}_d(t)-2\boldsymbol{e}_d^{\mathrm{T}}(t)\boldsymbol{P}_3^{\mathrm{T}}\boldsymbol{H}_i\boldsymbol{e}_f(t)]\\&\leqslant\sum_{i=1}^{q}h_i(\xi(t))[-\lambda_{\min}(\boldsymbol{Q}_3)\|\boldsymbol{e}_d(t)\|^2+2\|\boldsymbol{e}_d(t)\|\|\boldsymbol{P}_3\|\|\boldsymbol{H}_i\|\|\boldsymbol{e}_f(t)\|]\\&=\sum_{i=1}^{q}h_i(\xi(t))[-\omega_1\|\boldsymbol{e}_d(t)\|^2+2\omega_2\|\boldsymbol{e}_d(t)\|]\end{aligned} \tag{8.43}$$

其中，$\omega_1=\lambda_{\min}(\boldsymbol{Q}_3)$，$\omega_2=d_3\|\boldsymbol{P}_3\|\|\boldsymbol{H}_i\|$，则可以得到

$$\dot{V}_3(t)\leqslant\sum_{i=1}^{q}h_i(\xi(t))[-\omega_1(\|\boldsymbol{e}_d(t)\|-\frac{\omega_2}{\omega_1})^2+\frac{\omega_2^2}{\omega_1}] \tag{8.44}$$

因此，当不等式 $\|\boldsymbol{e}_d(t)\|>\dfrac{2\omega_2}{\omega_1}$ 成立时，$\dot{V}_3(t)\leqslant 0$，证明误差跟踪系统式（8.39）是稳定的，则可以得到实际控制器

$$\boldsymbol{u}(t)=-\sum_{i=1}^{q}h_i(\xi(t))\bar{\boldsymbol{B}}^{-1}[(\boldsymbol{A}_i-\boldsymbol{A}_r)\boldsymbol{x}_r(t)-\boldsymbol{B}_r\boldsymbol{r}+\boldsymbol{H}_i\hat{\boldsymbol{f}}(t)] \tag{8.45}$$

8.6 仿真实例

本节为了证明所提算法的有效性，考虑了一种链条燃煤锅炉[4]的温度场分布（或火焰形状分布）控制系统，如图 8.1 所示。简便起见，一台四进气室锅炉（最左边的进气室用作燃烧锅炉，且当正常运行时是关闭的。换句话说，只有 3 个控制输入），其输出火焰形状可以用线性模糊逻辑模型逼近。

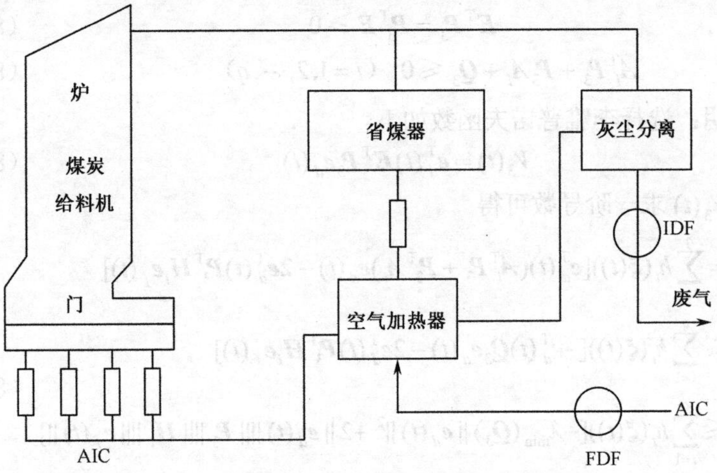

注：IDF——引风机；FDF——强制通风机；AIC——进气室。

图 8.1　链条燃煤锅炉的温度场分布控制系统

FLS 将用于对概率密度函数逼近，并且考虑如下指数型隶属函数 $\mu_{F^l}(y)$，$y \in [2,7]$。

$$\mu_{F^l}(y) = \exp(-\frac{1}{2}(y - \overline{y}^l)^2) \tag{8.46}$$

$$l = 1,2,3,\quad \overline{y}^l = 3.5, 4.5, 5.5$$

选择模糊逻辑基础函数 $\theta_l(y)$ 为

$$\theta_l(y)=\exp(-\frac{1}{2}(y-\bar{y}^l)^2)/\sum_{l=1}^{3}\exp(-\frac{1}{2}(y-\bar{y}^l)^2) \tag{8.47}$$

非线性奇异 SDC 系统可以通过具有以下系统矩阵系数的 T-S 模糊模型式（8.7）来表征，即

$$\boldsymbol{E}=\begin{bmatrix}1&0&0\\0&1&0\\0&0&0\end{bmatrix},\ \boldsymbol{A}_1=\begin{bmatrix}-1&2&0\\0&-2&7\\0&5&6\end{bmatrix}$$

$$\boldsymbol{A}_2=\begin{bmatrix}-1&3&0\\-2&-1&0\\0&1&6\end{bmatrix},\ \boldsymbol{B}_1=\begin{bmatrix}1&0&0\\0&1&0\\0&0&0\end{bmatrix}$$

$$\boldsymbol{B}_2=\begin{bmatrix}1&0&0\\0&2&0\\0&0&1\end{bmatrix},\ \boldsymbol{H}_1=\begin{bmatrix}1\\1\\1\end{bmatrix},\ \boldsymbol{H}_2=\begin{bmatrix}1\\1\\1\end{bmatrix}$$

$$\boldsymbol{D}=\boldsymbol{D}_1=\boldsymbol{D}_2=\begin{bmatrix}0.1&0&0\\0&0.1&-1\end{bmatrix}$$

假设故障形式如下。

$$\boldsymbol{f}(t)=\begin{cases}0 & 0\leqslant t<10\\2 & 10\leqslant t<40\\2+5(1-\mathrm{e}^{-0.35(t-40)}) & 40\leqslant t<70\\5 & 70\leqslant t\leqslant 90\end{cases} \tag{8.48}$$

基于 MATLAB 线性矩阵不等式工具箱，则可获得以下增益向量。

$$\boldsymbol{L}_1=\begin{bmatrix}-4.8570\\-3.9884\\-2.7376\end{bmatrix},\ \boldsymbol{L}_2=\begin{bmatrix}-4.8431\\-5.0521\\-2.7149\end{bmatrix}$$

$$\boldsymbol{\Gamma}_{11}=\boldsymbol{\Gamma}_{12}=0.0450,\ \boldsymbol{\Gamma}_{21}=\boldsymbol{\Gamma}_{22}=-8.50$$

给定以下的两个隶属度函数。

$$h_1=\frac{1}{1+\mathrm{e}^{-2\hat{x}_2}},\ h_2=1-h_1$$

图 8.2 给出了故障 $\boldsymbol{f}(t)$ 的响应及其估计值 $\hat{\boldsymbol{f}}(t)$，图 8.2 表明在故障发生后，可以通过故障诊断观测器对故障进行很好的估计。

图 8.3 显示了在提出的容错控制策略下的初始 PDF、期望 PDF 和最终 PDF，最终 PDF 完全符合预期的 PDF。期望 PDF 3D 图像如图 8.4 所示。

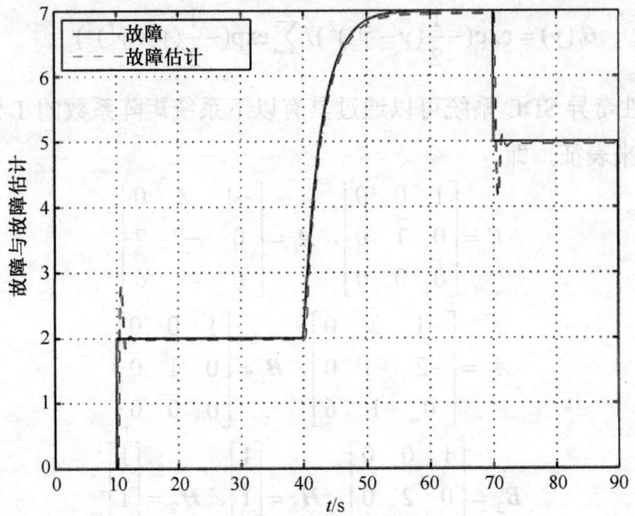

图 8.2　故障 $f(t)$ 的响应

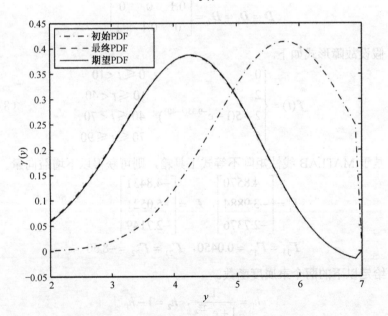

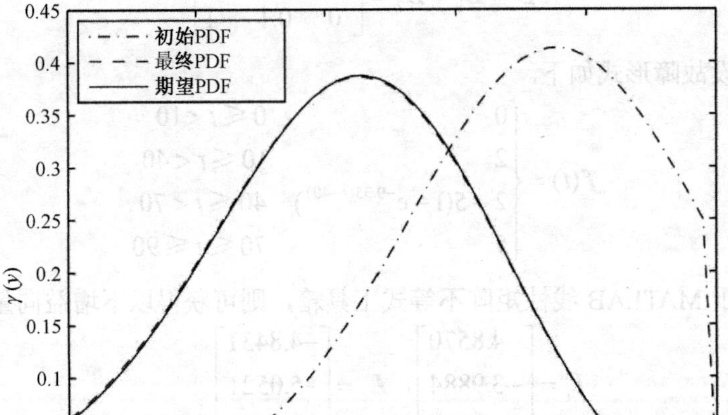

图 8.3　初始、最终和期望的 PDF

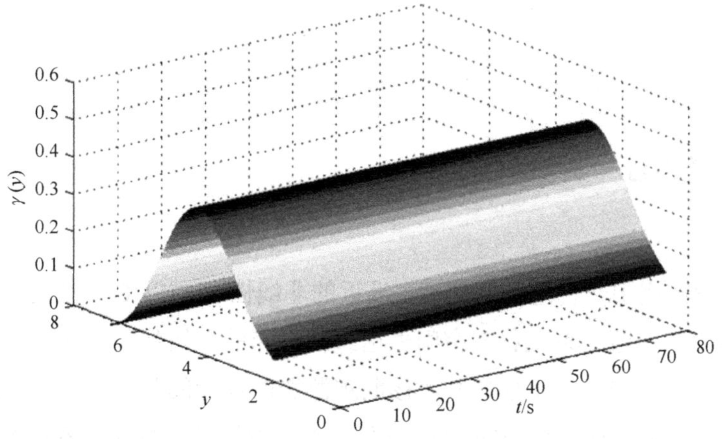

图 8.4　期望的 PDF 3D 图像

在容错控制器式（8.43）下，PDF 的 3D 图像如图 8.5 所示。从图 8.5 可以看出，故障导致系统性能下降，输出 PDF 形状波动。但是，在容错控制器作用下，故障发生后的 PDF 可以在有限的时间内重新跟踪期望的 PDF，从而获得良好的容错控制效果。

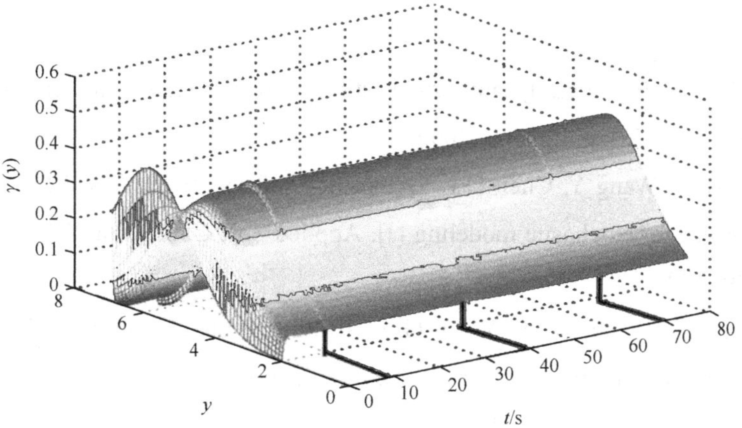

图 8.5　具有容错控制的输出 PDF 的 3D 图像

8.7 结论

本章研究了一种基于模糊模型逼近的非线性奇异 SDC 系统的故障诊断与容错控制问题。系统状态空间表达式是奇异的，增加了系统的复杂性。该故障诊断算法是基于模糊故障诊断观测器的设计的基础上对故障进行诊断。基于故障估计和期望的 PDF 信息，本章设计了一种模糊容错控制器，使故障后的 PDF 仍然能够跟踪给定的分布。仿真结果进一步验证了故障诊断和容错控制的结果。

参考文献

[1] Wang H. Bounded dynamic stochastic systems: modeling and control [M]. Springer-Verlag, London, 2000.

[2] Li H X, Wang Y, Chen C L. Dempster-Shafer structure based fuzzy logic system for stochastic modeling [J]. Applied Soft Computing, 2017, 56 (1): 134-142.

[3] Han C S, Zhang G L, Wu L G, et al. Sliding mode control of T-S fuzzy descriptor systems with time-delay [J]. Journal of the Franklin Institute, 2012, 349 (4): 1430-1444.

[4] Liu P, Yang W T, Yang C E. Robust observer-based output feedback control for fuzzy descriptor systems [J]. Expert Systems with Applications, 2013, 40 (11): 4503-4510.

[5] Hu Y B, Zhang Q L, Hu Y. Fuzzy descriptor tracking control design for nonlinear systems [J]. Acta Automation Sinica, 2007, 33 (12):1341-1344.

[6] Li Y H, Zhang Q, Luo X L. Robust L1 dynamic output feedback control for a class of networked control systems based on T-S fuzzy model [J]. Neurocomputing, 2016, 197(12): 86-94.

[7] Lin W W, Wang W J, Yang S H. A novel stabilization criterion for large-scale T-S fuzzy systems [J]. IEEE Transactions on Systems Man and Cybernetics Part B-Cybernetics, 2007, 37(4): 1074-1079.

[8] Su X J, Wu L G, Shi P, et al. A novel approach to output feedback control of fuzzy stochastic systems [J]. Automatica, 2014, 50 (12): 3268-3275.

[9] Yi Y, Fan X X, Zhang T P. Anti-disturbance tracking control for systems with nonlinear disturbances using T-S fuzzy modeling [J]. Neurocomputing, 2016, 171 (6): 1027-1037.

[10] Li T, Zhang Y C. Fault detection and diagnosis for stochastic systems via output PDFs [J]. Journal of The Franklin Institute, 2011, 52 (8): 1644-1652.

[11] Cao S Y, Yi Y, Guo L. Anti-disturbance fault diagnosis for nonGaussian stochastic distribution systems with multiple disturbances [J]. Neurocomputing, 2014, 136(4): 315-320.

[12] Yao L N, Lei C H. Fault diagnosis and sliding mode fault tolerant control for non-Gaussian stochastic distribution control systems using T-S fuzzy model [J]. Asian Journal of Control, 2017, 19 (2): 636-646.

[13] Zhou J L, Li G T, Wang H. Robust tracking controller design for non-Gaussian singular uncertainty stochastic distribution system [J]. Automatica, 2014, 73 (15): 1424-1436.

[14] Guo L, Wang H. Fault detection and diagnosis for general stochastic systems using B-spline expansions and nonlinear filters [J]. IEEE Transactions on Circuits and Systems, 2005, 52 (8): 1644-1652.

[15] Li G, Zhao Q. Adaptive fault-tolerant shape control for nonlinear Lipschitz stochastic distribution systems [J]. Journal of the Franklin Institute, 2017, 354 (10): 4013-4033.

[16] Yao L N, Feng L. Fault diagnosis and fault tolerant control for non-Gaussian time-delayed singular stochastic distribution systems [J]. International Journal of Control, Automation and Systems, 2016, 14 (2): 435-442.

第9章

09

非高斯奇异随机分布控制系统的最小熵容错控制

本章针对离散非高斯奇异随机分布控制（Stochastic Distributed Control，SDC）系统，提出了一种新的故障诊断（Fault Diagnosis，FD）和容错控制（Fault Tolerant Control，FTC）算法。利用自适应观测器对奇异随机分布控制系统进行故障诊断，并通过求解相应的线性矩阵不等式得到观测器的增益和自适应调节律。采用均值约束下关于熵的性能指标来评价系统的性能，将性能指标极小化后，利用系统的故障诊断结果对控制器进行重构，使发生故障后随机分布控制系统的输出仍具有最小不确定性，从而实现非高斯奇异随机分布控制系统的最小熵容错控制。

9.1 引言

故障诊断和容错控制的研究主要针对常规系统，但是很多关于传统动态系统的研究成果可以推广到奇异系统，如可控性、稳定性、状态观测器设计、自适应控制、最优控制、FD 和 FTC 等[1, 2]。奇异系统是一类由微分及代数方程综合描述的系统。现有的奇异系统的故障诊断与容错控制的研究成果大都针对确定性奇异系统[3, 4]。然而，奇异系统中存在各种随机输入

（如传感器噪声、随机扰动或参数的随机变化），因此采用随机奇异系统模型来描述工业过程系统更为合适。在许多工业过程中，要求控制过程变量的概率密度函数的形状[5]，如造纸过程中纸浆均匀度控制、高分子聚合过程、磨矿过程中矿石颗粒大小分布控制和火焰分布控制。这类随机分布控制系统描述了系统输入与系统输出概率密度函数之间的关系，而并非传统的系统输入与输出之间的关系。英国曼彻斯特大学的王宏教授提出了一种新的非高斯随机系统的随机分布控制理论[5-12]，包括基于 B 样条逼近的静态建模方法、PDF 形状控制、FD 和 FTC。现有的随机奇异系统的 FD 和 FTC 方法难以应用于具有任意有界随机变量的系统[13, 14]。输入和权向量之间存在微分关系和代数关系的随机分布控制系统称为奇异随机分布控制系统。磨矿过程的最终目的是将原矿磨碎至按一定细度分布的矿浆，这是一种典型的随机分布控制系统。磨矿过程的主要控制系统，如矿量、加水量、二次加水量、泵池液位、旋流器给矿浓度、压力、流量等，均对细度分布的 PDF 有直接影响，这些控制系统可以看成系统分布 PDF 的输入控制变量。这表明在由上述主要过程控制系统组成的多层次控制回路与细度分布的概率密度分布函数之间可以建立奇异随机分布控制模型。

非高斯随机分布控制系统的故障诊断和故障分离越来越受到人们的重视：文献[15]提出了一种基于线性矩阵不等式（Linear Matrix Inequalities，LMI）的自适应观测器设计方法；在文献[16]中，利用状态等价变换将奇异随机分布系统的动态部分变换为微分和代数两部分，进一步提出了一种基于观测器的迭代学习故障诊断方法，该方法不仅适用于常值故障，而且适用于慢变故障和快变故障。传统的随机系统的故障分离方法通常利用最优原理设计卡尔曼滤波器，从高斯系统的干扰故障中估计出故障。然而，传统的基于卡尔曼滤波的方法并不适用于非高斯变量。熵用来描述动态系统的无序或随机性程度，因此熵可以用来描述误差系统的不确定性。在文献[17]中，针对多变量非线性非高斯系统的故障隔离问题，采用了一种新的滤波方法，建立了广义熵优化原理，其中在存在目标故障和所有干扰故障的情况下，将残差变量的熵和均值的统计信息极大化，在没有目标故障但存在干扰故障和干扰的情况下，将统计信息极小化。文献[18]研究了具有多个故障（或系统参数突变）的非线性非高斯系统的故障隔离问题；通过构造一个估计状态向量的滤波器，将故障隔离问题简化为非高斯估计误差系统下的熵优化问题，其中 Renyis 熵已被用于简化递归设计的滤波计算。

对于目标 PDF 已知的非高斯随机分布控制系统的容错控制在文献[7-16]中进行了讨论。利用故障估计信息对控制器进行重构，使发生故障后的 PDF 仍然跟踪给定的 PDF 分布。当目标 PDF 未知时，容错控制目标转换为使发生故障后系统的输出变量的随机性最小化。在高斯系统中通常用方差描述系统的不确定性，而在非高斯系统中采用熵来表征系统的不确定性[19]。由于均值可以表征随机变量的中心位置，且熵是一个凹函数，最小值点不止一个[20]，因此采用在均值约束下的关于熵的性能指标更合适。在文献[21,22]中，为了实现随机分布控制系统的控制目标，给出了受均值约束的关于熵的性能函数，从而得到了随机分布控制系统的最小熵控制。目前，关于非高斯奇异随机分布控制系统的最小熵容错控制的研究成果很少。笔者将尝试对 SDC 系统的最小熵容错控制进行探索性研究。

本章通过状态等价变换，将非高斯随机分布控制系统的故障诊断算法推广到非高斯奇异随机分布控制系统。利用自适应观测器对奇异随机分布控制系统进行故障诊断，通过求解相应的矩阵不等式得到观测器的增益和自适应调节律。在目标 PDF 未知的情况下，利用熵表征非高斯随机分布控制系统的输出随机性，将均值约束下的关于熵的性能指标进行极小化处理。基于故障估计信息对控制器进行重构使故障发生后 SDC 系统的输出仍然具有最小的不确定性，从而实现非高斯随机分布系统的最小熵容错控制。本章还通过计算机仿真验证了故障诊断和最小熵容错控制算法的有效性。本章的贡献是将熵的概念引入非高斯奇异随机分布控制系统的容错控制中，使故障发生后的输出不确定性仍然最小化。

9.2　模型描述

$\gamma(y,\boldsymbol{u}(t))$ 为系统输出的 PDF，$\boldsymbol{u}(k)\in\mathbf{R}^m$ 为控制 $\gamma(y,\boldsymbol{u}(t))$ 分布形状的

控制输入向量，$y(k)$ 是随机分布控制系统的输出，它被定义在已知的有界区间$[a,b]$上。非高斯奇异 SDC 系统的模型可以表示为

$$\boldsymbol{E}\boldsymbol{x}(k+1)=\boldsymbol{A}\boldsymbol{x}(k)+\boldsymbol{B}\boldsymbol{u}(k)+\boldsymbol{N}\boldsymbol{F}(k)$$

$$\boldsymbol{V}(k)=\boldsymbol{D}\boldsymbol{x}(k) \tag{9.1}$$

$$\gamma(y,\boldsymbol{u}(k))=\boldsymbol{C}(y)\boldsymbol{V}(k)+\boldsymbol{T}(y) \tag{9.2}$$

其中，$\boldsymbol{x}(k)\in\mathbf{R}^n$ 是状态向量；$\boldsymbol{V}(k)\in\mathbf{R}^{n-1}$ 是系统输出的权值向量；$\boldsymbol{F}(k)\in\mathbf{R}^m$ 是故障向量；$\boldsymbol{A}\in\mathbf{R}^{n\times n}$、$\boldsymbol{B}\in\mathbf{R}^{n\times m}$、$\boldsymbol{D}\in\mathbf{R}^{(n-1)\times n}$、$\boldsymbol{E}\in\mathbf{R}^{n\times n}$ 和 $\boldsymbol{N}\in\mathbf{R}^{n\times m}$ 是相应的系统参数矩阵，并且$\mathrm{rank}(\boldsymbol{E})=q<n$（$\boldsymbol{E}$ 是一个奇异矩阵）。式（9.1）为权值向量与控制输入向量之间的关系，式（9.2）为采用 B 样条神经网络逼近的输出 PDF 的静态模型，其形式为

$$\gamma(y,\boldsymbol{u}(k))=\sum_{i=1}^{n}\omega_i(\boldsymbol{u}(k))\phi_i(y) \tag{9.3}$$

其中，$\phi_i(y)(i=1,\cdots,n)$是定义在$[a,b]$上的预先指定的基函数，$\omega_i(i=1,\cdots,n)$是相应的权重，并且仅有$n-1$个权重是相互独立的。在式（9.2）中，$\boldsymbol{C}(y)\in\mathbf{R}^{1\times(n-1)}$ 和 $\boldsymbol{T}(y)$ 是由所选的基函数确定的。

给出如下两个假设。

假设 9.1：系统是正则的，即$|s\boldsymbol{E}-\boldsymbol{A}|\neq 0$。

假设 9.2：系统无脉冲，即$\mathrm{rank}(\boldsymbol{E})=\deg|s\boldsymbol{E}-\boldsymbol{A}|$。

当上述两个假设成立时，存在两个非奇异矩阵 $\boldsymbol{P}$ 和 $\boldsymbol{Q}$，使得下面的等式成立。

$$\boldsymbol{QEP}=\begin{bmatrix}\boldsymbol{I}_q & \boldsymbol{0}\\ \boldsymbol{0} & \boldsymbol{0}\end{bmatrix},\ \boldsymbol{QAP}=\begin{bmatrix}\boldsymbol{A}_1 & \boldsymbol{0}\\ \boldsymbol{0} & \boldsymbol{I}_{n-q}\end{bmatrix} \tag{9.4}$$

其中，$\boldsymbol{Q},\boldsymbol{P}\in\mathbf{R}^{n\times n}$，$\boldsymbol{A}_1\in\mathbf{R}^{q\times q}$，$\boldsymbol{I}_i$ 是i阶单位矩阵。进行如下状态坐标变换，有

$$\boldsymbol{x}(t)=\boldsymbol{P}\begin{bmatrix}\boldsymbol{x}_1(k)\\ \boldsymbol{x}_2(k)\end{bmatrix} \tag{9.5}$$

其中，$\boldsymbol{x}_1(k)\in\mathbf{R}^{q\times 1}$，$\boldsymbol{x}_2(k)\in\mathbf{R}^{(n-q)\times 1}$，通过将式(9.4)和式(9.5)代入式(9.1)和式（9.2），可以得到变换后的系统

$$\boldsymbol{x}_1(k+1)=\boldsymbol{A}_1\boldsymbol{x}_1(k)+\boldsymbol{B}_1\boldsymbol{u}(k)+\boldsymbol{N}_1\boldsymbol{F}(k)$$

$$\boldsymbol{x}_2(k)=-\boldsymbol{B}_2\boldsymbol{u}(k)-\boldsymbol{N}_2\boldsymbol{F}(k)$$

$$\boldsymbol{V}(k)=\boldsymbol{D}_1\boldsymbol{x}_1(k)+\boldsymbol{D}_2\boldsymbol{x}_2(k) \tag{9.6}$$

$$\gamma(y,\boldsymbol{u}(k))=\boldsymbol{C}(y)(\boldsymbol{D}_1\boldsymbol{x}_1(k))+\boldsymbol{D}_2\boldsymbol{x}_2(k)+\boldsymbol{T}(y)$$

其中，$\boldsymbol{B}_1,\boldsymbol{N}_1\in\mathbf{R}^{q\times m}$；$\boldsymbol{B}_2,\boldsymbol{N}_2\in\mathbf{R}^{(n-q)\times m}$；$\boldsymbol{D}_1\in\mathbf{R}^{(n-1)\times q}$；$\boldsymbol{D}_2\in\mathbf{R}^{(n-1)\times(n-q)}$ 由下式确定。

$$\boldsymbol{QB}=\begin{bmatrix}\boldsymbol{B}_1\\ \boldsymbol{B}_2\end{bmatrix},\ \boldsymbol{QN}=\begin{bmatrix}\boldsymbol{N}_1\\ \boldsymbol{N}_2\end{bmatrix},\ \boldsymbol{DP}=\begin{bmatrix}\boldsymbol{D}_1 & \boldsymbol{D}_2\end{bmatrix} \tag{9.7}$$

通过状态变换，系统式（9.5）和式（9.6）是系统式（9.1）和式（9.2）的等效形式。对于变换后的系统式（9.6），假设$\{\boldsymbol{A}_1,\boldsymbol{D}_1\}$是可观的。

9.3 故障诊断

故障诊断的目的是对故障的大小进行估计。构造故障诊断观测器如下。

$$\begin{aligned}\boldsymbol{x}_{1d}(k+1)&=\boldsymbol{A}_1\boldsymbol{x}_{1d}(k)+\boldsymbol{B}_1\boldsymbol{u}(k)+\boldsymbol{N}_1\hat{\boldsymbol{F}}(k)+\boldsymbol{L}_1\varepsilon_d(k)\\ \boldsymbol{x}_{2d}&=-\boldsymbol{B}_2\boldsymbol{u}(k)-\boldsymbol{N}_2\hat{\boldsymbol{F}}(k)\\ \gamma(y,\boldsymbol{u}(k))&=\boldsymbol{C}(y)[\boldsymbol{D}_1\boldsymbol{x}_{1d}(k)+\boldsymbol{D}_2\boldsymbol{x}_{2d}(k)]+\boldsymbol{T}(y)\\ \varepsilon_d(k)&=\int_a^b\sigma(y)[\gamma(y,\boldsymbol{u}(k))-\gamma_d(y,\boldsymbol{u}(k))]\mathrm{d}y\end{aligned} \tag{9.8}$$

$$\hat{\boldsymbol{F}}(k+1)=-\boldsymbol{\varUpsilon}_1\hat{\boldsymbol{F}}+\boldsymbol{\varUpsilon}_2\boldsymbol{\varepsilon}_d(k) \tag{9.9}$$

其中，$\hat{\boldsymbol{F}}$ 是故障 $\boldsymbol{F}$ 的估计；$\boldsymbol{\varUpsilon}_1$、$\boldsymbol{\varUpsilon}_2$、$\boldsymbol{L}_1$ 是需要确定的具有合适维度的增益矩阵。状态观测误差向量表示为

$$\boldsymbol{e}_d=\boldsymbol{x}_1-\boldsymbol{x}_{1d}(k) \tag{9.10}$$

故障估计误差定义为

$$\tilde{\boldsymbol{F}}(k)=\boldsymbol{F}(k)-\hat{\boldsymbol{F}}(k) \tag{9.11}$$

根据式（9.8）～式（9.10），可推导得出残差信号为

$$\begin{aligned}\varepsilon_d(k)&=\int_a^b\sigma(y)[\gamma(y,\boldsymbol{u}(k))-\gamma_d(y,\boldsymbol{u}(k))]\mathrm{d}y\\ &=\int_a^b\boldsymbol{C}(y)\mathrm{d}y[\boldsymbol{D}_1(\boldsymbol{x}_1(k)-\boldsymbol{x}_{1d}(k))+\boldsymbol{D}_2(\boldsymbol{x}_2(k)-\boldsymbol{x}_{2d}(k))]\\ &=\boldsymbol{\varSigma D}_1\boldsymbol{e}_d(k)-\boldsymbol{\varSigma D}_2\boldsymbol{N}_2\tilde{\boldsymbol{F}}(k)\end{aligned} \tag{9.12}$$

其中，$\boldsymbol{\Sigma}=\int_a^b \sigma(y)\boldsymbol{C}(y)\mathrm{d}y$，故障估计误差可以进一步表示为

$$\begin{aligned}\tilde{\boldsymbol{F}}(k+1)&=\boldsymbol{F}(k+1)-\hat{\boldsymbol{F}}(k+1)\\&=\boldsymbol{F}(k+1)-\boldsymbol{\Upsilon}_1\hat{\boldsymbol{F}}(k)-\boldsymbol{\Upsilon}_2\varepsilon_d(k)\\&=\boldsymbol{F}(k+1)+\boldsymbol{\Upsilon}_1\boldsymbol{F}(k)-\boldsymbol{\Upsilon}_1\tilde{\boldsymbol{F}}(k)-\boldsymbol{\Upsilon}_2\varepsilon_d(k)\\&=\Delta\boldsymbol{F}(k)+(\boldsymbol{\Upsilon}_2\boldsymbol{\Sigma}\boldsymbol{D}_2\boldsymbol{N}_2-\boldsymbol{\Upsilon}_1)\tilde{\boldsymbol{F}}(k)-\boldsymbol{\Upsilon}_2\boldsymbol{\Sigma}\boldsymbol{D}_1\boldsymbol{e}_d(k)\end{aligned}\tag{9.13}$$

其中，$\Delta\boldsymbol{F}(k)=\boldsymbol{F}(k+1)+\boldsymbol{\Upsilon}_1\boldsymbol{F}(k)$。

根据式（9.6）～式（9.8），状态观测误差系统可以表示为

$$\begin{aligned}\boldsymbol{e}_d(k+1)&=\boldsymbol{x}_1(k+1)-\boldsymbol{x}_{1d}(k+1)\\&=(\boldsymbol{A}_1-\boldsymbol{L}_1\boldsymbol{\Sigma}\boldsymbol{D}_1)\boldsymbol{e}_d(k)+(\boldsymbol{N}_1+\boldsymbol{L}_1\boldsymbol{\Sigma}\boldsymbol{D}_2\boldsymbol{N}_2)\tilde{\boldsymbol{F}}(k)\end{aligned}\tag{9.14}$$

定理 9.1 对于上述观测器误差系统式（9.14），给定常数$\kappa>0$，$\boldsymbol{\Upsilon}_i>0\,(i=1,2)$，若存在正定的对称矩阵$\boldsymbol{P}_1=\boldsymbol{P}_1^{\mathrm{T}}>0$和矩阵$\boldsymbol{R}_1$，使得下列线性矩阵不等式成立。

$$\boldsymbol{\psi}=\begin{bmatrix}-\boldsymbol{P}_1+\kappa\boldsymbol{I} & \boldsymbol{0} & \boldsymbol{\psi}_{13} & (-\boldsymbol{\Upsilon}_2\boldsymbol{\Sigma}\boldsymbol{D}_1)^{\mathrm{T}}\\ * & -\boldsymbol{I}+\kappa\boldsymbol{I} & \boldsymbol{\psi}_{23} & (\boldsymbol{\Upsilon}_2\boldsymbol{\Sigma}\boldsymbol{D}_2\boldsymbol{N}_2-\boldsymbol{\Upsilon}_1)^{\mathrm{T}}\\ * & * & \boldsymbol{P}_1 & \boldsymbol{0}\\ * & * & * & -\boldsymbol{I}\end{bmatrix}<0\tag{9.15}$$

其中，$\boldsymbol{\psi}_{13}=\boldsymbol{A}_1\boldsymbol{P}_1-(\boldsymbol{\Sigma}\boldsymbol{D}_1)^{\mathrm{T}}\boldsymbol{R}_1^{\mathrm{T}}$，$\boldsymbol{\psi}_{23}=\boldsymbol{N}_1^{\mathrm{T}}\boldsymbol{P}_1+(\boldsymbol{\Sigma}\boldsymbol{D}_2\boldsymbol{N}_2)^{\mathrm{T}}\boldsymbol{R}_1^{\mathrm{T}}$，将观测器增益$\boldsymbol{L}_1=\boldsymbol{P}_1^{-1}\boldsymbol{R}_1$和自适应调节律$\boldsymbol{\Upsilon}_i>0(i=1,2)$应用到该系统中，则观测器误差系统式（9.14）是稳定的。

证明： 定义如下的 Lyapunov 函数

$$\pi=\boldsymbol{e}_d^{\mathrm{T}}\boldsymbol{P}_1\boldsymbol{e}_d+\tilde{\boldsymbol{F}}(k)^{\mathrm{T}}\tilde{\boldsymbol{F}}(k)\tag{9.16}$$

根据式（9.12）～式（9.14），可推导出

$$\begin{aligned}\Delta\pi&=\pi(k+1)-\pi(k)\\&=\boldsymbol{e}_d^{\mathrm{T}}(k+1)\boldsymbol{P}_1\boldsymbol{e}_d(k+1)+\tilde{\boldsymbol{F}}^{\mathrm{T}}(k+1)\tilde{\boldsymbol{F}}(k+1)-\boldsymbol{e}_d^{\mathrm{T}}(k)\boldsymbol{P}_1\boldsymbol{e}_d(k)-\tilde{\boldsymbol{F}}^{\mathrm{T}}(k)\tilde{\boldsymbol{F}}(k)\\&=\boldsymbol{e}_d^{\mathrm{T}}(k)[(\boldsymbol{A}_1-\boldsymbol{L}_1\boldsymbol{\Sigma}\boldsymbol{D}_1)^{\mathrm{T}}\boldsymbol{P}_1(\boldsymbol{A}_1-\boldsymbol{L}_1\boldsymbol{\Sigma}\boldsymbol{D}_1)-\boldsymbol{P}_1]\boldsymbol{e}_d(k)+\\&\quad 2\boldsymbol{e}_d^{\mathrm{T}}(k)(\boldsymbol{A}_1-\boldsymbol{L}_1\boldsymbol{\Sigma}\boldsymbol{D}_1)^{\mathrm{T}}\boldsymbol{P}_1(\boldsymbol{N}_1+\boldsymbol{L}_1\boldsymbol{\Sigma}\boldsymbol{D}_2)\tilde{\boldsymbol{F}}(k)+\\&\quad \tilde{\boldsymbol{F}}^{\mathrm{T}}(k)(\boldsymbol{N}_1+\boldsymbol{L}_1\boldsymbol{\Sigma}\boldsymbol{D}_2\boldsymbol{N}_2)^{\mathrm{T}}\boldsymbol{P}_1(\boldsymbol{N}_1+\boldsymbol{L}_1\boldsymbol{\Sigma}\boldsymbol{D}_2\boldsymbol{N}_2)\tilde{\boldsymbol{F}}(k)+\Delta\boldsymbol{F}^{\mathrm{T}}(k)\Delta\boldsymbol{F}(k)+\\&\quad \tilde{\boldsymbol{F}}^{\mathrm{T}}(k)[(\boldsymbol{\Upsilon}_2\boldsymbol{\Sigma}\boldsymbol{D}_2\boldsymbol{N}_2-\boldsymbol{\Upsilon}_1)^{\mathrm{T}}(\boldsymbol{\Upsilon}_2\boldsymbol{\Sigma}\boldsymbol{D}_2\boldsymbol{N}_2-\boldsymbol{\Upsilon}_1)-\boldsymbol{I}_1]\tilde{\boldsymbol{F}}(k)+\end{aligned}$$

$$\begin{aligned}&\boldsymbol{e}_d^{\mathrm T}(k)(\boldsymbol{\varUpsilon}_2\boldsymbol{\Sigma D}_1)^{\mathrm T}(\boldsymbol{\varUpsilon}_2\boldsymbol{\Sigma D}_1)\boldsymbol{e}_d(k)+\\&2\Delta\boldsymbol{F}^{\mathrm T}(k)(\boldsymbol{\varUpsilon}_2\boldsymbol{\Sigma D}_2\boldsymbol{N}_2-\boldsymbol{\varUpsilon}_1)\tilde{\boldsymbol{F}}(k)-\\&2\Delta\boldsymbol{F}^{\mathrm T}(k)(\boldsymbol{\varUpsilon}_2\boldsymbol{\Sigma D}_1)\boldsymbol{e}_d(k)-\\&2\tilde{\boldsymbol{F}}^{\mathrm T}(k)(\boldsymbol{\varUpsilon}_2\boldsymbol{\Sigma D}_2\boldsymbol{N}_2-\boldsymbol{\varUpsilon}_1)^{\mathrm T}(\boldsymbol{\varUpsilon}_2\boldsymbol{\Sigma D}_1)\boldsymbol{e}_d(k)\\=&\boldsymbol{S}^{\mathrm T}(k)\boldsymbol{\psi}_1\boldsymbol{S}_k+\Delta\boldsymbol{F}^{\mathrm T}(k)\Delta\boldsymbol{F}(k)+2\boldsymbol{S}_k^{\mathrm T}\begin{bmatrix}(\boldsymbol{\varUpsilon}_2\boldsymbol{\Sigma D}_2\boldsymbol{N}_2-\boldsymbol{\varUpsilon}_1)^{\mathrm T}\\(-\boldsymbol{\varUpsilon}_2\boldsymbol{\Sigma D}_1)^{\mathrm T}\Delta\boldsymbol{F}(k)\end{bmatrix}\end{aligned}\tag{9.17}$$

其中

$$\boldsymbol{S}(k)=\begin{bmatrix}\boldsymbol{e}_d(k)\\\tilde{\boldsymbol{F}}(k)\end{bmatrix}=\begin{bmatrix}\boldsymbol{e}_d^{\mathrm T}(k) & \tilde{\boldsymbol{F}}^{\mathrm T}(k)\end{bmatrix}^{\mathrm T}\tag{9.18}$$

由 Schur 补引理和矩阵不等式（9.15）可得

$$\begin{aligned}&\begin{bmatrix}-\boldsymbol{P}_1+\kappa I & \boldsymbol{0}\\\boldsymbol{0} & -\boldsymbol{I}+\kappa\boldsymbol{I}\end{bmatrix}-\begin{bmatrix}(\boldsymbol{A}_1-\boldsymbol{L}_1\boldsymbol{\Sigma D}_1)^{\mathrm T}\boldsymbol{P}_1 & (-\boldsymbol{\varUpsilon}_2\boldsymbol{\Sigma D}_1)^{\mathrm T}\\(\boldsymbol{N}_1+\boldsymbol{L}_1\boldsymbol{\Sigma D}_2\boldsymbol{N}_2)^{\mathrm T}\boldsymbol{P}_1 & (\boldsymbol{\varUpsilon}_2\boldsymbol{\Sigma D}_2\boldsymbol{N}_2-\boldsymbol{\varUpsilon}_1)^{\mathrm T}\end{bmatrix}\\&\begin{bmatrix}-\boldsymbol{P}_1 & \boldsymbol{0}\\\boldsymbol{0} & -\boldsymbol{I}\end{bmatrix}^{-1}\begin{bmatrix}\boldsymbol{P}_1(\boldsymbol{A}_1-\boldsymbol{L}_1\boldsymbol{\Sigma D}_1) & \boldsymbol{P}_1(\boldsymbol{N}_1+\boldsymbol{L}_1\boldsymbol{\Sigma D}_2\boldsymbol{N}_2)\\-\boldsymbol{\varUpsilon}_2\boldsymbol{\Sigma D}_1 & \boldsymbol{\varUpsilon}_2\boldsymbol{\Sigma D}_2\boldsymbol{N}_2-\boldsymbol{\varUpsilon}_1\end{bmatrix}\\&\Rightarrow\boldsymbol{\psi}_1+\mathrm{diag}(\kappa,\kappa)<0\Rightarrow\boldsymbol{\psi}_1<-\kappa\boldsymbol{I}\end{aligned}\tag{9.19}$$

进一步可得

$$\Delta\pi\leqslant-\kappa\|\boldsymbol{S}_k\|^2+\|\Delta\boldsymbol{F}(k)\|^2+2\|\boldsymbol{T}^{\mathrm T}\|\|\Delta\boldsymbol{F}(k)\|\|\boldsymbol{S}_k\|\tag{9.20}$$

其中

$$\boldsymbol{T}=((\boldsymbol{\varUpsilon}_2\boldsymbol{\Sigma D}_2\boldsymbol{N}_2-\boldsymbol{\varUpsilon}_1)-(\boldsymbol{\varUpsilon}_2\boldsymbol{\Sigma D}_1))\tag{9.21}$$

当下列不等式成立时，有

$$\|\boldsymbol{S}_k\|\geqslant\kappa^{-1}(\|\boldsymbol{T}^{\mathrm T}\|\|\Delta\boldsymbol{F}(k)\|+\sqrt{\|\boldsymbol{T}^{\mathrm T}\|^2\|\Delta\boldsymbol{F}(k)\|^2+\kappa\|\Delta\boldsymbol{F}(k)\|^2})\tag{9.22}$$

可得 $\Delta\pi<0$，观测误差系统式（9.14）是稳定的。同时，可以得到不等式为

$$\|\boldsymbol{S}_k\|\leqslant\min\{\|\boldsymbol{S}_k(0)\|,\kappa^{-1}(\|\boldsymbol{T}^{\mathrm T}\|\|\Delta\boldsymbol{F}(k)\|+\sqrt{\|\boldsymbol{T}^{\mathrm T}\|^2\|\Delta\boldsymbol{F}(k)\|^2+\kappa\|\Delta\boldsymbol{F}(k)\|^2})\}\tag{9.23}$$

9.4 最小熵容错控制

一旦诊断出故障，需要对控制器进行重构来补偿由故障引起的系统性能损失。当目标 PDF 未知时，FTC 可转化为使故障发生后系统输出的不确定性仍极小化。采用在均值约束下关于熵的性能指标，将该性能指标极小化处理后利用系统的故障诊断信息对非高斯奇异随机分布控制系统的容错控制器进行重构设计。瞬时性能函数选择如下。

$$J(\boldsymbol{V}_k,\boldsymbol{u}(k))=-\int_a^b \gamma(y,\boldsymbol{u}(k))\ln\gamma(y,\boldsymbol{u}(k))\mathrm{d}y+ \boldsymbol{S}\left[\int_a^b y\gamma(y,\boldsymbol{u}(k))\mathrm{d}y-\boldsymbol{r}\right]^2+\boldsymbol{u}_k^{\mathrm{T}}\boldsymbol{R}\boldsymbol{u}_k \tag{9.24}$$

在式（9.24）中，第一项是输出变量的香农熵形式；第二项是输出均值和目标均值之差的平方；第三项是系统对能量的限制。其中，$\boldsymbol{S}>0$，$\boldsymbol{R}=\boldsymbol{R}^{\mathrm{T}}>0$ 是预先设定的矩阵。在系统模型表达式（9.6）中

$$\boldsymbol{V}(k)=\boldsymbol{D}_1\boldsymbol{x}_1(k)+\boldsymbol{D}_2\boldsymbol{x}_2(k) \tag{9.25}$$

通过将式（9.25）代入式（9.24），可以得到

$$\begin{aligned}J(\boldsymbol{V}_k,\boldsymbol{u}(k))&=-\int_a^b \gamma(y,\boldsymbol{u}(k))\ln\gamma(y,\boldsymbol{u}(k))\mathrm{d}y+\boldsymbol{S}\left[\int_a^b y\gamma(y,\boldsymbol{u}(k))\mathrm{d}y-\boldsymbol{r}\right]^2+\boldsymbol{u}_k^{\mathrm{T}}\boldsymbol{R}\boldsymbol{u}_k\\&=-\int_a^b\left[\boldsymbol{C}(y)(\boldsymbol{D}_1\boldsymbol{x}_1(k)+\boldsymbol{D}_2\boldsymbol{x}_2(k)+\boldsymbol{T}(y))\right]\ln\left[\boldsymbol{C}(y)(\boldsymbol{D}_1\boldsymbol{x}_1(k)+\boldsymbol{D}_2\boldsymbol{x}_2(k)+\boldsymbol{T}(y))\right]\mathrm{d}y+\boldsymbol{S}\\&\quad\left[\int_a^b y\left[\boldsymbol{C}(y)(\boldsymbol{D}_1\boldsymbol{x}_1(k)+\boldsymbol{D}_2\boldsymbol{x}_2(k)+\boldsymbol{T}(y))\right]\mathrm{d}y-\boldsymbol{r}\right]^2+\boldsymbol{u}_k^{\mathrm{T}}\boldsymbol{R}\boldsymbol{u}_k\\&=-\int_a^b\left[\boldsymbol{C}(y)\boldsymbol{D}_1\boldsymbol{x}_1(k)+\boldsymbol{C}(y)\boldsymbol{D}_2\boldsymbol{x}_2(k)+\boldsymbol{T}(y)\right]\ln\left[\boldsymbol{C}(y)\boldsymbol{D}_1\boldsymbol{x}_1(k)+\boldsymbol{C}(y)\boldsymbol{D}_2\boldsymbol{x}_2(k)+\boldsymbol{T}(y)\right]\\&\quad\mathrm{d}y+\boldsymbol{S}\left[\int_a^b y\left[\boldsymbol{C}(y)\boldsymbol{D}_1\boldsymbol{x}_1(k)+\boldsymbol{C}(y)\boldsymbol{D}_2\boldsymbol{x}_2(k)+\boldsymbol{T}(y)\right]\mathrm{d}y-\boldsymbol{r}\right]^2+\boldsymbol{u}_k^{\mathrm{T}}\boldsymbol{R}\boldsymbol{u}_k\end{aligned} \tag{9.26}$$

控制器设计的目的是找到一个能使性能指标函数最小化的控制输入 $\boldsymbol{u}(k)$，即

$$\frac{\partial J(\boldsymbol{V}_k,\boldsymbol{u}(k))}{\partial \boldsymbol{u}(k)}=0$$

基于性能指标式（9.24），可以得到

$$\begin{aligned}\frac{\partial J(\boldsymbol{V}_k,\boldsymbol{u}(k))}{\partial \boldsymbol{u}(k)}=&\int_a^b[\boldsymbol{C}(y)\boldsymbol{D}_2\boldsymbol{B}_2\ln[\boldsymbol{C}(y)\boldsymbol{D}_1\boldsymbol{x}_1(k)+\boldsymbol{C}(y)\boldsymbol{D}_2\boldsymbol{x}_2(k)+\boldsymbol{T}(y)]]\mathrm{d}y+\\&\int_a^b\boldsymbol{C}(y)\boldsymbol{D}_2\boldsymbol{B}_2\mathrm{d}y-2\boldsymbol{S}\left[\int_a^b y\left(\boldsymbol{C}(y)\boldsymbol{D}_1\boldsymbol{x}_1(k)+\boldsymbol{C}(y)\boldsymbol{D}_2\boldsymbol{x}_2(k)+\boldsymbol{T}(y)\right)\mathrm{d}y-\boldsymbol{r}\right]\\&\int_a^b y\boldsymbol{C}(y)\boldsymbol{D}_2\boldsymbol{B}_2\mathrm{d}y+2\boldsymbol{R}\boldsymbol{u}_k\end{aligned} \tag{9.27}$$

在式（9.27）的第一项中，有

$$\begin{aligned}&\ln[\boldsymbol{C}(y)\boldsymbol{D}_1\boldsymbol{x}_1(k)+\boldsymbol{C}(y)\boldsymbol{D}_2\boldsymbol{x}_2(k)+\boldsymbol{T}(y)]\\&=\ln(\boldsymbol{C}(y)\boldsymbol{D}_1\boldsymbol{x}_1(k)+\boldsymbol{T}(y))\left(1+\frac{\boldsymbol{C}(y)\boldsymbol{D}_2\boldsymbol{x}_2(k)}{\boldsymbol{C}(y)\boldsymbol{D}_1\boldsymbol{x}_1(k)+\boldsymbol{T}(y)}\right)\\&=\ln(\boldsymbol{C}(y)\boldsymbol{D}_1\boldsymbol{x}_1(k)+\boldsymbol{T}(y))+\ln\left(1+\frac{\boldsymbol{C}(y)\boldsymbol{D}_2\boldsymbol{x}_2(k)}{\boldsymbol{C}(y)\boldsymbol{D}_1\boldsymbol{x}_1(k)+\boldsymbol{T}(y)}\right)\end{aligned} \tag{9.28}$$

假设

$$\left|\frac{\boldsymbol{C}(y)\boldsymbol{D}_2\boldsymbol{x}_2(k)}{\boldsymbol{C}(y)\boldsymbol{D}_1\boldsymbol{x}_1(k)+\boldsymbol{T}(y)}\right|<1,\quad \forall y\in[a,b] \tag{9.29}$$

则式（9.28）可以等效为

$$\begin{aligned}&\ln[\boldsymbol{C}(y)\boldsymbol{D}_1\boldsymbol{x}_1(k)+\boldsymbol{C}(y)\boldsymbol{D}_2\boldsymbol{x}_2(k)+\boldsymbol{T}(y)]\\&\simeq\ln(\boldsymbol{C}(y)\boldsymbol{D}_1\boldsymbol{x}_1(k)+\boldsymbol{T}(y))+\frac{\boldsymbol{C}(y)\boldsymbol{D}_2\boldsymbol{x}_2(k)}{\boldsymbol{C}(y)\boldsymbol{D}_1\boldsymbol{x}_1(k)+\boldsymbol{T}(y)}\end{aligned} \tag{9.30}$$

将式（9.30）代入式（9.27），可以进一步得到

$$\begin{aligned}\frac{\partial J(\boldsymbol{V}_k,\boldsymbol{u}(k))}{\partial \boldsymbol{u}(k)}=&\int_a^b\boldsymbol{C}(y)\boldsymbol{D}_2\boldsymbol{B}_2\ln(\boldsymbol{C}(y)\boldsymbol{D}_1\boldsymbol{x}_1(k)+\boldsymbol{T}(y))\mathrm{d}y+\\&\int_a^b\boldsymbol{C}(y)\boldsymbol{D}_2\boldsymbol{B}_2\frac{\boldsymbol{C}(y)\boldsymbol{D}_2\boldsymbol{x}_2(k)}{\boldsymbol{C}(y)\boldsymbol{D}_1\boldsymbol{x}_1(k)+\boldsymbol{T}(y)}\mathrm{d}y+\\&\int_a^b\boldsymbol{C}(y)\boldsymbol{D}_2\boldsymbol{B}_2-2\boldsymbol{S}[\int_a^b y[\boldsymbol{C}(y)\boldsymbol{D}_1\boldsymbol{x}_1(k)+\\&\boldsymbol{C}(y)\boldsymbol{D}_2\boldsymbol{x}_2(k)+\boldsymbol{T}(y)]\mathrm{d}y-\boldsymbol{r}]\int_a^b y\boldsymbol{C}(y)\boldsymbol{D}_2\boldsymbol{B}_2\mathrm{d}y+2\boldsymbol{R}\boldsymbol{u}_k\\=&\int_a^b\boldsymbol{C}(y)\boldsymbol{D}_2\boldsymbol{B}_2\ln(\boldsymbol{C}(y)\boldsymbol{D}_1\boldsymbol{x}_1(k)+\boldsymbol{T}(y))\mathrm{d}y+\\&\int_a^b\boldsymbol{C}(y)\boldsymbol{D}_2\boldsymbol{B}_2\mathrm{d}y+\end{aligned} \tag{9.31}$$

$$
\begin{aligned}
&\int_a^b \boldsymbol{C}(y)\boldsymbol{D}_2\boldsymbol{B}_2 \frac{\boldsymbol{C}(y)\boldsymbol{D}_2\boldsymbol{x}_2(k)}{\boldsymbol{C}(y)\boldsymbol{D}_1\boldsymbol{x}_1(k)+\boldsymbol{T}(y)}\mathrm{d}y+\\
&2\boldsymbol{Sr}\int_a^b y\boldsymbol{C}(y)\boldsymbol{D}_2\boldsymbol{B}_2\mathrm{d}y-\\
&2\boldsymbol{S}\int_a^b y\boldsymbol{C}(y)\boldsymbol{D}_1\boldsymbol{x}_1(k)\mathrm{d}y\int_a^b y\boldsymbol{C}(y)\boldsymbol{D}_2\boldsymbol{B}_2\mathrm{d}y-\\
&2\boldsymbol{S}\int_a^b y\boldsymbol{C}(y)\boldsymbol{D}_2\mathrm{d}y\int_a^b y\boldsymbol{C}(y)\boldsymbol{D}_2\boldsymbol{B}_2\mathrm{d}y+2\boldsymbol{R}\boldsymbol{u}_k\\
=&\sigma_1(\boldsymbol{x}_1(k))+\sigma_2(\boldsymbol{x}_1(k))\boldsymbol{x}_2(k)+2\boldsymbol{Sr}\sigma_6-\\
&\sigma_3(\boldsymbol{x}_1(k))-\sigma_4\boldsymbol{x}_2(k)-\sigma_5+2\boldsymbol{R}\boldsymbol{u}_k\\
=&[\sigma_2(\boldsymbol{x}_1(k))-\sigma_4]\boldsymbol{x}_2(k)+2\boldsymbol{R}\boldsymbol{u}_k+\\
&\sigma_1(\boldsymbol{x}_1(k))+2\boldsymbol{Sr}\sigma_6-\sigma_3(\boldsymbol{x}_1(k))-\sigma_5+\sigma_7
\end{aligned}
$$

其中

$$
\begin{aligned}
&\sigma_1(\boldsymbol{x}_1(k))=\int_a^b \boldsymbol{C}(y)\boldsymbol{D}_2\boldsymbol{B}_2\ln(\boldsymbol{C}(y)\boldsymbol{D}_1\boldsymbol{x}_1(k)+\boldsymbol{T}(y))\mathrm{d}y\\
&\sigma_2(\boldsymbol{x}_1(k))=\int_a^b \boldsymbol{C}(y)\boldsymbol{D}_2\boldsymbol{B}_2\frac{\boldsymbol{C}(y)\boldsymbol{D}_2\boldsymbol{x}_2(k)}{\boldsymbol{C}(y)\boldsymbol{D}_1\boldsymbol{x}_1(k)+\boldsymbol{T}(y)}\mathrm{d}y\\
&\sigma_3(\boldsymbol{x}_1(k))=2\boldsymbol{S}\int_a^b y\boldsymbol{C}(y)\boldsymbol{D}_1\boldsymbol{x}_1(k)\mathrm{d}y\int_a^b y\boldsymbol{C}(y)\boldsymbol{D}_2\boldsymbol{B}_2\mathrm{d}y\\
&\sigma_4=2\boldsymbol{S}\int_a^b y\boldsymbol{C}(y)\boldsymbol{D}_2\mathrm{d}y\int_a^b y\boldsymbol{C}(y)\boldsymbol{D}_2\boldsymbol{B}_2\mathrm{d}y\\
&\sigma_5=2\boldsymbol{S}\int_a^b y\boldsymbol{T}(y)\mathrm{d}y\int_a^b y\boldsymbol{C}(y)\boldsymbol{D}_2\boldsymbol{B}_2\mathrm{d}y\\
&\sigma_6=\int_a^b y\boldsymbol{C}(y)\boldsymbol{D}_2\boldsymbol{B}_2\mathrm{d}y\\
&\sigma_7=\int_a^b \boldsymbol{C}(y)\boldsymbol{D}_2\boldsymbol{B}_2\mathrm{d}y
\end{aligned}
$$

为求 $\frac{\partial J(\boldsymbol{V}_k,\boldsymbol{u}(k))}{\partial \boldsymbol{u}(k)}=0$，利用式（9.31）可得

$$
\begin{aligned}
\frac{\partial J(\boldsymbol{V}_k,\boldsymbol{u}(k))}{\partial \boldsymbol{u}(k)}=&[\sigma_2(\boldsymbol{x}_1(k))-\sigma_4]\boldsymbol{x}_2(k)+2\boldsymbol{R}\boldsymbol{u}_k+\\
&\sigma_1(\boldsymbol{x}_1(k))+2\boldsymbol{Sr}\sigma_6-\sigma_3(\boldsymbol{x}_1(k))-\sigma_5+\sigma_7
\end{aligned}
\tag{9.32}
$$

即

$$
\begin{aligned}
&[\sigma_2(\boldsymbol{x}_1(k))-\sigma_4]\boldsymbol{x}_2(k)+2\boldsymbol{R}\boldsymbol{u}_k\\
=&-\sigma_1(\boldsymbol{x}_1(k))-2\boldsymbol{Sr}\sigma_6+\sigma_3(\boldsymbol{x}_1(k))+\sigma_5-\sigma_7
\end{aligned}
\tag{9.33}
$$

当没有故障发生时，将方程 $\boldsymbol{x}_2(k)=-\boldsymbol{B}_2\boldsymbol{u}_k$ 代入式（9.33），可得

$$
\begin{aligned}
&[\sigma_2(\boldsymbol{x}_1(k))-\sigma_4](-\boldsymbol{B}_2\boldsymbol{u}_k)+2\boldsymbol{R}\boldsymbol{u}_k\\
=&-\sigma_1(\boldsymbol{x}_1(k))-2\boldsymbol{Sr}\sigma_6+\sigma_3(\boldsymbol{x}_1(k))+\sigma_5-\sigma_7
\end{aligned}
\tag{9.34}
$$

则可以得到当无故障发生时的最小熵控制器为

$$\begin{aligned}\boldsymbol{u}_k = &[-\sigma_2(\boldsymbol{x}_1(k)) + \sigma_4\boldsymbol{B}_2 + 2\boldsymbol{R}]^{-1}\\ &[-\sigma_1(\boldsymbol{x}_1(k)) - 2\boldsymbol{Sr}\sigma_6 + \sigma_3(\boldsymbol{x}_1(k)) + \sigma_5 - \sigma_7]\end{aligned} \tag{9.35}$$

同样，当有故障发生时，将方程 $\boldsymbol{x}_2(k) = -\boldsymbol{B}_2\boldsymbol{u}_k - \boldsymbol{N}_2\boldsymbol{F}(k)$ 代入式（9.34）得

$$\begin{aligned}&[\sigma_2(\boldsymbol{x}_1(k)) - \sigma_4](-\boldsymbol{B}_2\boldsymbol{u}_k - \boldsymbol{N}_2\boldsymbol{F}(k)) + 2\boldsymbol{R}\boldsymbol{u}_k\\ &= -\sigma_1(\boldsymbol{x}_1(k)) - 2\boldsymbol{Sr}\sigma_6 + \sigma_3(\boldsymbol{x}_1(k)) + \sigma_5 - \sigma_7\end{aligned} \tag{9.36}$$

则可得当有故障发生时的最小熵控制器为

$$\begin{aligned}\boldsymbol{u}_k = &[-\sigma_2(\boldsymbol{x}_1(k)) + \sigma_4\boldsymbol{B}_2 + 2\boldsymbol{R}]^{-1}\ [-\sigma_1(\boldsymbol{x}_1(k)) -\\ &2\boldsymbol{Sr}\sigma_6 + \sigma_3(\boldsymbol{x}_1(k)) + \sigma_5 - \sigma_7 + \sigma_2(\boldsymbol{x}_1(k))\boldsymbol{N}_2\boldsymbol{F}(k) -\\ &\sigma_4\boldsymbol{N}_2\boldsymbol{F}(k)]\end{aligned} \tag{9.37}$$

从式（9.37）可看出，控制器与 $\boldsymbol{x}_1$ 有关，而 $\boldsymbol{x}_1$ 在实际中是不可测的。因此，将诊断观测器的状态 $\boldsymbol{x}_{1d}(k)$ 代替式（9.37）中的 $\boldsymbol{x}_1(k)$ 可以得到实际可用的最小熵控制器。通过用 $\boldsymbol{x}_{1d}(k)$ 替换 $\boldsymbol{x}_1(k)$，用 $\hat{\boldsymbol{F}}(k)$ 替换 $\boldsymbol{F}(k)$，实际可用的重构最小熵容错控制器表示为

$$\begin{aligned}\boldsymbol{u}_k = &[-\sigma_2(\boldsymbol{x}_{1d}(k)) + \sigma_4\boldsymbol{B}_2 + 2\boldsymbol{R}]^{-1}\\ &[-\sigma_1(\boldsymbol{x}_{1d}(k)) - 2\boldsymbol{Sr}\sigma_6 + \sigma_3(\boldsymbol{x}_{1d}(k)) + \sigma_5 - \sigma_7 +\\ &\sigma_2(\boldsymbol{x}_{1d}(k))\boldsymbol{N}_2\hat{\boldsymbol{F}}(k) - \sigma_4\boldsymbol{N}_2\hat{\boldsymbol{F}}(k)]\end{aligned} \tag{9.38}$$

根据上述推导过程，我们可以得到以下定理。

定理 9.2　当奇异随机分布系统式（9.1）和式（9.2）的目标 PDF 事先未知时，使用实际可用的重构最小熵容错控制器式（9.38），仍使控制输出的 PDF 具有最小的不确定性，从而实现非高斯奇异随机分布控制系统的最小熵容错控制。

注释 9. 1　对于非高斯奇异 SDC 系统，当期望的 PDF 已知时，可以使用 PI 跟踪控制[7]、FTC 协作控制[8]、鲁棒跟踪控制[11]。然而，当期望的 PDF 未知时，上述 FTC 方法是无效的，这促使我们进行最小熵 FTC 的研究。本研究与文献[19-22]中研究结果的主要区别体现在 3 个方面。首先，在文献[19-21] 中考虑了动态权重模型，而在我们的工作中考虑了状态空间模型。正如我们所知道的那样，权重模型是没有实际物理意义的。其次，本章以 FD 和 FTC 为主要研究对象，而文献[19-22]没有考虑故障问题。最后，当

目标 PDF 无法提前确定时，将熵的概念引入非高斯 SDC 系统的 FTC 中，使得故障发生后系统输出的不确定性仍然最小化；而文献[19-22]中的最小熵控制算法不能保证故障发生后系统的性能。

9.5 仿真实例

为验证所提出的 FD 算法和最小熵 FTC 算法的有效性，考虑了链式燃煤锅炉温度场分布（或火焰形状分布）控制系统[11,23]，如图 9.1 所示。链式格栅锅炉炉膛内温度场分布由输出火焰形状决定，输出火焰形状主要由给煤机、进风口和格栅开闭控制。进气室的开度决定了进气总流量和空气-煤比率，是影响燃烧质量的关键操作因素。选择进气室的开度作为系统的控制参数。链式燃煤锅炉在燃烧过程中，不可避免地会发生给煤机故障、风机故障、节能器故障等。因此，在故障发生后，需要 FD 和 FTC 来保证链式燃煤锅炉仍然能够稳定运行，使故障发生后系统性能尽可能接近无故障系统性能。为简化计算，采用线性 B 样条逼近锅炉进气口火焰形状

$$\gamma(y,\boldsymbol{u}(k))=\omega_1(\boldsymbol{u}(k))\phi_1(y)+\omega_2(\boldsymbol{u}(k))\phi_2(y)+\omega_3(\boldsymbol{u}(k))\phi_3(y) \tag{9.39}$$

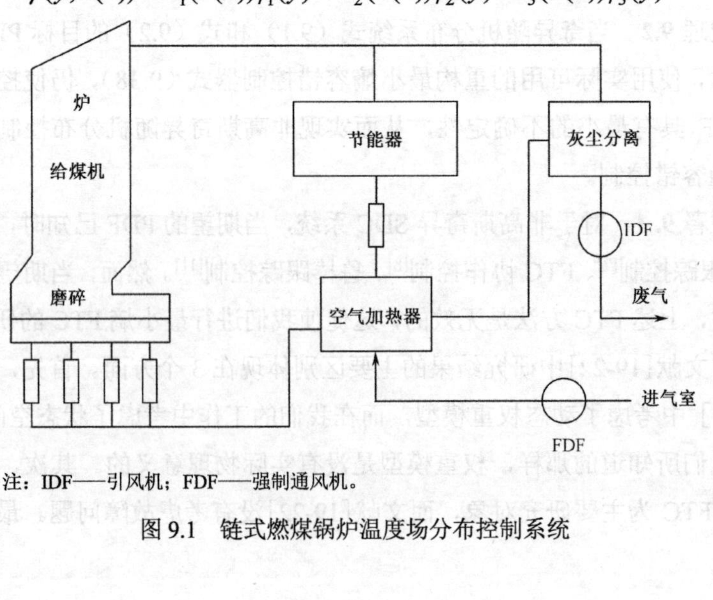

注：IDF——引风机；FDF——强制通风机。

图 9.1 链式燃煤锅炉温度场分布控制系统

采用如下的 B 样条 $\phi_i(y)$（$i=1,2,3,4,5$）来逼近输出 PDF

$$\phi_1(y)=\frac{1}{2}(y-2)^2 f_1(y)+(-y^2+7y-\frac{23}{2})f_2(y)+\frac{1}{2}(y-5)^2 f_3(y)$$

$$\phi_2(y)=\frac{1}{2}(y-3)^2 f_2(y)+(-y^2+9y-\frac{39}{2})f_3(y)+\frac{1}{2}(y-6)^2 f_4(y)$$

$$\phi_2(y)=\frac{1}{2}(y-4)^2 f_3(y)+(-y^2+11y-\frac{59}{2})f_4(y)+\frac{1}{2}(y-7)^2 f_5(y) \quad (9.40)$$

其中，$f_i(y)(i=1,\cdots,5)$，有如下定义的区间函数。

$$f_i(y)=\begin{cases}1 & y\in[i+1,i+2]\\ 0 & 其他\end{cases}$$

PDF 的积分等于 1，由于该限制条件，3 个权值中只有两个是独立的，两个独立权值组成向量为

$$\boldsymbol{V}(k)=\begin{bmatrix}\omega_1(k)\\ \omega_2(k)\end{bmatrix}$$

第三个权重 $\omega_3(k)$ 与 $\omega_1(k)$、$\omega_2(k)$ 线性相关，定义为

$$\begin{aligned}&b_i(y)=\int_a^b \phi_i(y)\mathrm{d}y（i=1,2,3）\\ &\boldsymbol{T}(y)=\frac{\phi_3(y)}{b_3}\\ &\boldsymbol{C}(y)=[\phi_1(y)-\frac{\phi_3(y)b_1}{b_3},\phi_2(y)-\frac{\phi_3(y)b_2}{b_3}]\end{aligned} \quad (9.41)$$

因此 $\gamma(y,\boldsymbol{u}(k))$ 可以表示为

$$\gamma(y,\boldsymbol{u}(k))=\boldsymbol{C}(y)\boldsymbol{V}(k)+\boldsymbol{T}(y)$$

奇异非高斯随机分布控制系统可以表示为

$$\begin{aligned}\boldsymbol{Ex}(k+1)&=\boldsymbol{Ax}(k)+\boldsymbol{Bu}(k)+\boldsymbol{NF}(k)\\ \boldsymbol{V}(k)&=\boldsymbol{Dx}(k)\end{aligned} \quad (9.42)$$

其中

$$\boldsymbol{E}=\begin{bmatrix}1.0108 & 0.5794 & 5.7745\\ 3.8263 & -2.0132 & 13.7264\\ -5.5036 & 6.8344 & -12.1285\end{bmatrix},\ \boldsymbol{A}=\begin{bmatrix}-1.5675 & -2.5243 & 0.5341\\ 0.4014 & 1.4281 & -9.1294\\ 1.9462 & -0.1041 & 4.8273\end{bmatrix}$$

$$B=\begin{bmatrix}-0.1782\\4.9148\\-1.8894\end{bmatrix},\ N=\begin{bmatrix}0.7310\\2.5679\\-0.9484\end{bmatrix},\ D=\begin{bmatrix}0.4002&-0.1038&0.6889\\0.6525&0.9261&0.9250\end{bmatrix}$$

非奇异矩阵 P 和 Q 的选取为

$$P=\begin{bmatrix}0.2019&-0.1422&0.4830\\0.1631&0.3211&0.2028\\0.1976&0.1455&-0.1049\end{bmatrix},\ Q=\begin{bmatrix}0.1020&0.1422&-0.1690\\0.3428&0.1860&0.4515\\0.4155&0.2784&0.1172\end{bmatrix}$$

式（9.42）可以通过状态等价变换转换为式（9.6）的形式，其中

$$A_1=\begin{bmatrix}-0.5&-0.25\\0.11&-0.17\end{bmatrix},\ B_1=\begin{bmatrix}1\\0\end{bmatrix},\ B_2=1.2209$$

$$D_2=\begin{bmatrix}0.1\\0.6\end{bmatrix},\ D_1=\begin{bmatrix}0.2&0.01\\0.1&0.07\end{bmatrix},\ N_1=\begin{bmatrix}0.6\\0.3\end{bmatrix},\ N_2=0.3$$

由矩阵不等式（9.15）可得如下的观测器增益和自适应调节律。

$$P_1=\begin{bmatrix}0.9361&-0.1740\\-0.1740&0.8741\end{bmatrix},\ R_1=\begin{bmatrix}0.4467\\-0.7720\end{bmatrix}$$

$$\varUpsilon_1=0.001,\ \varUpsilon_2=-0.7089,\ L_1=\begin{bmatrix}0.3250\\-0.8186\end{bmatrix}$$

残差信号的响应如图 9.2 所示，故障诊断结果如图 9.3 所示。从这两幅图中可以看出，上述故障诊断算法是有效的，可以准确估计故障的变化。

在无故障的情况下，可以采用最小熵控制的方法构造无故障的控制器。当 $t=10\text{s}$ 时，系统发生故障，容错控制后输出的 PDF 的 3D 图像如图 9.4 所示。可见，实际的重构控制器可以使系统输出的 PDF 保持原来的形状，从而得到较好的最小熵容错控制结果。与最小熵控制算法[21]相比，在故障发生后，无容错控制输出的 PDF 3D 图像如图 9.5 所示。从图 9.4 和图 9.5 可以看出，系统输出的 PDF 在没有容错控制的情况下无法保持原来的形状，这说明本文提出的最小熵容错控制算法是有效的。图 9.6 为在无故障时熵的响应曲线，图 9.7 为故障发生后在进行最小熵容错控制时熵的响应曲线。从图 9.6 和图 9.7 可以看出，在无故障时熵的响应曲线是收敛的，在有容错控制时熵仍能极小化。

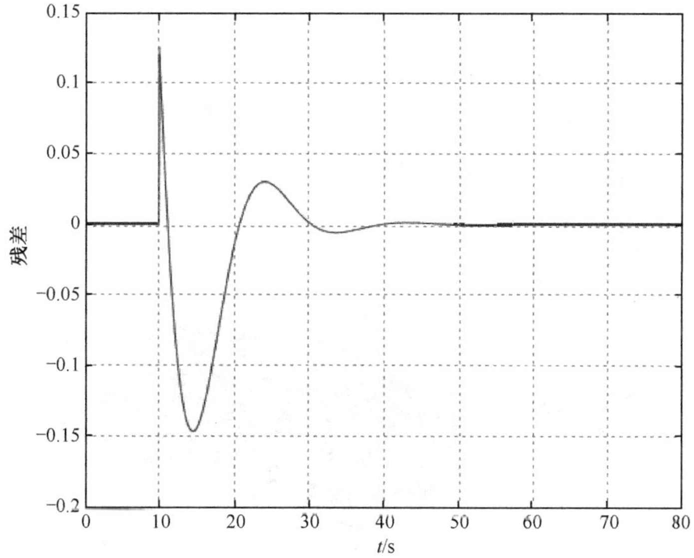

图 9.2　残差信号的响应

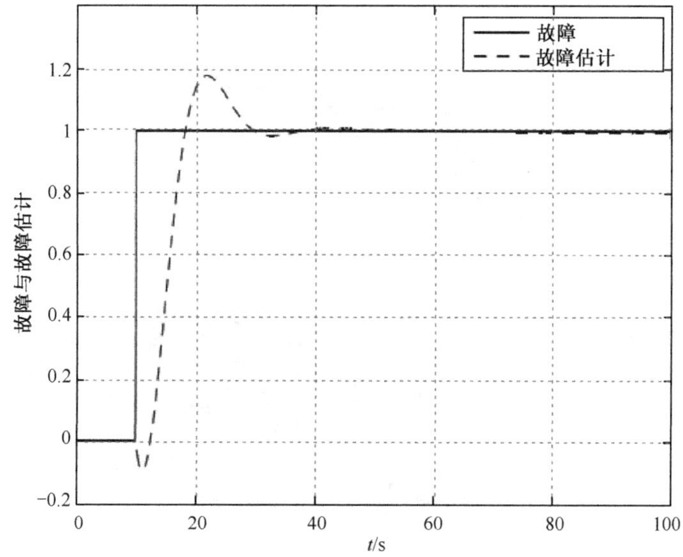

图 9.3　故障诊断结果

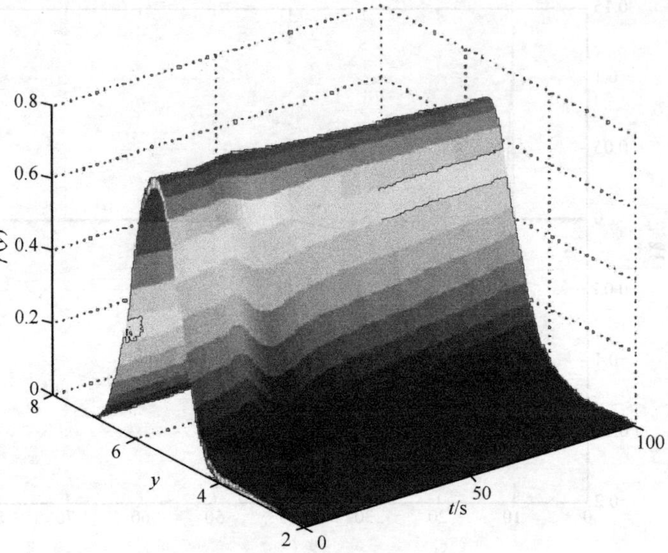

图 9.4　故障发生后有容错控制输出的 PDF 的 3D 图像

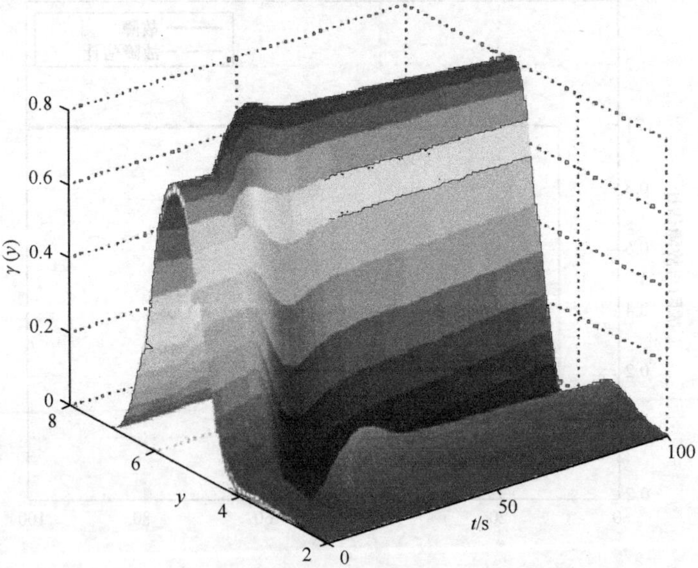

图 9.5　故障发生后无容错控制输出的 PDF 的 3D 图像

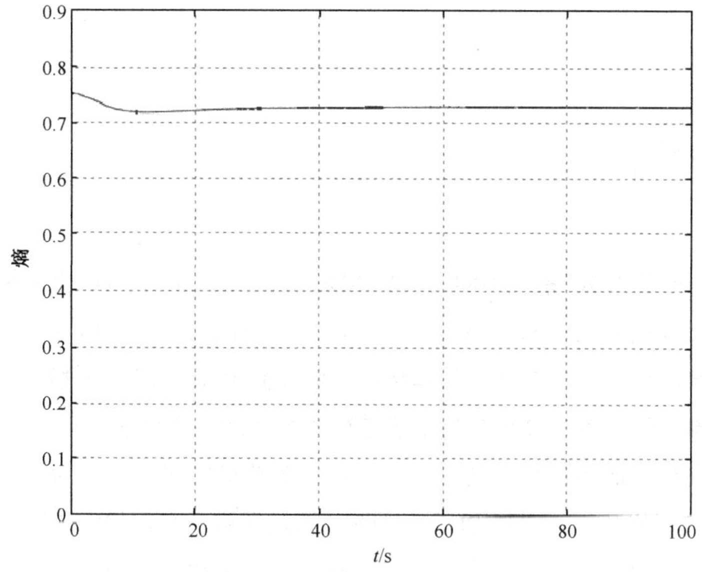

图 9.6　当无故障时熵的响应曲线

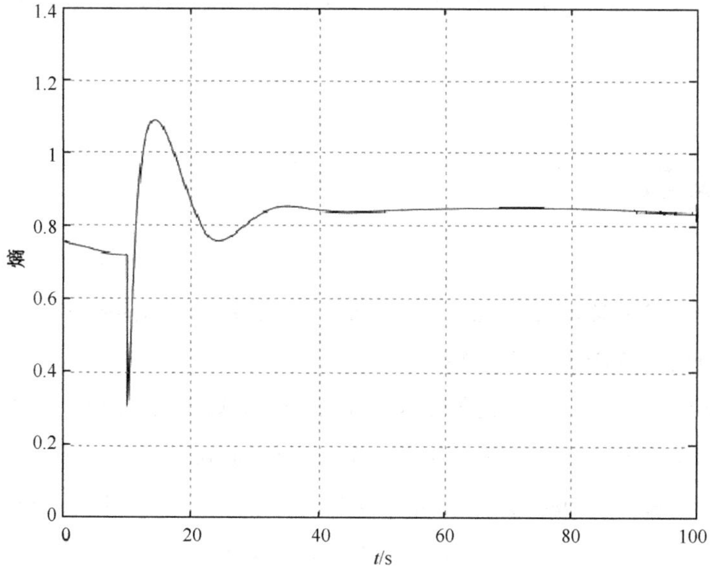

图 9.7　当有容错控制时熵的响应曲线

9.6 结论

与一般的 SDC 系统不同，奇异 SDC 系统的 FD 和 FTC 更复杂，因为权值与控制输入之间的关系采用奇异状态空间模式表示。通过状态等价变换，将非高斯 SDC 系统的 FD 算法推广到非高斯奇异 SDC 系统。利用自适应观测器对奇异随机分布控制系统进行故障诊断。通过求解相应的 LMI，可以得到观测器增益和自适应调节律。将熵的概念引入非高斯随机分布控制系统的 FTC 中，当目标 PDF 未知时，通过在最小化均值约束下关于熵的性能函数，利用故障估计信息对控制器进行了重构。重构的控制器可以实现非高斯奇异 SDC 系统的最小熵 FTC，使系统的输出仍然具有最小的不确定性。本章还通过计算机仿真验证了 FD 算法和最小熵 FTC 算法的有效性。

参考文献

[1] Blanke M, Kinnaert M, et al. Diagnosis and fault tolerant control [M]. Springer-Verlag, Berlin, 2006.

[2] Dai L. Singular control systems [M]. Springer-Verlag, Berlin, 1989.

[3] Nyberg M, Frisk E. Residual generation for fault diagnosis of systems described by linear differential-algebraic equations [J]. IEEE Transactions on Automatic Control, 2006, 51(12): 1995-2000.

[4] Vemuri A T, Polycarpou M M, Ciric A R. Fault diagnosis of differential algebraic systems [J]. IEEE Transactions on Systems Man Cybernetics Part A-Systems and Humans, 2001, 31(2): 143-152.

[5] Wang H. Bounded dynamic stochastic systems: modeling and control [M]. Springer-Verlag, London, 2000.

[6] Guo L, Zhang Y, Wang H, et al. Observer-based optimal fault detection and diagnosis using conditional probability distributions [J]. IEEE Transactions on Signal Processing, 2006, 54 (10): 3712-3719.

[7] Yao L N, Qin J F, Wang A P. Fault diagnosis and fault-tolerant control for non-Gaussian nonlinear stochastic systems using a rational square-root approximation model [J]. IET Control Theory and Applications, 2013, 7(1): 116-124.

[8] Ren Y W, Wang A P, Wang H. Fault diagnosis and tolerant control for discrete stochastic distribution collaborative control systems [J]. IEEE Transactions on Systems Man Cybernetics Systems, 2015, 45 (3): 462-471.

[9] Afshar P, Yang F W, Wang H. ILC-based minimum entropy filter design and implementation for non-Gaussian stochastic systems [J]. IEEE Transactions on Control Systems Technology, 2012, 20(4): 960-970.

[10] Guo L, Wang H, Wang A. Optimal probability density function control for NARMAX stochastic systems [J]. Automatica, 2008, 44(7): 1904-1911.

[11] Zhou J L, Li G T, Wang H. Robust tracking controller design for non-Gaussian singular uncertainty stochastic distribution systems [J]. Automatica, 2014, 50 (4): 1296-1303.

[12] Guo L, Wang H. Stochastic distribution control systems design: a convex optimization approach [M]. Springer-Verlag, London, 2010.

[13] Leller J Y, Summerer L, Boutayeb M, et al. Generalized likelihood ratio approach for fault detection in linear dynamic stochastic systems with unknown inputs [J]. International Journal of Systems Science, 1996, 27(12): 1231-1241.

[14] Yao X M, Wu L G, Zheng X W. Fault detection filter design for Markovian jump singular systems with intermittent measurements [J]. IEEE Transactions on Signal Processing, 2011, 59 (7): 3099-3109.

[15] Hu Z H, Han Z Z, Tian Z H. Fault detection and diagnosis for singular stochastic systems via B-spline expansions [J]. ISA Transactions, 2009, 48(4): 519-524.

[16] Yao L N, Qin J F, Wang H. Design of new fault diagnosis and fault tolerant control scheme for non-Gaussian singular stochastic distribution systems [J]. Automatica, 2012, 48(4): 2305-2313.

[17] Yin L P, Guo L. Fault isolation for multivariate nonlinear non-Gaussian systems using generalized entropy optimization principle [J]. Automatica, 2009, 45(9): 2612-1619.

[18] Yin L P, Guo L, Wang H, et al. Entropy optimization filtering for fault isolation of nonlinear non-Gaussian stochastic systems [J]. IEEE Transactions on Automatic Control, 2009, 54(4): 804-810.

[19] Wang H. Minimum entropy control of non-Gaussian dynamic stochastic systems [J]. IEEE Transactions on Automatic Control, 2002, 47(2): 398-403.

[20] Yue H, Zhou J L, Wang H. Minimum entropy of B-spline PDF systems with mean constraint [J]. Automatica, 2006, 42(6): 989-994.

[21] Wang A, Wang H. Minimum entropy and mean tracking control for affine nonlinear and non-Gaussian dynamic stochastic systems [J]. IEEE Proceedings-Control Theory and Applications, 2004, 151(4): 422-428.

[22] Zhang J, Ren M, Wang H. Minimum entropy control for non-linear and non-Gaussian two-input and two-output dynamic stochastic systems [J]. IET Control Theory and Applications, 2012, 6(15): 2434-2441.

[23] Zhou J L, Yue H, Zhang J F, et al. Iterative learning double closed-loop structure for modeling and controller design of output stochastic distribution control systems [J]. IEEE Transactions on Control Systems Technology, 2014, 22 (6): 2261-2276.

第 10 章

10

基于 T-S 模糊模型的非高斯奇异随机分布控制系统的最小有理熵容错控制

本章研究了一种新的非高斯奇异随机分布控制系统的故障诊断和容错控制算法。利用有理平方根模糊逻辑模型对非高斯过程的输出概率密度函数进行逼近，同时利用 T-S 模糊模型将非高斯非线性随机分布控制系统转换为模糊随机分布控制系统，构建一个自适应模糊故障诊断观测器来实现系统状态和故障的重构。基于故障估计信息，通过在最小化均值约束下关于有理熵的性能指标来重构控制器。引入最小有理熵的容错控制，使发生故障后随机分布控制系统的输出仍具有最小的不确定性。

10.1 引言

近年来，对随机分布控制系统的概率密度函数的直接控制研究受到了广泛的关注。例如，在造纸过程中纸浆均匀度的控制、气泡大小控制[23]和火焰分布控制[21]。这种随机分布控制系统是由王宏教授提出的输入和输出

PDF 之间的关系来描述的，而不是由常规的输入与输出之间的关系来描述的[13]。此后，非高斯随机分布控制系统的研究突破了随机变量在随机分布控制系统中服从高斯随机分布控制的假设。随着研究的进展，奇异系统[5]成为描述和表征系统强有力的工具。特别地，由于在随机分布控制系统中普遍存在固有的非线性，需要考虑非线性奇异分布控制系统及其应用。

随机分布控制系统研究的关键进展依赖于近几十年来对概率密度函数的近似方法的研究。在文献[3, 6, 9, 18]中，用 B 样条函数来估计输出概率密度函数，随机分布控制系统的输出概率密度函数和调整输入变量之间的关系可以解耦。在本章中，利用有理平方根模糊逻辑模型对输出概率密度函数进行逼近。与 B 样条函数相比，模糊逻辑模型是利用单值模糊器、乘积推理和质心消模糊器逼近未知非线性的有效工具，可以根据不同的实际问题使用不同类型的模糊隶属函数[19]。另外，有理平方根模糊逻辑模型不仅能保证输出概率密度函数非负，而且能保证模糊权值相互独立，模糊权值的可行区域几乎是整个区域。在逼近输出概率密度函数的有理平方根模糊逻辑扩展中，通过对模糊权值的控制可以实现对系统输出概率密度函数形状的控制。

对当前非线性随机分布控制系统的研究，所考虑的大多数非线性动态系统都满足一定的条件，如李普希茨条件等，非线性程度并不高。T-S 模糊模型可以近似为一个高度复杂的模糊模型系统[2, 10]、时滞系统[11,15]、马尔可夫跳变系统[7]、网络控制系统[8]和随机系统[1, 12]，因此它是弥合线性和非线性控制系统之间鸿沟的有效方案。文献［7］研究了一种 T-S 模糊方法对非均匀马尔可夫跳变系统故障检测滤波器设计问题。如上所述，对于非高斯奇异随机分布控制系统，使用 T-S 模糊模型来描述许多实际问题是非常有效的。

然而，由于现代工程系统复杂性的增加，相应地，系统出现故障的可能性也会增加。未知的故障可能会降低系统的性能，甚至可能会导致系统的崩溃。因此，随机分布控制系统的故障诊断和容错控制受到了越来越多的关注。然而，利用 T-S 模糊模型对非高斯奇异随机分布控制系统进行故障诊断和容错控制的研究很少。当目标概率密度函数可以预知时，设计容错控制器使故障发生后概率密度函数跟随给定的分布，对此类的非线性非高斯随机分布控制系统的自适应故障估计和容错控制问题正在研究中[9]。对于一类非线性奇异随机分布控制系统，在文献［18］中设计了主动容错控制器使故障发生后概率密度函数仍然跟随给定的分布。然而，如果目标概率密度函数不可获得，可以将控制目标转化为使输出变量的随机性最小化。现有的基于最小方差的控制方法可能不足以描述非高斯随机分布控制系统的复杂行为[19]。同时，在随机理论中，熵作为随机变量不确定性的测度，常被用来描述被控对象的随机特性；在文献［17］中，讨论了离散非高斯奇异随机分布控制系统的最小香农熵容错控制问题，然而该文献仅考虑了常数故障，并且熵函数不是一个定性的函数；文献［4］研究了非线性非高斯随机分布控制系统的最小熵容错控制问题，其中假定非线性项满足李普希茨条件。在本章中，引入有理熵性能函数，利用 T-S 模糊模型设计了非高斯奇异随机分布控制系统的容错控制器，已经证明了有理熵性能函数是一个凸函数，并且很容易得到最小值[22]。

综上所述，本章的主要工作和贡献如下。

（1）使用有理平方根模糊逻辑模型对输出概率密度函数进行逼近，采用 T-S 模糊模型描述非高斯奇异随机分布控制系统的非线性动态。

（2）设计了一种模糊故障诊断观测器来估计故障的大小。基于故障估计信息，重构一个最小有理熵控制器使故障发生后的随机分布控制系统仍然具有最小的不确定性。

10.2　模型描述

令 $\gamma(y,\boldsymbol{u}(t))$ 表示系统输出的概率密度函数，$\boldsymbol{u}(t)\in\mathbf{R}^m$ 是控制 $\gamma(y,\boldsymbol{u}(t))$ 分布形状的控制变量，$y(t)$ 是定义在已知有界区间 $[a,b]$ 上的随机系统的输出。非高斯奇异随机分布控制系统可以用下面的 T-S 模糊模型来描述。

规则 i：如果 $\xi_1(t)$ 是 u_{1i}，$\cdots$，并且 $\xi_p(t)$ 是 u_{ip}，可以得到

$$\begin{aligned} &\boldsymbol{E}\dot{\boldsymbol{x}}(t)=\boldsymbol{A}_i\boldsymbol{x}(t)+\boldsymbol{B}_i\boldsymbol{u}(t)+\boldsymbol{H}_i\boldsymbol{f}(t)\\ &\boldsymbol{V}(t)=\boldsymbol{D}_i\boldsymbol{x}(t)\end{aligned} \tag{10.1}$$

$$\sqrt{\gamma(y,\boldsymbol{u}(t))}=\frac{\boldsymbol{C}(y)\boldsymbol{V}(t)}{\sqrt{\boldsymbol{V}^{\mathrm{T}}(t)\boldsymbol{\Sigma}\boldsymbol{V}(t)}} \tag{10.2}$$

其中，$\boldsymbol{x}(t)\in\mathbf{R}^n$ 是状态向量；$\boldsymbol{V}(t)\in\mathbf{R}^n$ 是权向量；$\boldsymbol{f}(t)\in\mathbf{R}^m$ 是故障向量；$\boldsymbol{A}_i\in\mathbf{R}^{n\times n}$，$\boldsymbol{B}_i\in\mathbf{R}^{n\times m}$，$\boldsymbol{H}_i\in\mathbf{R}^{n\times m}$，$\boldsymbol{D}_i\in\mathbf{R}^{n\times n}(i=1,2,\cdots,q)$，$\boldsymbol{E}\in\mathbf{R}^{n\times n}$ 是系统的参数矩阵，并且 $\operatorname{rank}(\boldsymbol{E})=r<n$（$\boldsymbol{E}$ 是一个奇异矩阵）。式（10.2）是一个用有理平方根模糊逻辑模型逼近的静态输出概率密度函数模型，它可以写成下面的形式。

$$\sqrt{\gamma(y,\boldsymbol{u}(t))}=\frac{\sum_{l=1}^{N}\omega_l(\boldsymbol{u}(t))\theta_l(y)}{\sqrt{\sum_{l,k=1}^{N}\omega_l(\boldsymbol{u}(t))\omega_k(\boldsymbol{u}(t))\int_a^b\theta_l(y)\theta_k(y)\mathrm{d}y}} \tag{10.3}$$

其中，$\omega_l(\boldsymbol{u}(t))(l=1,2,\cdots,N)$ 是与控制输入相关的相应动态函数，并且 $\theta_l(y)(l=1,2,\cdots,N)$ 是预先指定的模糊基函数。在式（10.2）中，$\boldsymbol{\Sigma}=\int_a^b\boldsymbol{C}^{\mathrm{T}}(y)\boldsymbol{C}(y)\mathrm{d}y$，$\boldsymbol{C}(y)=\left[\theta_1(y),\theta_2(y),\cdots,\theta_l(y)\right]$，$\boldsymbol{V}(t)=\left[\omega_1,\omega_2,\cdots,\omega_l\right]^{\mathrm{T}}$。

预先指定的模糊基函数 $\theta_l(y)$ 和高斯隶属函数 $\mu_{F_i^l}(y_i)$ 可以表示为

$$\theta_l(y)=\frac{\sum_{i=1}^{M}\mu_{F_i^l}(y_i)}{\sum_{l=1}^{N}\prod_{i=1}^{M}\mu_{F_i^l}(y_i)} \tag{10.4}$$

$$\varpi_{F_i^l}(y_i)=\alpha_i^l\exp[-\frac{1}{2}(\frac{y_i-\overline{y}^l}{\sigma_i^l})^2] \tag{10.5}$$

其中，$\mu_{F_i^l}(y_i)$ 代表用模糊隶属函数表征的模糊语言项；α_i^l、$\overline{y}^l$ 和 δ 是实值参数；N 是模糊 IF-THEN 规则的个数；M 是模糊逻辑模型中输入变量的个数。实际上，$\mu_{F_i^l}(y_i)$ 可以是高斯隶属函数或其他各种隶属函数。

在引理 10.1 中描述了模糊逻辑的逼近能力。

引理 10.1 [14, 20] 对任意精度的 $\tau>0$，给定一个连续函数 $\sqrt{\gamma(y,\boldsymbol{u}(t))}$，定义在紧凑型集合 $U\in\mathbf{R}^n$，总是存在这样的一个模糊逻辑模型

$$\sup_{y\in U}\left|\sqrt{\gamma(y,\boldsymbol{u}(t)}-\frac{\boldsymbol{C}(y)\boldsymbol{V}(t)}{\sqrt{\boldsymbol{V}^{\mathrm{T}}(t)\boldsymbol{\Sigma}\boldsymbol{V}(t)}}\right|<\tau$$

通过对各局部模型进行模糊混合，得到整体性的模糊模型，即

$$\begin{aligned}\boldsymbol{E}\dot{\boldsymbol{x}}&=\sum_{i=1}^{q}h_i(\boldsymbol{\xi}(t))[\boldsymbol{A}_i\boldsymbol{x}(t)+\boldsymbol{B}_i\boldsymbol{u}(t)+\boldsymbol{H}_i\boldsymbol{f}(t)]\\ \boldsymbol{V}(t)&=\sum_{i=1}^{q}h_i(\boldsymbol{\xi}(t))\boldsymbol{D}_i\boldsymbol{x}(t)\end{aligned}\tag{10.6}$$

$$\sqrt{\gamma(y,\boldsymbol{u}(t))}=\frac{\boldsymbol{C}(y)\boldsymbol{V}(t)}{\sqrt{\boldsymbol{V}^{\mathrm{T}}\boldsymbol{\Sigma}\boldsymbol{V}(t)}}\tag{10.7}$$

其中

$$\boldsymbol{\xi}(t)=[\xi_1(t),\xi_2(t),\cdots,\xi_p(t)]$$

$$h_i(\boldsymbol{\xi}(t))=\frac{\omega_i(\boldsymbol{\xi}(t))}{\sum_{i=1}^{q}\omega_i(\boldsymbol{\xi}(t))}$$

$$\omega_i(\boldsymbol{\xi}(t))=\prod_{j=1}^{p}u_{ij}(\xi_j(t))$$

其中，$u_{ij}(\xi_j(t))$ 是 $\xi_j(t)$ 相对于模糊集 u_{ij} 的隶属函数，$\omega_i(\boldsymbol{\xi}(t))$ 满足下面的条件。

$$\omega_i(\boldsymbol{\xi}(t))\geqslant 0,\ \sum_{i=1}^{q}\omega_i(\boldsymbol{\xi}(t))>0\ (i=1,2,\cdots,q)$$

此外

$$h_i(\boldsymbol{\xi}(t))\geqslant 0,\ \sum_{i=1}^{q}h_i(\boldsymbol{\xi}(t))=1\ (i=1,2,\cdots,q)$$

以下是两个假设。

假设 10.1　系统是正定的，如果

$$\det(s\boldsymbol{E}-\sum_{i=1}^{q}h_i(\boldsymbol{\xi}(t))\boldsymbol{A}_i)\neq 0\ (\forall t\geqslant 0;\ i=1,2,\cdots,q)\tag{10.8}$$

假设 10.2　系统无脉冲，如果

$$\mathrm{rank}(\boldsymbol{E})=\deg(\det(s\boldsymbol{E}-\sum_{i=1}^{q}h_i(\boldsymbol{\xi}(t))\boldsymbol{A}_i))\ (\forall t\geqslant 0;\ i=1,2,\cdots,q)\tag{10.9}$$

存在具有满足以上两种假设的非线性矩阵 $\boldsymbol{Q}_i$ 和 $\boldsymbol{P}_i$ 使下面的等式成立。

$$\boldsymbol{Q}_i\boldsymbol{E}\boldsymbol{P}_i=\begin{bmatrix}\boldsymbol{I}_q & \boldsymbol{0}\\ \boldsymbol{0} & \boldsymbol{0}\end{bmatrix},\ \boldsymbol{Q}_i\boldsymbol{A}_i\boldsymbol{P}_i=\begin{bmatrix}\boldsymbol{A}_{i1} & \boldsymbol{0}\\ \boldsymbol{0} & \boldsymbol{I}_{n-q}\end{bmatrix} \tag{10.10}$$

其中，$\boldsymbol{Q}_i,\boldsymbol{P}_i\in\mathbf{R}^{n\times n}$；$\boldsymbol{A}_{i1}\in\mathbf{R}^{q\times q}$；$\boldsymbol{I}_i$ 是 i 阶的单位阵。

利用如下状态坐标变换。

$$\boldsymbol{x}(t)=\boldsymbol{P}_i\begin{pmatrix}\boldsymbol{x}_1(t)\\ \boldsymbol{x}_2(t)\end{pmatrix} \tag{10.11}$$

其中，$\boldsymbol{x}_1(t)\in\mathbf{R}^{q\times l}$，$\boldsymbol{x}_2(t)\in\mathbf{R}^{(n-q)\times l}$，将式（10.10）和式（10.11）代入式（10.6）和式（10.7）可得变换后的系统

$$\dot{\boldsymbol{x}}_1(t)=\sum_{i=1}^{q}h_i(\xi(t))[\boldsymbol{A}_{i1}\boldsymbol{x}_1(t)+\boldsymbol{B}_{i1}\boldsymbol{u}(t)+\boldsymbol{H}_{i1}\boldsymbol{f}(t)]$$

$$\boldsymbol{x}_2(t)=\sum_{i=1}^{q}h_i(\xi(t))[-\boldsymbol{B}_{i2}\boldsymbol{u}(t)-\boldsymbol{H}_{i2}\boldsymbol{f}(t)]$$

$$\boldsymbol{V}(t)=\sum_{i=1}^{q}h_i(\boldsymbol{\xi}(t))[\boldsymbol{D}_{i1}\boldsymbol{x}_1(t)+\boldsymbol{D}_{i2}\boldsymbol{x}_2(t)]$$

$$\sqrt{\gamma(y,\boldsymbol{u}(t))}=\frac{\boldsymbol{C}(y)\boldsymbol{V}(t)}{\sqrt{\boldsymbol{V}^{\mathrm{T}}\boldsymbol{\Sigma}\boldsymbol{V}(t)}}$$

其中，$\boldsymbol{B}_{i1},\boldsymbol{H}_{i1}\in\mathbf{R}^{q\times m}$；$\boldsymbol{B}_{i2},\boldsymbol{H}_{i2}\in\mathbf{R}^{(n-q)\times m}$；$\boldsymbol{D}_{i1}\in\mathbf{R}^{n\times q}$；$\boldsymbol{D}_{i2}\in\mathbf{R}^{n\times(n-q)}$，可以确定如下。

$$\boldsymbol{Q}_i\boldsymbol{B}_i=\begin{bmatrix}\boldsymbol{B}_{i1}\\ \boldsymbol{B}_{i2}\end{bmatrix},\ \boldsymbol{Q}_i\boldsymbol{H}_i=\begin{bmatrix}\boldsymbol{H}_{i1}\\ \boldsymbol{H}_{i2}\end{bmatrix},\ \boldsymbol{D}_i\boldsymbol{P}_i=\begin{bmatrix}\boldsymbol{D}_{i1} & \boldsymbol{D}_{i2}\end{bmatrix}$$

10.3 故障诊断

故障诊断的目的是估计故障的大小，构造一个如下的模糊故障诊断观测器。

规则 i：如果 $\xi_1(t)$ 是 u_{i1}，…，并且 $\xi_p(t)$ 是 u_{ip}，由此可得

$$
\begin{aligned}
&\dot{\hat{\boldsymbol{x}}}_1(t)=\boldsymbol{A}_{i1}\hat{\boldsymbol{x}}_1(t)+\boldsymbol{B}_{i1}\boldsymbol{u}(t)+\boldsymbol{H}_{i1}\hat{\boldsymbol{f}}(t)+\boldsymbol{L}_i\varepsilon(t)\\
&\hat{\boldsymbol{x}}_2(t)=-\boldsymbol{B}_{i2}\boldsymbol{u}(t)-\boldsymbol{H}_{i2}\hat{\boldsymbol{f}}(t)\\
&\hat{\boldsymbol{V}}(t)=\boldsymbol{D}_{i1}\hat{\boldsymbol{x}}_1(t)+\boldsymbol{D}_{i2}\hat{\boldsymbol{x}}_2(t)\\
&\dot{\hat{\boldsymbol{f}}}(t)=r_i\varepsilon(t)\\
&\sqrt{\hat{\gamma}(y,\boldsymbol{u}(t))}=\frac{\boldsymbol{C}(y)\hat{\boldsymbol{V}}(t)}{\sqrt{\hat{\boldsymbol{V}}^{\mathrm{T}}(t)\Sigma\hat{\boldsymbol{V}}(t)}}
\end{aligned}
\tag{10.12}
$$

其中，$\hat{\boldsymbol{x}}(t)$ 是系统的估计状态；$\hat{\boldsymbol{f}}(t)$ 是 $\boldsymbol{f}(t)$ 的估计状态；$\boldsymbol{L}_i$（$i=1,2,\cdots,q$）是观测器增益向量；r_i（$i=1,2,\cdots,q$）是学习算子；$\varepsilon(t)$ 是在时刻 t 的残差，并且可以进一步表示为

$$
\varepsilon(t)=\boldsymbol{x}_2(t)-\hat{\boldsymbol{x}}_2(t)
$$

将整体的观测器模型表示为

$$
\begin{aligned}
&\dot{\hat{\boldsymbol{x}}}_1(t)=\sum_{i=1}^{q}h_i(\boldsymbol{\xi}(t))[\boldsymbol{A}_{i1}\hat{\boldsymbol{x}}_1(t)+\boldsymbol{B}_{i1}\boldsymbol{u}(t)+\boldsymbol{H}_{i1}\hat{\boldsymbol{f}}(t)+\boldsymbol{L}_i\varepsilon(t)]\\
&\hat{\boldsymbol{x}}_2(t)=\sum_{i=1}^{q}h_i(\boldsymbol{\xi}(t))[-\boldsymbol{B}_{i2}\boldsymbol{u}(t)-\boldsymbol{H}_{i2}\hat{\boldsymbol{f}}(t)]\\
&\hat{\boldsymbol{V}}(t)=\sum_{i=1}^{q}h_i(\boldsymbol{\xi}(t))[\boldsymbol{D}_{i1}\hat{\boldsymbol{x}}_1(t)+\boldsymbol{D}_{i2}\hat{\boldsymbol{x}}_2(t)]\\
&\dot{\hat{\boldsymbol{f}}}(t)=\sum_{i=1}^{q}h_i(\boldsymbol{\xi}(t))r_i\varepsilon(t)
\end{aligned}
\tag{10.13}
$$

状态观测误差向量 $\boldsymbol{e}_{x1}(t)$ 和 $\boldsymbol{e}_{x2}(t)$ 可以表示为

$$
\begin{aligned}
&\boldsymbol{e}_{x1}(t)=\boldsymbol{x}_1(t)-\hat{\boldsymbol{x}}_1(t)\\
&\boldsymbol{e}_{x2}(t)=\boldsymbol{x}_2(t)-\hat{\boldsymbol{x}}_2(t)
\end{aligned}
\tag{10.14}
$$

故障的估计误差定义为

$$
\boldsymbol{e}_f(t)=\boldsymbol{f}(t)-\hat{\boldsymbol{f}}(t)
\tag{10.15}
$$

可以得到观测误差动态系统为

$$
\dot{\boldsymbol{e}}_{x1}(t)=\dot{\boldsymbol{x}}_1(t)-\dot{\hat{\boldsymbol{x}}}_1(t)=\sum_{i=1}^{q}h_i(\boldsymbol{\xi}(t))\sum_{j=1}^{q}h_j(\boldsymbol{\xi}(t))[\boldsymbol{A}_{i1}\boldsymbol{e}_{x1}+(\boldsymbol{H}_{i1}+\boldsymbol{L}_i\boldsymbol{H}_{j2})\boldsymbol{e}_f(t)]
\tag{10.16}
$$

故障估计误差系统可以表示为

$$\begin{aligned}\dot{\boldsymbol{e}}_f(t) &= \dot{\boldsymbol{f}}(t)-\dot{\hat{\boldsymbol{f}}}(t)=-\sum_{i=1}^{q}h_i(\xi(t))r_i\varepsilon(t)\\ &=\sum_{i=1}^{q}h_i(\xi(t))\sum_{j=1}^{q}h_j(\xi(t))r_i\boldsymbol{H}_{j2}\boldsymbol{e}_f(t)\end{aligned} \tag{10.17}$$

定理 10.1 模糊误差动态系统［见式（10.17）］是趋于稳定的，如果存在一个公共的奇异矩阵 $\boldsymbol{P}>0$，使下面的不等式成立。

$$\begin{bmatrix}\boldsymbol{A}_{i1}^{\mathrm{T}}\boldsymbol{P}+\boldsymbol{P}\boldsymbol{A}_{i1} & \boldsymbol{P}(\boldsymbol{H}_{i1}+\boldsymbol{L}_i\boldsymbol{H}_{j2})\\ * & 2r_i\boldsymbol{H}_{j2}\end{bmatrix}<0 \tag{10.18}$$

证明：为了证明该观测误差系统的稳定性，考虑如下的李雅普诺夫函数。

$$\Pi=\boldsymbol{e}_{x1}^{\mathrm{T}}(t)\boldsymbol{P}\boldsymbol{e}_{x1}(t)+\boldsymbol{e}_f^{\mathrm{T}}(t)\boldsymbol{e}_f(t) \tag{10.19}$$

上述李雅普诺夫函数的一阶导数如下。

$$\begin{aligned}\dot{\Pi}&=\dot{\boldsymbol{e}}_{x1}^{\mathrm{T}}(t)\boldsymbol{P}\boldsymbol{e}_{x1}(t)+\boldsymbol{e}_{x1}^{\mathrm{T}}(t)\boldsymbol{P}\dot{\boldsymbol{e}}_{x1}(t)+2\dot{\boldsymbol{e}}_f^{\mathrm{T}}(t)\boldsymbol{e}_f(t)\\ &=\sum_{i=1}^{q}h_i(\xi(t))\sum_{j=1}^{q}h_j(\xi(t))\{\boldsymbol{e}_{x1}^{\mathrm{T}}(t)\times(\boldsymbol{A}_{i1}^{\mathrm{T}}\boldsymbol{P}+\boldsymbol{P}\boldsymbol{A}_{i1})\boldsymbol{e}_{x1}(t)+\\ &\quad 2\boldsymbol{e}_{x1}^{\mathrm{T}}(t)\boldsymbol{P}(\boldsymbol{H}_{i1}+\boldsymbol{L}_i\boldsymbol{H}_{j2})\boldsymbol{e}_f(t)+2r_i\boldsymbol{H}_{j2}\boldsymbol{e}_f^{\mathrm{T}}(t)\boldsymbol{e}_f(t)\}\\ &=\sum_{i=1}^{q}h_i(\xi(t))\sum_{j=1}^{q}h_j(\xi(t))\{\boldsymbol{e}^{-\mathrm{T}}\boldsymbol{\phi}\overline{\boldsymbol{e}}(t)\}<0\end{aligned} \tag{10.20}$$

其中

$$\boldsymbol{\phi}=\begin{bmatrix}\boldsymbol{A}_{i1}^{\mathrm{T}}\boldsymbol{P}+\boldsymbol{P}\boldsymbol{A}_{i1} & \boldsymbol{P}(\boldsymbol{H}_{i1}+\boldsymbol{L}_i\boldsymbol{H}_{j2})\\ * & 2r_i\boldsymbol{H}_{j2}\end{bmatrix}$$

$$\overline{\boldsymbol{e}}(t)=\begin{bmatrix}\boldsymbol{e}_{x1}{}^{\mathrm{T}}(t) & \boldsymbol{e}_f^{\mathrm{T}}(t)\end{bmatrix}$$

至此，证明已经完成，可以得到误差动态系统［见式（10.17）］是趋于稳定的。

10.4 容错控制

设计的最小有理熵容错控制器，其目标是在目标概率密度函数未知的情况下，根据估计的故障信息，对故障造成的性能损失进行补偿。特别地，这个故障位置均值表示空间中随机分布的位置，因此，考虑固定位置随机变量的不确定性比单纯考虑不确定性更合理。为了减少在均值约束下的输出随机性，选择瞬时性能指标如下。

$$J(\boldsymbol{V}(t),\boldsymbol{u}(t)) = -\int_a^b \gamma(y,\boldsymbol{u}(t))\ln\frac{\gamma(y,\boldsymbol{u}(t))}{1+\gamma(y,\boldsymbol{u}(t))}\mathrm{d}y + (\boldsymbol{u}-\boldsymbol{u}_g)^2 + \boldsymbol{u}^{\mathrm{T}}(t)\boldsymbol{R}\boldsymbol{u}(t) \tag{10.21}$$

在式（10.21）中，第一项是输出变量的有理熵；第二项是输出变量的均值 $\boldsymbol{u}$ 和它的目标值 $\boldsymbol{u}_g$ 之间的误差，其中 $\boldsymbol{u}=\int_a^b y\gamma(y,\boldsymbol{u}(t))\mathrm{d}y$；第三项是控制输入的自然二次输入，其中 $\boldsymbol{R}=\boldsymbol{R}^{\mathrm{T}}>0$ 是预先指定的矩阵。基于性能指标式（10.21），可以表示为

$$\frac{\mathrm{d}J(t)}{\mathrm{d}t} = \frac{\mathrm{d}J_1(t)}{\mathrm{d}t} + \frac{\mathrm{d}J_2(t)}{\mathrm{d}t} + \boldsymbol{u}^{\mathrm{T}}(t)\boldsymbol{R}\dot{\boldsymbol{u}}(t) \tag{10.22}$$

然后有

$$\begin{aligned} &\gamma(y,\boldsymbol{u}(t)) = \frac{(\boldsymbol{C}(y)\boldsymbol{V}(t))^{\mathrm{T}}(\boldsymbol{C}(y)\boldsymbol{V}(t))}{\boldsymbol{V}^{\mathrm{T}}(t)\boldsymbol{\Sigma}\boldsymbol{V}(t)} \\ &\boldsymbol{N} = \frac{\partial\gamma(y,\boldsymbol{u}(t))}{\partial\boldsymbol{V}(t)} = \frac{2(\boldsymbol{C}(y)\boldsymbol{V}(t))^{\mathrm{T}}(\boldsymbol{C}(y)(\boldsymbol{V}^{\mathrm{T}}(t)\boldsymbol{\Sigma}\boldsymbol{V}(t)) - (\boldsymbol{C}(y)\boldsymbol{V}(t))(\boldsymbol{V}^{\mathrm{T}}(t)\boldsymbol{\Sigma}))}{(\boldsymbol{V}^{\mathrm{T}}(t)\boldsymbol{\Sigma}\boldsymbol{V}(t))^2} \end{aligned} \tag{10.23}$$

对 $J_1(t)$ 和 $J_2(t)$ 求偏导数，结果有

$$\begin{aligned} \frac{\mathrm{d}J_1(t)}{\mathrm{d}t} &= -\int_a^b \left(\frac{\partial\gamma(y,\boldsymbol{u}(t))}{\partial\boldsymbol{V}(t)}\frac{\mathrm{d}\boldsymbol{V}(t)}{\mathrm{d}t}\ln\frac{\gamma(y,\boldsymbol{u}(t))}{1+\gamma(y,\boldsymbol{u}(t))} + \frac{1}{1+\gamma(y,\boldsymbol{u}(\mathrm{t}))}\frac{\partial\gamma(y,\boldsymbol{u}(t))}{\partial\boldsymbol{V}(t)}\frac{\mathrm{d}\boldsymbol{V}(t)}{\mathrm{d}t}\right)\mathrm{d}y \\ &= -\int_a^b \left(\frac{\gamma(y,\boldsymbol{u}(t))}{1+\gamma(y,\boldsymbol{u}(t))} + \frac{1}{1+\gamma(y,\boldsymbol{u}(t))}\right)\boldsymbol{N}\mathrm{d}y\frac{\mathrm{d}\boldsymbol{V}(t)}{\mathrm{d}t} \\ \frac{\mathrm{d}J_2(t)}{\mathrm{d}t} &= 2(\boldsymbol{u}-\boldsymbol{u}_g)\int_a^b y\boldsymbol{N}\mathrm{d}y\frac{\mathrm{d}\boldsymbol{V}(t)}{\mathrm{d}t} \end{aligned} \tag{10.24}$$

由式（10.12）、式（10.22）～式（10.24）可以得到

$$\frac{\mathrm{d}\boldsymbol{V}(t)}{\mathrm{d}t} = \sum_{i=1}^{q}h_i(\xi(t))\sum_{j=1}^{q}h_j(\xi(t))\boldsymbol{D}_{i1}[\boldsymbol{A}_{j1}\boldsymbol{x}_1(t) + \boldsymbol{B}_{j1}\boldsymbol{u}(t) + \boldsymbol{H}_{j1}\boldsymbol{f}(t)] \tag{10.25}$$

$$\begin{aligned} \frac{\mathrm{d}J(t)}{\mathrm{d}t} = &-\int_a^b \left(\ln\frac{\gamma(y,\boldsymbol{u}(t))}{1+\gamma(y,\boldsymbol{u}(t))} + \frac{1}{1+\gamma(y,\boldsymbol{u}(t))}\right)\boldsymbol{N}\mathrm{d}y\frac{\mathrm{d}\boldsymbol{V}(t)}{\mathrm{d}t} + \\ &2(\boldsymbol{u}-\boldsymbol{u}_g)\int_a^b y\boldsymbol{N}\mathrm{d}y\frac{\mathrm{d}\boldsymbol{V}(t)}{\mathrm{d}t} + \boldsymbol{u}^{\mathrm{T}}(t)\boldsymbol{R}\dot{\boldsymbol{u}}(t) \end{aligned} \tag{10.26}$$

最小有理熵性能指标具有非负性，符合李雅普诺夫的基本性质[16]。因此，最小的有理熵性能指标 $J(\boldsymbol{V}(t),\boldsymbol{u}(t))$ 可以作为李雅普诺夫函数，然后根据李雅普诺夫函数稳定性准则设计相应的控制器。闭环系统的稳定性可以通过 $\frac{\mathrm{d}J}{\mathrm{d}t}=0$ 证明。为了最小化性能指标，保证闭环系统的稳定性，控制器可以构造为

$$\begin{aligned}\boldsymbol{u}^{\mathrm{T}}(t)\boldsymbol{R}\dot{\boldsymbol{u}}(t) &= -\lambda\left|\boldsymbol{u}-\boldsymbol{u}_g\right| - 2(\boldsymbol{u}-\boldsymbol{u}_g)\int_a^b y\boldsymbol{N}\mathrm{d}y\frac{\mathrm{d}\boldsymbol{V}(t)}{\mathrm{d}t} + \\ &\int_a^b\left(\ln\frac{\gamma(y,\boldsymbol{u}(t))}{1+\gamma(y,\boldsymbol{u}(t))}+\frac{1}{1+\gamma(y,\boldsymbol{u}(t))}\right)\boldsymbol{N}\mathrm{d}y\frac{\mathrm{d}\boldsymbol{V}(t)}{\mathrm{d}t}\end{aligned} \tag{10.27}$$

其中，$\lambda>0$，可以看出 $\frac{\mathrm{d}J}{\mathrm{d}t}=-\lambda\left|\boldsymbol{u}-\boldsymbol{u}_g\right|<0$，因此可以保证闭环系统的稳定性。

当没有故障发生时，可以得到如下的最小熵控制器。

$$\begin{aligned}\dot{\boldsymbol{u}}(t) &= (\boldsymbol{u}^{\mathrm{T}}(t)\boldsymbol{R})^{-1}\Bigg(-\lambda\left|\boldsymbol{u}-\boldsymbol{u}_g\right| - 2(\boldsymbol{u}-\boldsymbol{u}_g)\int_a^b y\boldsymbol{N}\mathrm{d}y\frac{\mathrm{d}\boldsymbol{V}(t)}{\mathrm{d}t} + \\ &\quad\int_a^b\left(\ln\frac{\gamma(y,\boldsymbol{u}(t))}{1+\gamma(y,\boldsymbol{u}(t))}+\frac{1}{1+\gamma(y,\boldsymbol{u}(t))}\right)\boldsymbol{N}\mathrm{d}y\frac{\mathrm{d}\boldsymbol{V}(t)}{\mathrm{d}t}\Bigg) \\ &= (\boldsymbol{u}^{\mathrm{T}}(t)\boldsymbol{R})^{-1}(-\lambda\left|\boldsymbol{u}-\boldsymbol{u}_g\right| - 2\left(\boldsymbol{u}-\boldsymbol{u}_g\right)\int_a^b y\boldsymbol{N}\mathrm{d}y - \\ &\quad\int_a^b\left(\ln\frac{\gamma(y,\boldsymbol{u}(t))}{1+\gamma(y,\boldsymbol{u}(t))}+\frac{1}{1+\gamma(y,\boldsymbol{u}(t))}\right)\boldsymbol{N}\mathrm{d}y) \\ &\quad\sum_{i=1}^q h_i(\boldsymbol{\xi}(t))\sum_{i=1}^q h_j(\boldsymbol{\xi}(t))\boldsymbol{D}_{i1}[\boldsymbol{A}_{j1}\boldsymbol{x}_1(t)+\boldsymbol{B}_{j1}\boldsymbol{u}(t)])\end{aligned} \tag{10.28}$$

当故障发生时，可以得到如下的最小熵控制器。

$$\begin{aligned}\dot{\boldsymbol{u}}(t) &= (\boldsymbol{u}^{\mathrm{T}}(t)\boldsymbol{R}^{-1})\Bigg[-\lambda\left|\boldsymbol{u}-\boldsymbol{u}_{\mathrm{g}}\right| - 2(\boldsymbol{u}-\boldsymbol{u}_{\mathrm{g}})\int_a^b y\boldsymbol{N}\mathrm{d}y\frac{\mathrm{d}\boldsymbol{V}(t)}{\mathrm{d}t} + \\ &\quad\int_a^b\left(\ln\frac{\hat{\gamma}(y,\boldsymbol{u}(t))}{1+\gamma(y,\boldsymbol{u}(t))}+\frac{1}{1+\hat{\gamma}(y,\boldsymbol{u}(t))}\right)\boldsymbol{N}\mathrm{d}y\frac{\mathrm{d}\boldsymbol{V}(t)}{\mathrm{d}t}\Bigg] \\ &= \left(\boldsymbol{u}^{T}(t)\boldsymbol{R}\right)^{-1}\Bigg[-\lambda\left|\boldsymbol{u}-\boldsymbol{u}_{\mathrm{g}}\right| - 2(\boldsymbol{u}-\boldsymbol{u}_{\mathrm{g}})\int_a^b y\boldsymbol{N}\mathrm{d}y - \\ &\quad\int_a^b\left(\ln\frac{\hat{\gamma}(y,\boldsymbol{u}(t))}{1+\hat{\gamma}(y,\boldsymbol{u}(t))}+\frac{1}{1+\hat{\gamma}(y,\boldsymbol{u}(t))}\right)\boldsymbol{N}\mathrm{d}y\Bigg] \\ &\quad\sum_{i=1}^q h_i(\boldsymbol{\xi}(t))\sum_{j=1}^q h_j(\boldsymbol{\xi}(t))\boldsymbol{D}_{i1}[\boldsymbol{A}_{j1}\hat{\boldsymbol{x}}_1(t)+\boldsymbol{B}_{j1}\boldsymbol{u}(t)+\boldsymbol{H}_{j1}\hat{\boldsymbol{f}}(t)]\end{aligned} \tag{10.29}$$

10.5　仿真实例

下面用两个例子说明本章的主要结果。

例 10.1　本章研究了随机分布控制系统的模糊逻辑模型的逼近输出概率密度函数，并且考虑指数隶属函数 $\mu_{F^l}(y)$， $y\in[1,7]$ 如下。

$$\mu_{F^l}(y)=\exp\left[-\frac{1}{2}(y-\overline{y}^l)^2\right](l=1,2,3;\ \overline{y}^l=1,4,7) \tag{10.30}$$

模糊逻辑基函数 $\theta_l(y)$ 可以被描述如下，基函数的曲线如图 10.1 所示。

$$\theta_1(y)=\exp\left(-\frac{1}{2}\left(y-\overline{y}^l\right)^2\right)\Big/\sum_{i=1}^{3}\left(-\frac{1}{2}\left(y-\overline{y}^l\right)^2\right) \tag{10.31}$$

考虑以 T-S 模糊模型为特征的非线性奇异随机分布控制系统，即

$$\begin{aligned}\boldsymbol{E}\dot{\boldsymbol{x}}(t)&=\sum_{i=1}^{q}h_i(\xi(t))[\boldsymbol{A}_i\boldsymbol{x}(t)+\boldsymbol{B}_i\boldsymbol{u}(t)+\boldsymbol{H}_i\boldsymbol{f}(t)]\\ \boldsymbol{V}(t)&=\sum_{i=1}^{q}h_i(\boldsymbol{\xi}(t))\boldsymbol{D}_i\boldsymbol{x}(t)\end{aligned} \tag{10.32}$$

$$\boldsymbol{E}=\begin{bmatrix}1&0&0\\0&0&1\\0&0&1\end{bmatrix},\boldsymbol{A}_1=\begin{bmatrix}-3.5&0&-0.15\\-1.5&-1.5&-1.6\\-1&1&-1.6\end{bmatrix},\ \boldsymbol{A}_2=\begin{bmatrix}-3&0&-3\\0.25&0.7071&-1\\0.25&-0.7071&-1\end{bmatrix}$$

$$\boldsymbol{B}_1=\begin{bmatrix}-0.3\\-2\\0\end{bmatrix},\ \boldsymbol{B}_2=\begin{bmatrix}-1\\-0.0799\\-0.0701\end{bmatrix},\ \boldsymbol{H}_1=\begin{bmatrix}1\\1.6\\0.4\end{bmatrix},\ \boldsymbol{H}_2=\begin{bmatrix}0.2\\0.5375\\-0.3175\end{bmatrix}$$

$$\boldsymbol{D}_1=\begin{bmatrix}0.01&0.1&-0.1\\0&0.6&-1\\-1&0.01&0\end{bmatrix},\ \boldsymbol{D}_2=\begin{bmatrix}0.5&-0.3&-0.7\\0.7&-0.8&0.5\\0.5067&-0.1&0.2891\end{bmatrix}$$

给出这两个隶属函数：

$$h_1=\frac{1}{1+\mathrm{e}^{-2\hat{x}_3}},\ h_2=1-h_1$$

选取的非奇异矩阵 $\boldsymbol{Q}_i$、$\boldsymbol{P}_i$（$i=1,2$）如下。

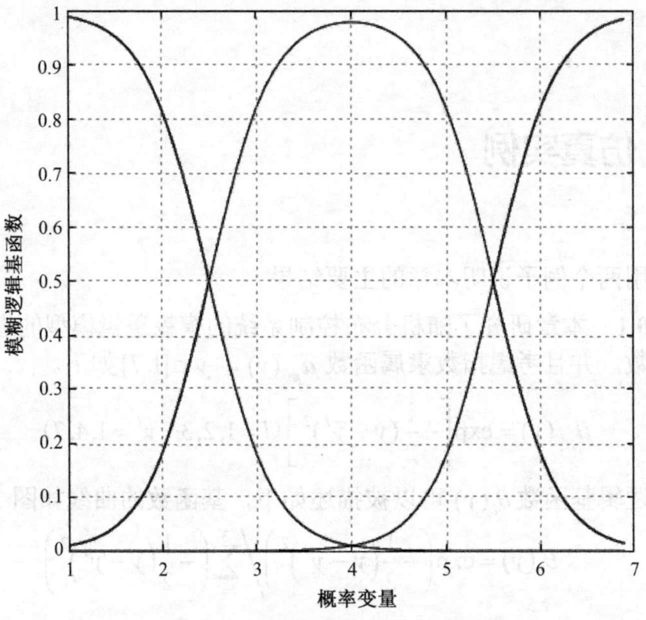

图 10.1　选择的模糊逻辑基函数

$$\boldsymbol{Q}_1=\begin{bmatrix}0&1&1\\1&0&0\\0&-1&0\end{bmatrix},\ \boldsymbol{P}_1=\begin{bmatrix}0&1&0\\0&0&1\\0.5&0&0\end{bmatrix}$$

$$\boldsymbol{Q}_2=\begin{bmatrix}0&0.5&0.5\\1&0&0\\0&-0.7071&0.7071\end{bmatrix},\ \boldsymbol{P}_2=\begin{bmatrix}0&1&0\\0&0&-1\\1&0&0\end{bmatrix}$$

为了验证该算法，假设故障构造为

$$\boldsymbol{f}(t)=\begin{cases}0\\1\\0.05t\\2.5-\mathrm{e}^{-0.35(t-30)}\end{cases} \tag{10.33}$$

可以得到如下的矩阵和向量。

$$\boldsymbol{L}_1=\begin{bmatrix}-0.3036\\-0.1448\end{bmatrix},\ \boldsymbol{L}_2=\begin{bmatrix}-0.1106\\-0.1028\end{bmatrix},\ \boldsymbol{P}=\begin{bmatrix}1.9990&-0.3229\\-0.3229&1.5083\end{bmatrix}$$

$$\boldsymbol{r}_1=5.81,\ \boldsymbol{r}_2=4.35$$

故障诊断结果如图 10.2 所示，这说明在故障发生后，通过故障诊断观测器不仅可以很好地估计出常值故障，而且可以很好地估计出时变故障。由此可见，上述的故障诊断算法是有效的。图 10.3 为在无故障时系统输出的概率密度函数 3D 图像，图 10.4 为在无故障时熵的响应。整个容错控制过程的输出概率密度函数三维网格如图 10.5 所示。从图 10.5 可以看出，最小有理熵容错控制器可以使故障后的概率密度函数保持原来的形状。图 10.6 给出

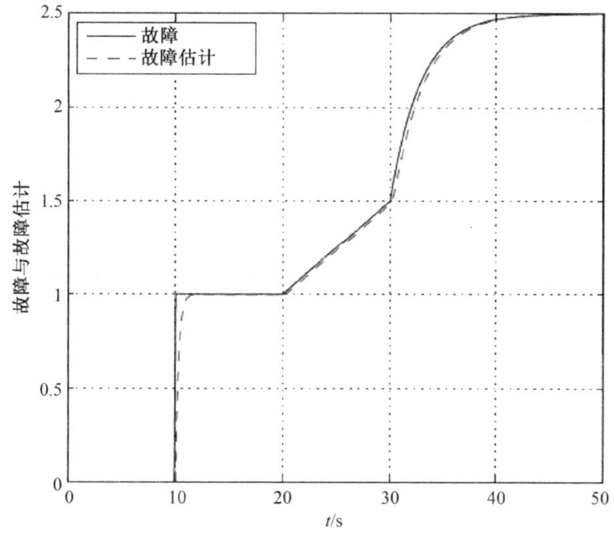

图 10.2　故障诊断结果

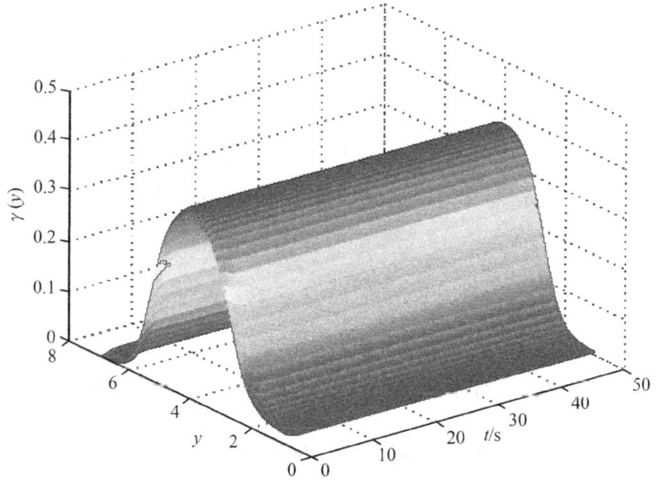

图 10.3　在无故障时系统输出的概率密度函数 3D 图像

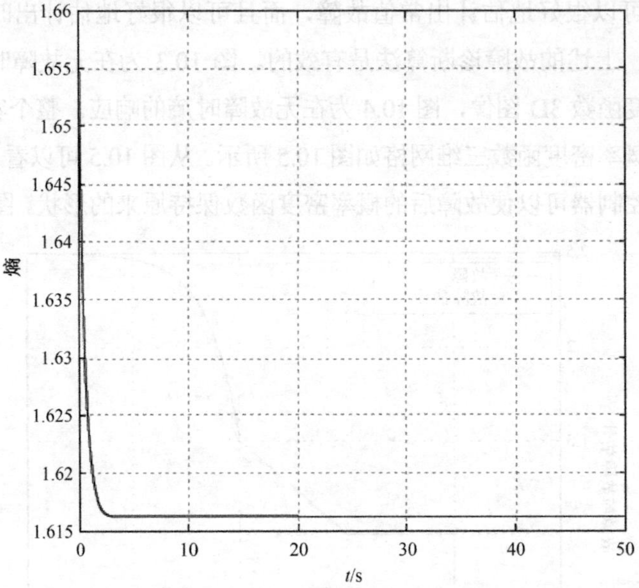

图 10.4 当无故障时熵的响应

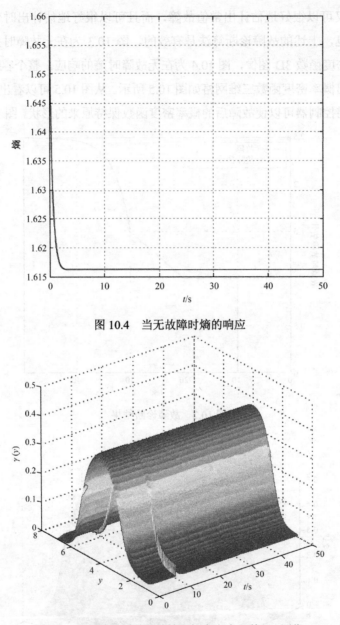

图 10.5 容错控制过程的输出概率密度函数 3D 图像

在容错控制下熵的响应曲线，图 10.7 给出在容错控制下均值的响应曲线。从图 10.6 可以看出，在故障发生后熵仍然可以被最小化，但性能会有所下降。另外，峰度表示在平均值处的概率密度分布曲线的峰值特征数，并且可以用作参数非高斯的度量，在容错控制下峰度的响应曲线如图 10.8 所示。

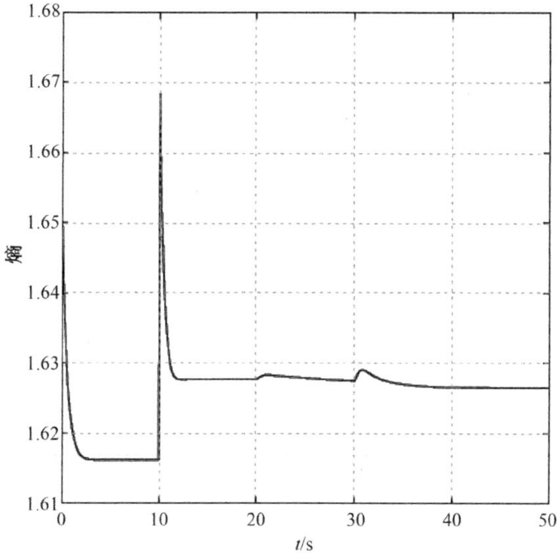

图 10.6　在容错控制下熵的响应曲线

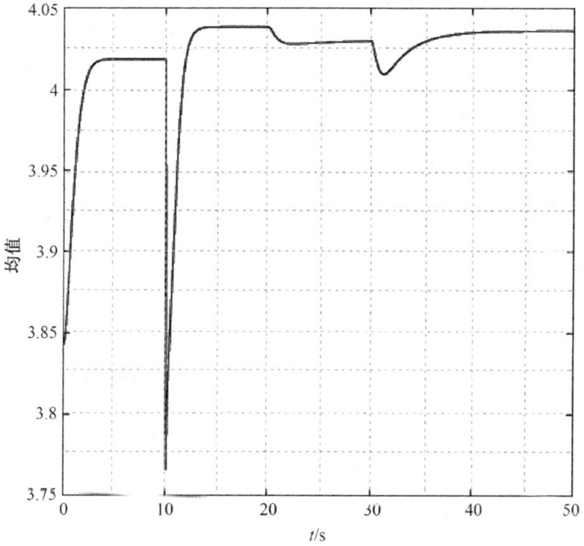

图 10.7　在容错控制下均值的响应曲线

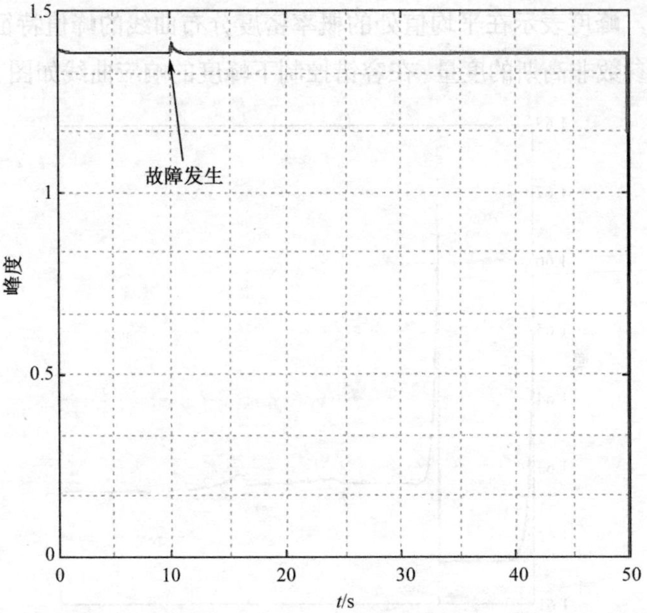

图 10.8　在容错控制下峰度的响应曲线

例 10.2　所考虑的二阶非线性系统的动力学模型描述如下。

$$\begin{bmatrix}1 & 0\\0 & 0\end{bmatrix}\begin{bmatrix}\dot{x}_1\\\dot{x}_2\end{bmatrix}=\begin{bmatrix}-4.76 & -1.8\\5.2 & -2.5\end{bmatrix}\begin{bmatrix}x_1(t)\\x_2(t)\end{bmatrix}-\begin{bmatrix}0 & 0.5\\0 & 0\end{bmatrix}\begin{bmatrix}x_1(t)\\\sin x_1(t)x_2(t)\end{bmatrix}+\begin{bmatrix}-5.3 & 0.5\\-2.3 & 0.8\end{bmatrix}\begin{bmatrix}u_1(t)\\u_2(t)\end{bmatrix}+\begin{bmatrix}0.51\\1.5\end{bmatrix}\boldsymbol{f}(t) \tag{10.34}$$

其中，非线性项 $\sin x_1(t)$ 可以精确地表示为 $\sin x_1(t)=h_1\cdot(-1)+h_2\cdot 1$，模糊隶属函数可以描述为

$$h_1=\frac{1-\sin\hat{x}_1(t)}{2},\ h_2=\frac{1+\sin\hat{x}_1(t)}{2} \tag{10.35}$$

式（10.35）可以被描述成式（10.6），其中系统参数矩阵为

$$\boldsymbol{E}=\begin{bmatrix}1 & 0\\0 & 0\end{bmatrix},\ \boldsymbol{A}_1=\begin{bmatrix}-4.76 & -1.3\\5.2 & -2.5\end{bmatrix},\ \boldsymbol{A}_2=\begin{bmatrix}-4.76 & -2.3\\5.2 & -2.5\end{bmatrix},\ \boldsymbol{B}_1=\begin{bmatrix}-5.3 & 0.5\\-2.3 & 0.8\end{bmatrix}$$

$$\boldsymbol{B}_2=\begin{bmatrix}-5.3 & 0.5\\-2.3 & 0.8\end{bmatrix},\ \boldsymbol{H}_1=\begin{bmatrix}0.51\\1.5\end{bmatrix},\ \boldsymbol{H}_2=\begin{bmatrix}0.51\\1.5\end{bmatrix}$$

$$D_1=\begin{bmatrix}-0.78 & -0.5\\ 4.4 & 4.8\\ -0.5 & -0.67\end{bmatrix},\ D_2=\begin{bmatrix}-0.78 & -0.5\\ 4.4 & 4.8\\ -0.5 & -0.67\end{bmatrix}$$

选取的非奇异矩阵 $\boldsymbol{Q}_i$ 和 $\boldsymbol{P}_i$ 为

$$Q_1=\begin{bmatrix}2.4570 & -1.2777\\ 0 & -0.4\end{bmatrix},\ P_1=\begin{bmatrix}0.4808 & 0\\ 1 & 1\end{bmatrix}$$

$$Q_2=\begin{bmatrix}2.0792 & -1.9129\\ 0 & -0.4\end{bmatrix},\ P_2=\begin{bmatrix}0.4808 & 0\\ 1 & 1\end{bmatrix}$$

考虑指数型隶属函数 $\mu_{F^l}(y)$， $y\in[0,5]$，有

$$\mu_{F^l}(y)=\exp(-\frac{1}{2}(y-\overline{y}^l)^2)\ (l=1,2,3;\ \overline{y}^l=0,2.5,5) \tag{10.36}$$

这个模糊逻辑基函数 $\theta_l(y)$ 可以描述为式（10.31），图 10.9 给出了模糊逻辑基函数的曲线。图 10.10 给出了故障 $\boldsymbol{f}(t)$ 和它的估计值 $\hat{\boldsymbol{f}}(t)$ 的响应曲线，图 10.11 显示了在无故障时的输出概率密度函数 3D 图像，图 10.12 显示了在无故障时输出熵的结果，图 10.13 显示了在有故障发生时在容错控制下的输出概率密度函数 3D 图像。

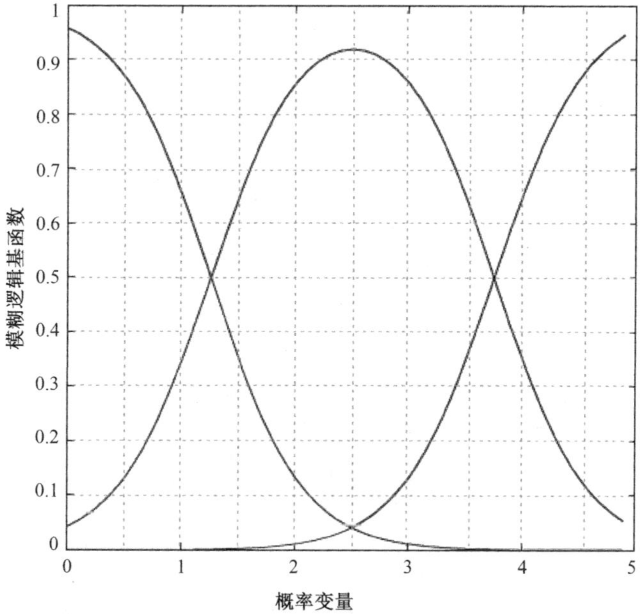

图 10.9　选择的模糊逻辑基函数

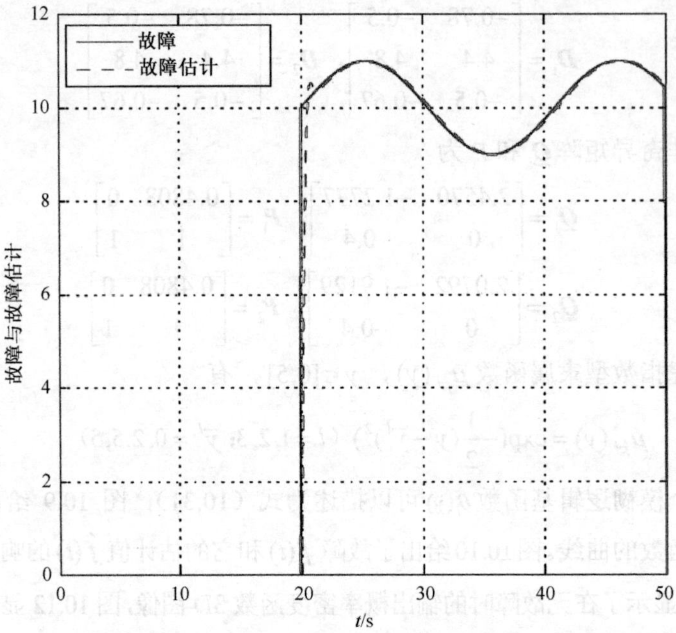

图 10.10 故障诊断结果

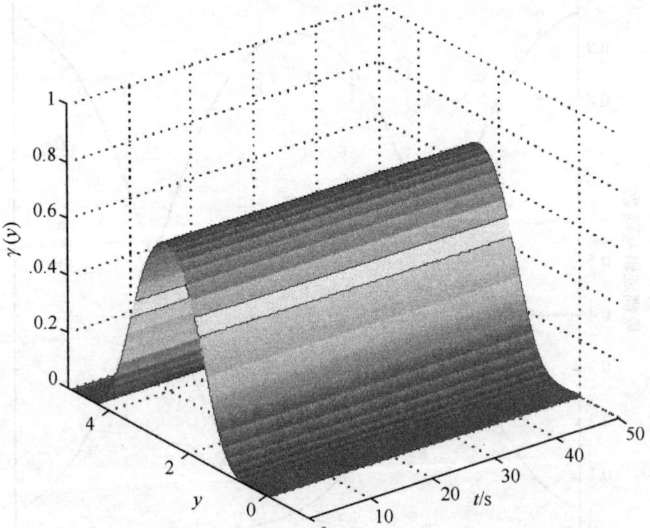

图 10.11 在无故障时输出的概率密度函数 3D 图像

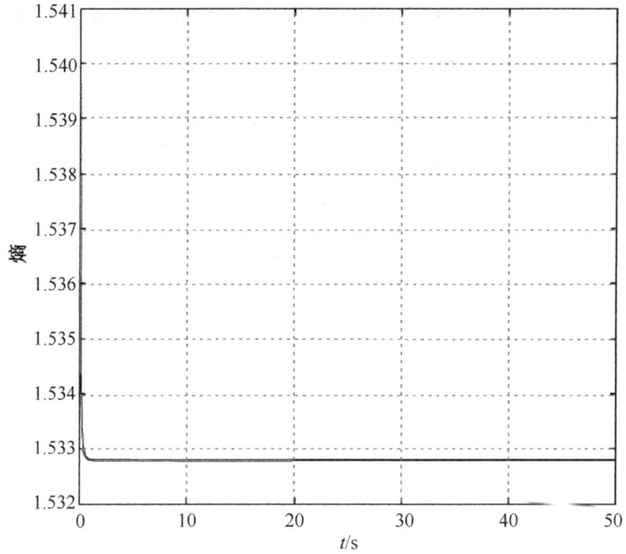

图 10.12　当无故障时熵的响应曲线

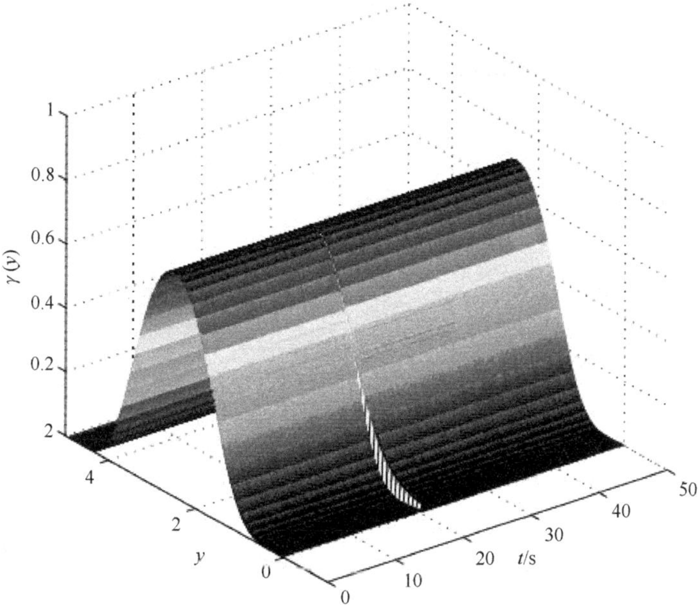

图 10.13　在容错控制下的输出概率密度函数 3D 图像

从图 10.13 可以看出，具有最小有理熵容错控制的概率密度函数在发生故障后仍保持原有形状，容错控制效果良好。图 10.14 和图 10.15 显示了在容错控制下熵和均值的响应曲线。在容错控制下峰度的响应曲线如图 10.16 所示，由此可见本章提出的容错控制算法能够有效抑制故障对峰度的影响。

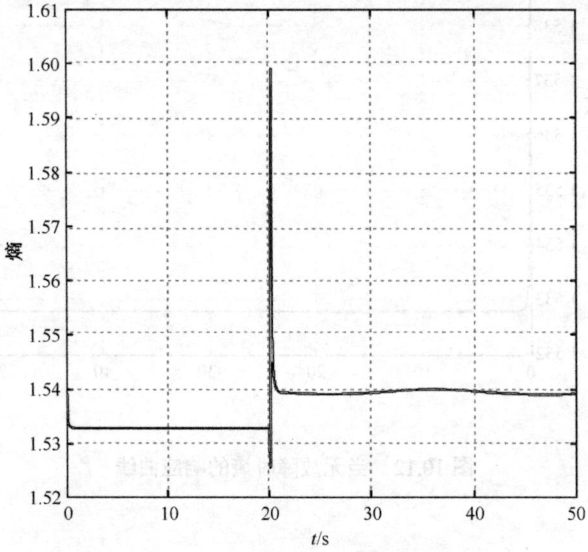

图 10.14　在容错控制下熵的响应曲线

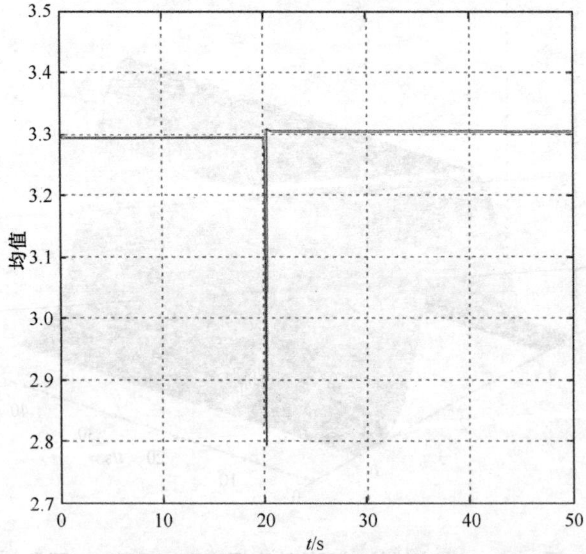

图 10.15　在容错控制下均值的响应曲线

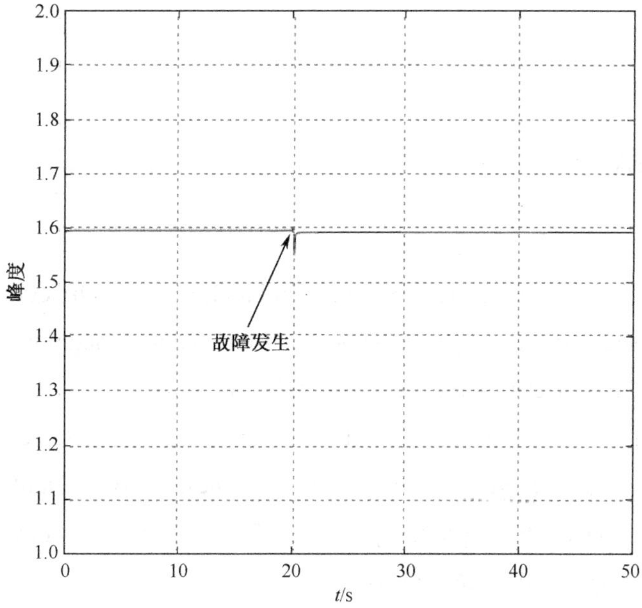

图 10.16　在容错控制下峰度的响应曲线

10.6　结论

本章首先利用有理平方根模糊逻辑模型对输出的概率密度函数进行逼近，以提供更准确的近似性能；构造了故障诊断观测器来估计故障的大小；给出了一种新的容错控制算法，利用估计的故障信息，通过在最小化均值约束下的有理熵的性能指标来重构控制器；重构后的控制器可以使故障发生后的奇异随机分布控制系统的输出仍具有最小的不确定性。仿真结果验证了理论算法的有效性。

参考文献

[1] Zhu J Y, Gui W H, Yang C H, et al. Probability density function of bubble size based reagent dosage predictive control for copper roughing flotation [J]. Control Engineering Practice, 2014, 29(8): 1-12.

[2] Zhou J L, Yue H, Zhang J F, et al. Iterative learning double closed-loop structure for modeling and controller design of output stochastic distribution control systems [J]. IEEE Transactions on Control Systems Technology, 2014, 22(6): 2261-2276.

[3] Wang H. Bounded dynamic stochastic systems: Modeling and control [M]. London: Springer-Verlag, 2000.

[4] Li F B, Du C L, Yang C H, et al. Passivity based asynchronous sliding mode control for delayed singular Markovian jump systems [J]. IEEE Transactions on Automatic Control, 2018, 63(8): 2715-2721.

[5] Hu Z H, Han Z Z, Tian Z H. Fault detection and diagnosis for singular stochastic systems via B-spline expansions [J]. ISA Transactions, 2009, 48(4): 519-524.

[6] Li T, Li G, Zhao Q. Adaptive fault-tolerant stochastic shape control with application to particle distribution control [J]. IEEE Transactions on Systems Man, and Cybernetics: Systems, 2015, 45(12): 1592-1604.

[7] Li G, Zhao Q. Adaptive fault-tolerant shape control for nonlinear Lipschitz stochastic distribution systems [J]. Journal of Franklin Institute, 2017, 354(1): 4013-4033.

[8] Yao L N, Li L F, Lei C H. Fault tolerant control for a class of nonlinear non-Gaussian singular stochastic distribution systems [J]. International Journal of Modelling, Identification and Control, 2017, 27(2): 104-113.

[9] Yi Y, Zhang W X, Sun C Y, et al. DOB fuzzy controller design for non-Gaussian stochastic distribution systems using two-step fuzzy identification [J]. IEEE Transactions on Fuzzy Systems, 2016, 24(2): 401-418.

[10] Han C S, Zhang G J, Wu L G, et al. Sliding mode control of T-S fuzzy descriptor systems with time-delay [J]. Journal of the Franklin Institute, 2012, 349(4): 1430-1444.

[11] Liu P W, Yang T, Yang C E. Robust observer-based output feedback control for fuzzy descriptor systems [J]. Expert Systems with Applications, 2013, 40(11): 4503-4510.

[12] Wang B, Cheng J, Abdullah A B, et al. A mismatched membership function approach to sampleddata stabilization for T-S fuzzy systems with time-varying delayed signals [J]. Signal Processing, 2017, 140(1): 161-170.

[13] Su X J, Shi P, Wu L G, et al. Induced l(2) filtering of fuzzy stochastic systems with time-varying delays [J]. IEEE Transactions on Cybernetics, 2013, 43(4): 1251-1264.

[14] Li Y H, Zhang Q, Luo X L. Robust L-1 dynamic output feedback control for a class of networked control systems based on T-S fuzzy mode [J]. Neurocomputing, 2016, 197(12): 86-94.

[15] Daniel W C H, Niu Y G. Robust fuzzy design for nonlinear uncertain stochastic systems via sliding mode control [J]. IEEE Transactions on Fuzzy Systems, 2007, 15(3): 350-358.

[16] Su X J, Wu L G, Shi P, et al. A novel approach to output feedback control of fuzzy stochastic systems [J]. Automatica, 2014, 50(12): 3268-3275.

[17] Li F B, Shi P, Lin C C, et al. Fault detection filtering for non-homogeneous Markovian jump systems via a fuzzy approach [J]. IEEE Transactions on Fuzzy Systems, 2018, 26(1): 131-141.

[18] Yao L N, Lei C H, Guan Y C, et al. Minimum entropy fault tolerant control for the non-Gaussian singular stochastic distribution system [J]. IET Control Theory Applications, 2015, 10(10): 1194-1201.

[19] Jin H K, Guan Y C, Yao L N. Minimum entropy active fault tolerant control of the non-Gaussian stochastic distribution system subjected to mean constraint [J]. Entropy, 2017, 19(5): 1-15.

[20] Zhou J L, Zhu H J, Wang J. Minimum entropy control? [C]. Proceedings of the 31th Chinese control conference, Hefei, China, 2012, 1590-1595.

[21] Wang L X. Fuzzy systems are universal approximators [C]. IEEE international conference on fuzzy systems, San Diego, CA, 1992, 1163-1170.

[22] Yin S, Gao H, Qiu J, et al. Adaptive fault tolerant control for nonlinear system with unknown control directions based on Fuzzy approximation [J]. IEEE Transactions on Systems, Man and Cybernetics: Systems, 2017, 47(8): 1909-1918.

[23] Wang H, Kabore P, Baki H. Lyapunov-based controller design for bounded dynamic stochastic distribution control [J]. IEE Proceedings-Control Theory and Applications, 2001, 148(3): 245-250.